Grundkurs Sheetmetal für Maschinenbauer mit CATIA V5-6

Thomas Eibl

Grundkurs Sheetmetal für Maschinenbauer mit CATIA V5-6

2., überarbeitete und aktualisierte Auflage

Das Buch hieß in der 1. Auflage Blechmodellierung mit CATIA V5.

Thomas Eibl
MAN Truck & Bus Österreich GesmbH
Steyr, Österreich

ISBN 978-3-658-18029-4 ISBN 978-3-658-18030-0 (eBook)
DOI 10.1007/978-3-658-18030-0

Die Deutsche Nationalbibliothek verzeichnet diese Publikation in der Deutschen Nationalbibliografie; detaillierte bibliografische Daten sind im Internet über http://dnb.d-nb.de abrufbar.

Springer Vieweg

Lektorat: Thomas Zipsner

Gedruckt auf säurefreiem und chlorfrei gebleichtem Papier.

Springer Vieweg ist Teil von Springer Nature
Die eingetragene Gesellschaft ist Springer Fachmedien Wiesbaden GmbH
Die Anschrift der Gesellschaft ist: Abraham-Lincoln-Strasse 46, 65189 Wiesbaden, Germany

Vorwort

Blechbiegeteile spielen im Maschinenbau eine große Rolle. Viele Geräte und andere Dinge, die wir im Alltag verwenden, bestehen aus Blechkonstruktionen. Das war für dieses Buch auch die Motivation, Anwendungsbeispiele aus verschiedenen maschinenbaulichen Bereichen aber auch Alltagsgeräten, darzustellen. Dies sollte einen praxisnahen Bezug und auch Interesse beim Leser vermitteln. Ein besonderes Augenmerk wurde dabei auf viele grafische Abbildungen und kurze überschaubare Texte gelegt, um für den Leser einen einfachen Einstieg in die Thematik zu schaffen und ein gutes Basiswissen zu vermitteln.

Das Buch ist in acht Kapitel gegliedert und basiert auf der Version CATIA V5-6 Release 2014. Durch die ständige Weiterentwicklung von CATIA V5-6 kann es trotz großer Sorgfalt zu geringen Abweichungen in den Darstellungen auf Grund unterschiedlicher Releaseversionen kommen. Kapitel 1 vermittelt einen Überblick über die Sheetmetal-Funktionen. Die Basisfunktionen werden in Kapitel 2 erläutert. Dieses Kapitel ist ein Schwerpunkt des Buches und somit auch am umfangreichsten. Kapitel 3 zeigt, wie ein Stempel in einem Blechbiegeteil abgedrückt werden kann. Kapitel 4 befasst sich mit der Konstruktionsmethodik und Konstruktionsreihenfolge. Wie die 3D-Blechbiegekonstruktionen zu Papier gebracht werden, zeigt Kapitel 5. Im Kapitel 6 werden häufige Fehlermeldungen gezeigt und Abhilfen vorgeschlagen. Um das Gelesene zu vertiefen, werden in Kapitel 7 weitere Übungsbeispiele vorgestellt. Kapitel 8 zeigt abschließend Tipps und Tricks.

Das Buch richtet sich an Studenten technischer Universitäten, Fachhochschulen und höheren technischen Schulen sowie an Ingenieure und Techniker, die sich im CATIA V5-6 mit der Konstruktion von Blechbiegeteilen auseinander setzen wollen. Gleichfalls kann das Buch für Teilnehmer an beruflichen Aus- und Weiterbildungslehrgängen im Bereich allgemeiner Maschinenbau als CAD Lehrbuch und Nachschlagewerk verwendet werden.

Besonders bedanken möchte ich mich bei meiner Familie Zuzana und Thomas junior für das Zeitverständnis und die ständige Unterstützung. Herrn Zipsner und Frau Zander vom Springer Vieweg Verlag möchte ich besonders für die freundliche Zusammenarbeit, fachliche Unterstützung und gewissenhafte Lektorierung Danke sagen. Ein Dank gilt ebenfalls dem Springer Vieweg Verlag für die Möglichkeit, dieses Werk in einer zweiten Auflage zu veröffentlichen.

An der Weiterentwicklung dieses Buches bin ich sehr interessiert und freue mich über Ihr Feedback. Alle Infos zu weiteren Buchprojekten und Kontaktdaten finden Sie auf meiner Homepage www.thomaseibl.com

Ich wünsche allen Lesern viel Erfolg beim Lesen und Nachvollziehen der Buchinhalte.

Seitenstetten, Mai 2017 *Thomas Eibl*

Inhaltsverzeichnis

1 Arbeitsumgebung Sheetmetal

Dieses Kapitel zeigt den Funktionsumfang der Arbeitsumgebung Sheetmetal und soll dem Anwender einen allgemeinen Überblick für den Einstieg und die Konstruktionsmöglichkeiten geben.

1.1 Einstieg in die Arbeitsumgebung

Der Einstieg in die Arbeitsumgebung Sheetmetal Design erfolgt über das Klappmenü *Start* > *Generative Sheetmetal Design.* Die Arbeitsumgebung öffnet sich nach der Selektion.

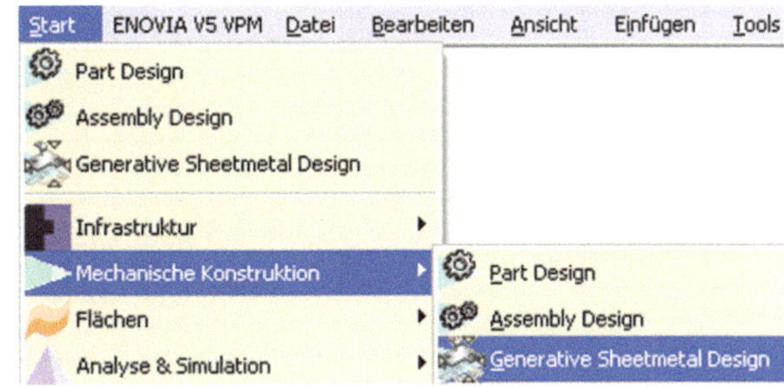

Für ein komfortableres Arbeiten ist es sinnvoll die Arbeitsumgebung im Startmenü einzurichten. Dadurch kann während der Konstruktion einfach und schnell die Arbeitsumgebung gewechselt werden. Über das Klappmenü *Tools* > *Anpassen* > *Menü Start* öffnet sich das Dialogfenster *Anpassen.* Durch das Selektieren der entsprechenden Arbeitsumgebung (Generative Sheetmetal Design) in der linken Spalte und der anschließenden Pfeilsteuerung (Pfeil nach rechts) kann die Arbeitsumgebung zum Startmenü (Favouriten) verschoben werden.

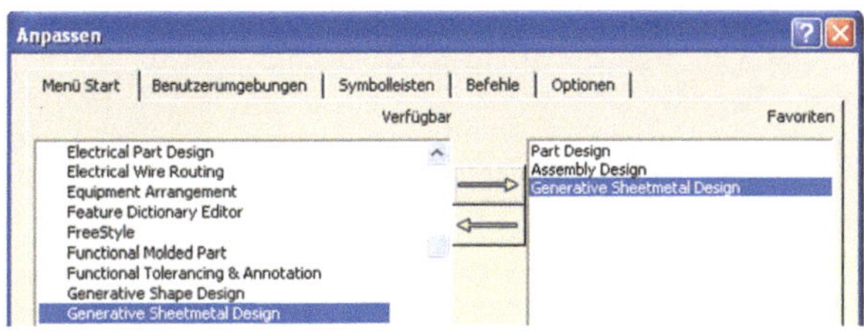

Im Startmenü (Favouriten) sind jetzt die vorher ausgewählten Umgebungen mit deren Icons hinterlegt. Wird das Icon *Generative Sheetmetal Design* selektiert, öffnet sich die Arbeitsumgebung, ohne diese über das Klappmenü öffnen zu müssen.

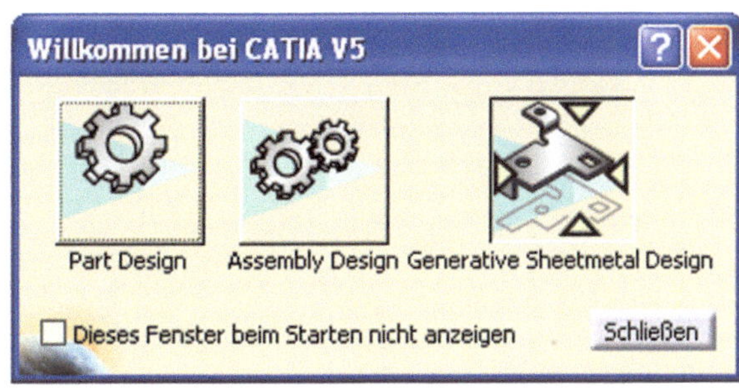

1.2 Verwendung der Maus

Die Anwendung der Maus in der Arbeitsumgebung entspricht der gleichen Anwendung wie im Part Design und anderen Arbeitsumgebungen. Die folgende Beschreibung sollte daher nur einen kurzen Überblick geben.

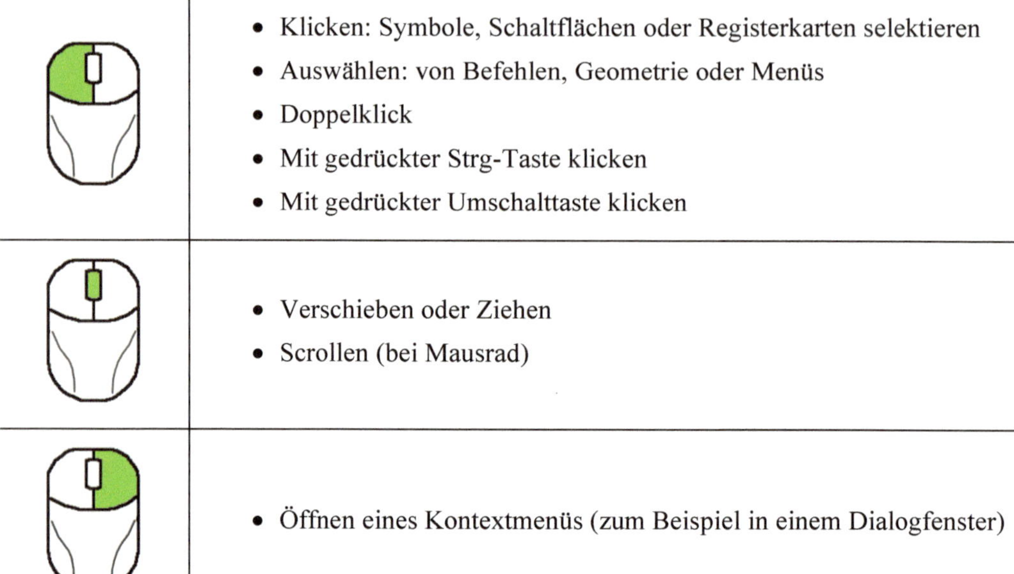

- Klicken: Symbole, Schaltflächen oder Registerkarten selektieren
- Auswählen: von Befehlen, Geometrie oder Menüs
- Doppelklick
- Mit gedrückter Strg-Taste klicken
- Mit gedrückter Umschalttaste klicken

- Verschieben oder Ziehen
- Scrollen (bei Mausrad)

- Öffnen eines Kontextmenüs (zum Beispiel in einem Dialogfenster)

1.3 Funktionsübersicht der Arbeitsumgebung

Die Arbeitsumgebung weicht etwas von der Part-Design-Umgebung ab und besitzt einige spezielle Funktionen für die Konstruktion von Biegeteilen. Es stehen zum Beispiel folgende Möglichkeiten zur Auswahl:

- Assoziatives Konstruieren von Blechbiegeteilen
- definierte Standardformen in Blechteilen wie Luftklappen, Sicken, Laschen, Umschlägen und Stempeln
- Blechbiegeteile können abgewickelt werden. Die Abwicklung entspricht dem Zuschnitt.
- Aussparungen und vordefinierte Ausnehmungen für Biegeecken
- Überprüfen von Überlappungen im abgewickelten Zustand
- Zeichnung von Blechbiegeteilen mit einer Abwicklung erstellen
- Blech-Volumenkörper in Blechbiegeteile umwandeln
- Blechzuschnitte als DXF exportieren.

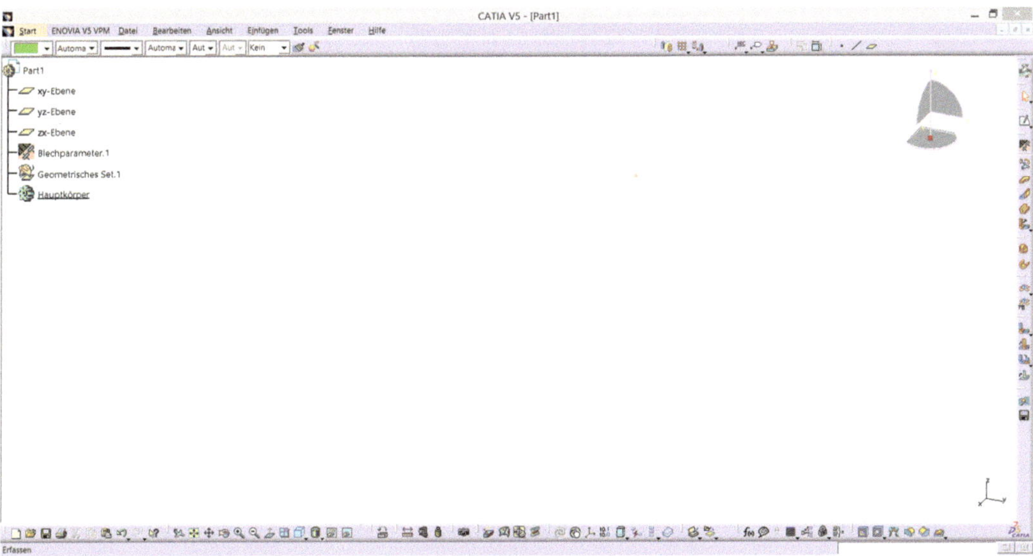

Für einen ersten Überblick werden die verschiedenen Toolbars und Funktionen kurz vorgestellt. Die genaue Funktionsweise und Anwendung wird dann später bei konkreten Beispielen beschrieben.

Hinweis: *Die allgemeinen Funktionen wie zum Beispiel der Kompass, die Schnellansichten, der Strukturbaum oder Skizzenanwendungen unterscheiden sich nicht vom Part Design.*

Symbol	*Bezeichnung Deutsch*	*Bezeichnung Englisch*
	Blechparameter	Parameter
	Erkennen	Recognise
	Wand	Wall
	Wand an Kante	Wall on Edge
	Extrusion	Extrusion
	Flansch	Flange
	Umschlag	Hem
	Tropfen	Tear Drop
	Benutzerdefinierter Flansch	User Flange
	Ausschnitt	Cut Out
	Bohrung	Hole
	Kreisförmige Ausspa-rung	Circular Cut Out
	Eckenfreistellung	Corner Relief
	Ecke	Corner
	Fase	Chamfer
	Flächenstempel	Surface Stamp
	Leiste	Bead
	Kurvenstempel	Curve Stamp
	Geflanschter Ausschnitt	Flanged Cut Out

	Luftklappe	Louver
	Brücke	Bridge
	Flanschbohrung	Flanged Hole
	Kreisstempel	Circular Stamp
	Versteifende Rippe	Stiffening Rib
	Stift	Dowel
	Biegung	Bend
	Konische Biegung	Conical Bend
	Biegung aus Linie	Bend From Flat
	Abwickeln	Unfolding
	Falten	Folding
	Punkt- oder Kurvenzu-ordnung	Point or Curve Mapping
	Trichter	Hopper
	Freiformfläche	Free Form Surface
	Gerollte Wand	Rolled Wall
	Spiegelung	Mirror
	Rechteckmuster	Rectangular Pattern
	Kreismuster	Circular Pattern
	Benutzermuster	User Pattern

	Verschiebung	Translation
	Drehung	Rotation
	Symmetrie	Symmetry
	Von Achse zu Achse	Axis to Axis
	Falten/Abwickeln	Fold/Unfold
	Mehrfachanzeigefunktion	Multi Viewer
	Ansichtenverwaltung	Views Management
	Überlappung prüfen	Check Overlapping
	Als DXF speichern	Save as DXF
	Punkt	Point
	Linie	Line
	Ebene	Plane

1.3.1 Wände 

Parameter

wie Blechdicke, Biegeradius, Eckenfreistellung und der k-Faktor werden hier definiert.

Bauteile aus dem Part Design oder CATIA V4 Modelle in Biegeteile umwandeln.

Eine Wand erzeugen. Aus einer Skizze wird eine Wand mit der definierten Blechdicke aus den Parametern erzeugt.

Es wird eine weitere Wand an einer definierten Kante erzeugt. Der Winkel und die Größe der Wand sind definierbar.

Es wird eine Extrusion entlang einer definierten Kontur (Skizze) erzeugt.

Mit dieser Funktion kann ein Flansch an einer Kante erzeugt werden. Bei dem Flansch können der Winkel, die Länge und der Biegeradius definiert werden.

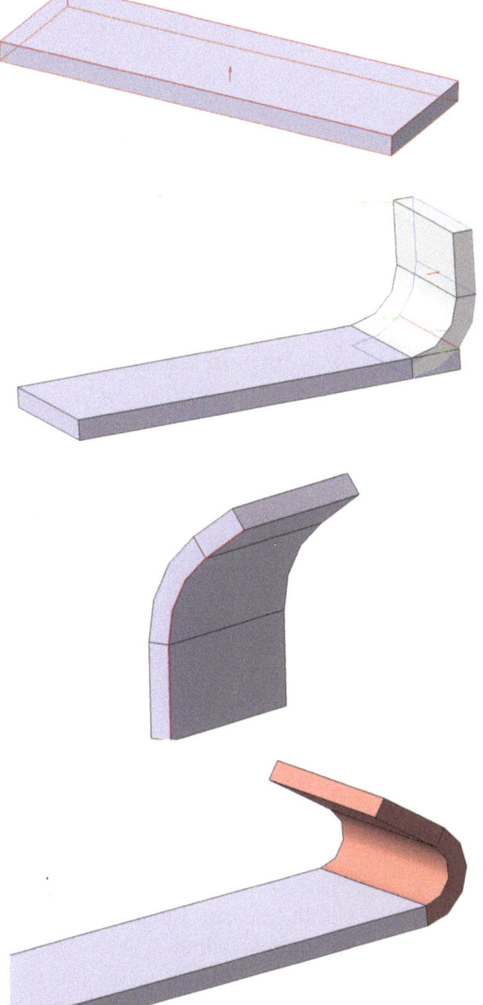

Umschlag 

Mit der Funktion wird ein Umschlag erstellt. Der Öffnungswinkel ist dabei immer 180° und kann wie bei einem Flansch nicht verändert werden.

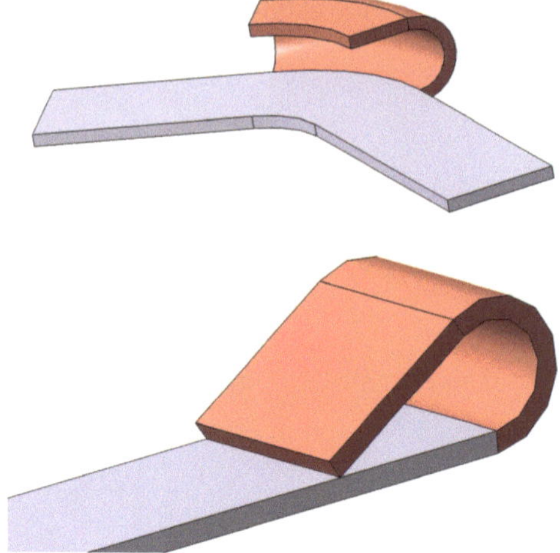

Tropfen 

Es werden tropfenförmige Umschläge erstellt. Wie bereits bei der Funktion *Umschlag* kann auch hier kein Winkel definiert werden.

Benutzerdefinierter Flansch 

Das Profil des Flansches wird vom Konstrukteur definiert.

1.3.2 Schneiden/Stempeln 

Ausschnitt 

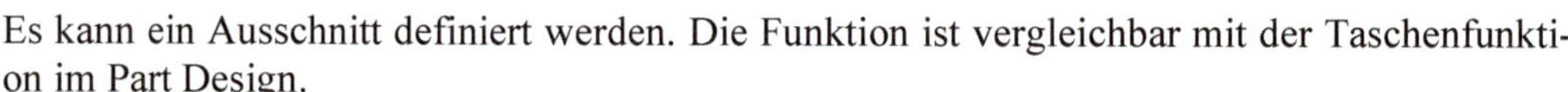

Es kann ein Ausschnitt definiert werden. Die Funktion ist vergleichbar mit der Taschenfunktion im Part Design.

Bohrung 

Die Funktion erstellt eine Bohrung wie im Part Design.

Kreisförmige Aussparung

Zum Erstellen von kreisförmigen Ausschnitten. Es müssen ein Punkt und eine Fläche definiert werden.

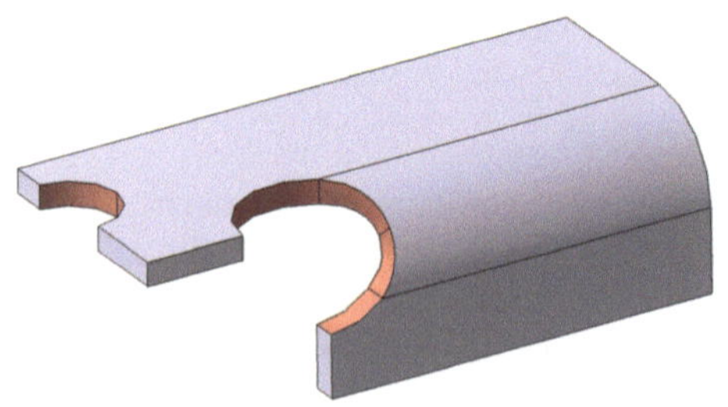

Eckenfreistellung 

Biegeecken und Überschneidungen werden durch einen kreisförmigen oder quadratischen Ausschnitt freigestellt.

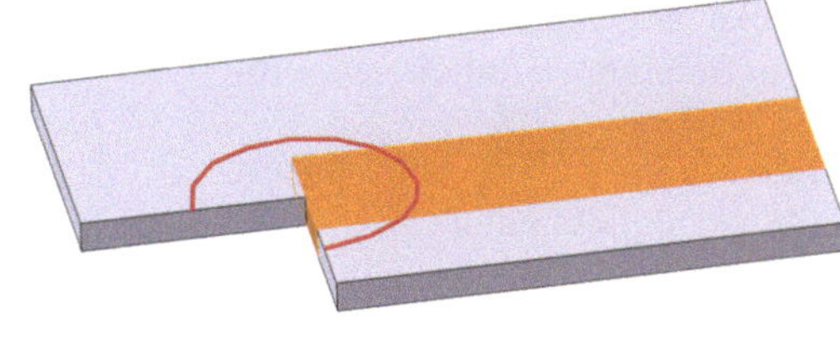

Ecke 

Ist die gleiche Funktion wie im Part Design und es können damit Kanten mit einem definierten Radius abgerundet werden.

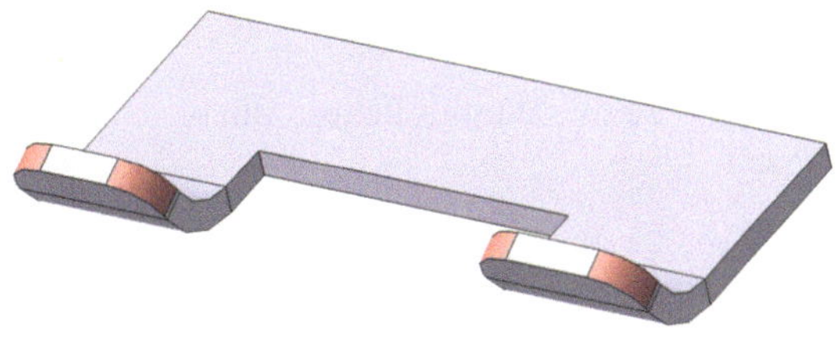

Fase 

Zum Erstellen von Fasen an Kanten. Ist mit der Funktion *Fase* aus dem Part Design gleichzusetzen.

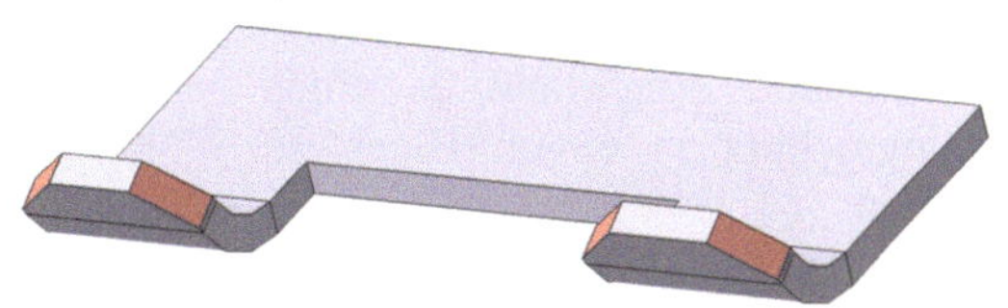

Flächenstempel 

Es ist möglich eine Kontur als Sicke (Stempelabdruck) in das Blech zu konstruieren.

Hinweis: *Die Kontur (Skizze) muss geschlossen sein.*

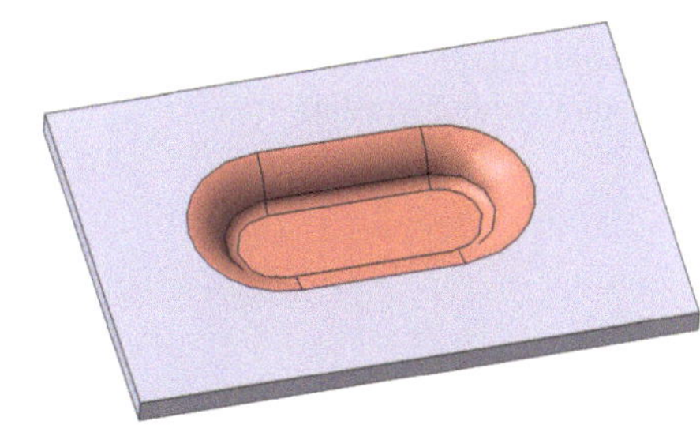

Leiste 

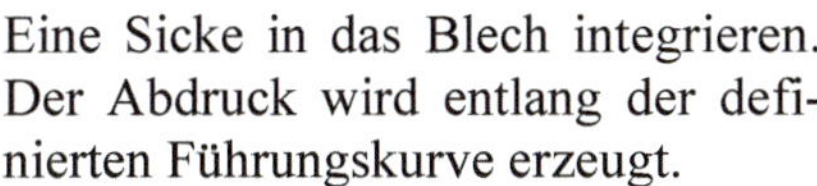

Eine Sicke in das Blech integrieren. Der Abdruck wird entlang der definierten Führungskurve erzeugt.

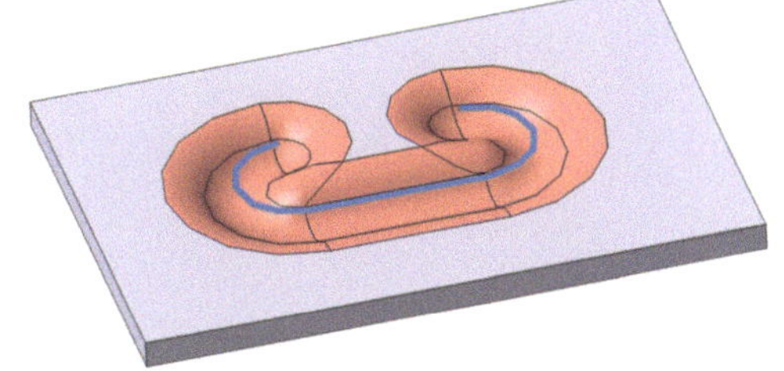

Kurvenstempel 

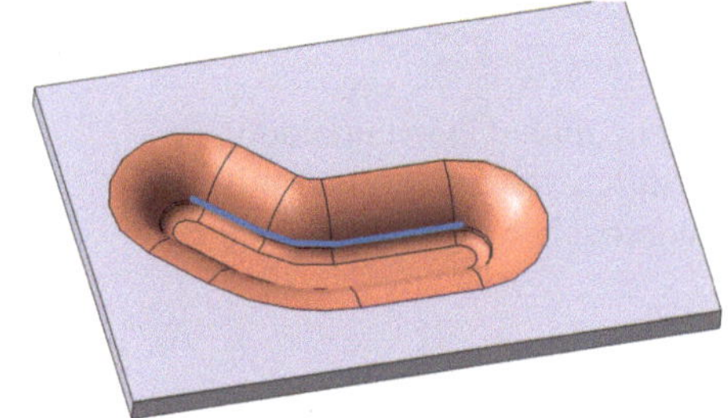

Eine Sicke entlang einer Führungskurve definieren. Ähnlich wie die Funktion *Leiste*, nur andere Definitionsmöglichkeiten

Geflanschter Ausschnitt

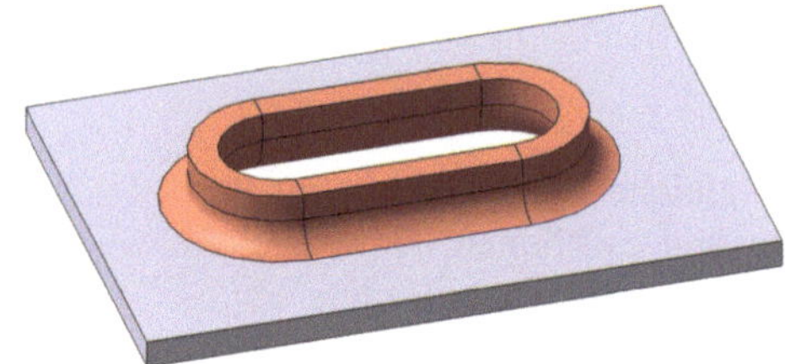

Erzeugen eines Durchbruches mit Flansch

Luftklappe

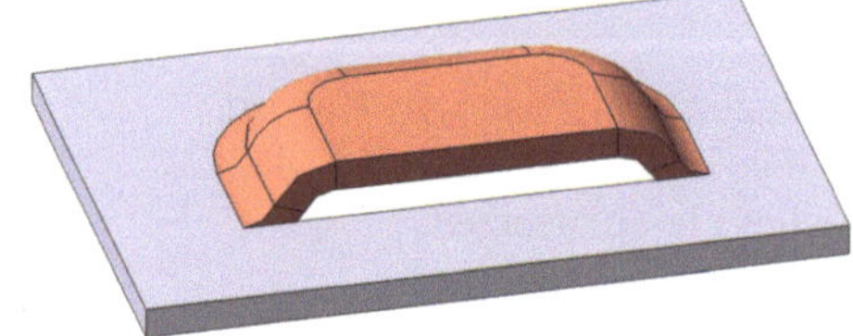

Die Funktion ermöglicht es einen Lüftungsschlitz in einem Blech zu erzeugen.

Brücke

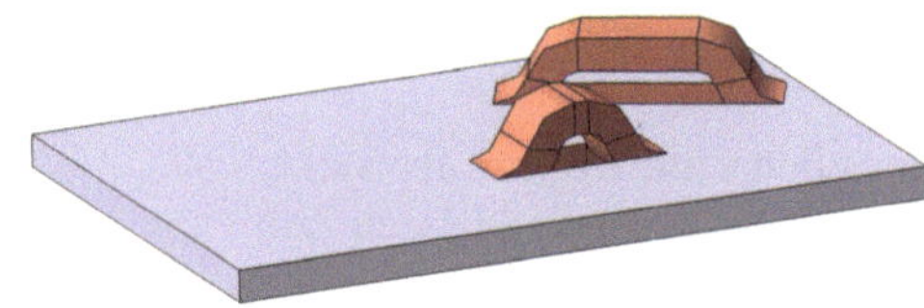

Ein brückenähnlicher Durchbruch kann im Blech erzeugt werden.

Flanschbohrung

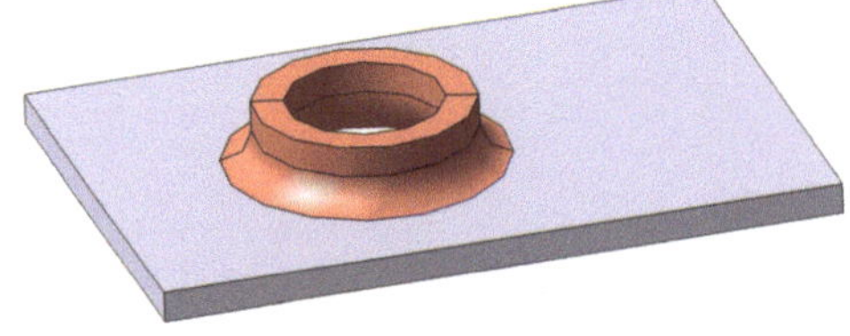

Für einen kreisförmigen Durchbruch mit Flansch

Kreisstempel

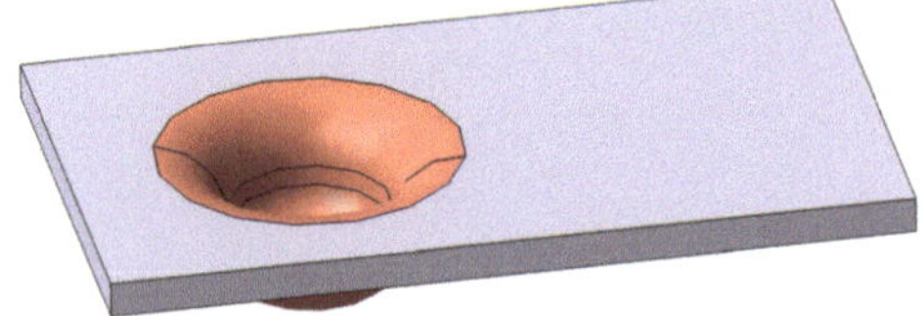

Ein kreisförmiger Stempelabdruck wird in das Blech erzeugt.

Versteifende Rippe

Es kann eine Versteifungsrippe in den Blechkörper konstruiert werden.

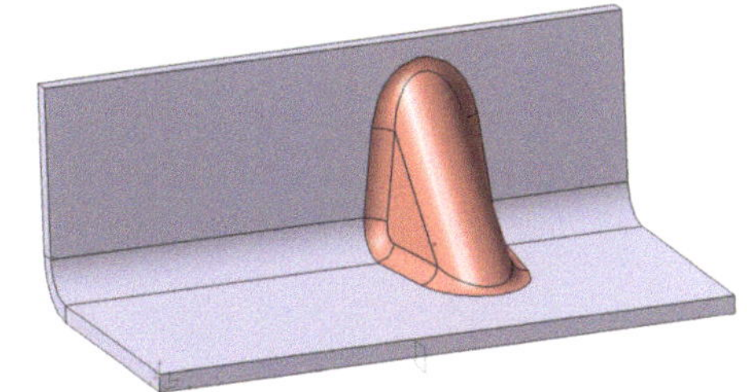

Stift

Die Funktion *Dowel* erzeugt einen Dübel im Blech.

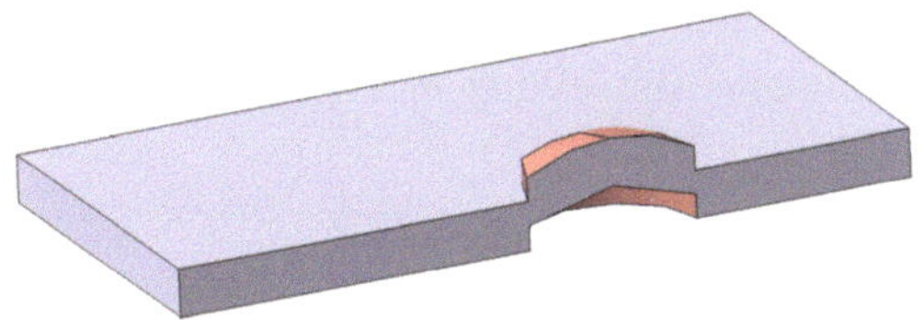

1.3.3 Biegen

Biegung

Zwei Wände können über einen Biegeradius miteinander verbunden werden.

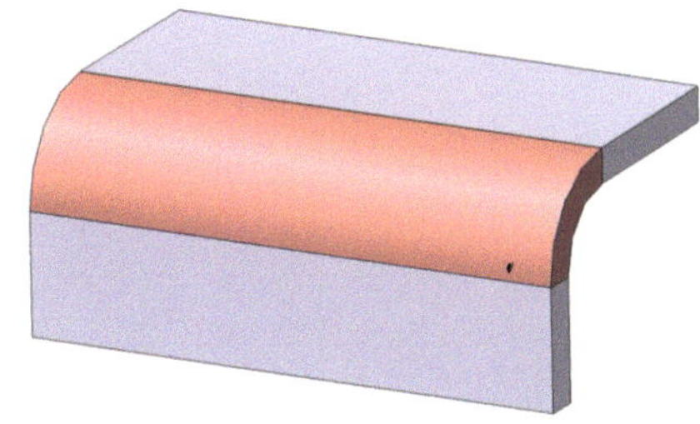

Konische Biegung 

Zwei Wände werden über einen konischen Biegeradius miteinander verbunden. Für den konischen Verlauf können zwei verschiedene Radien definiert werden.

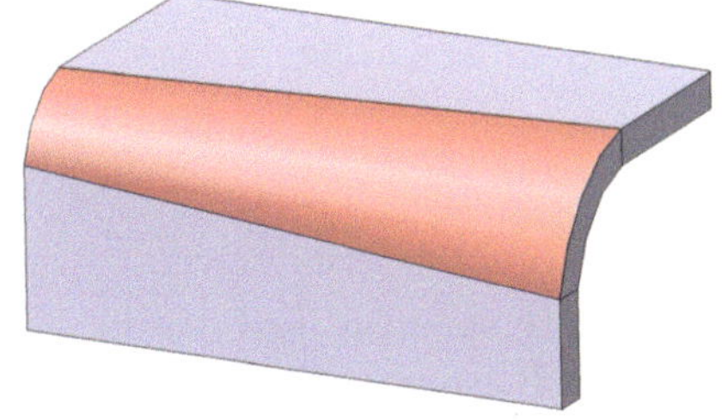

Biegung aus Linie

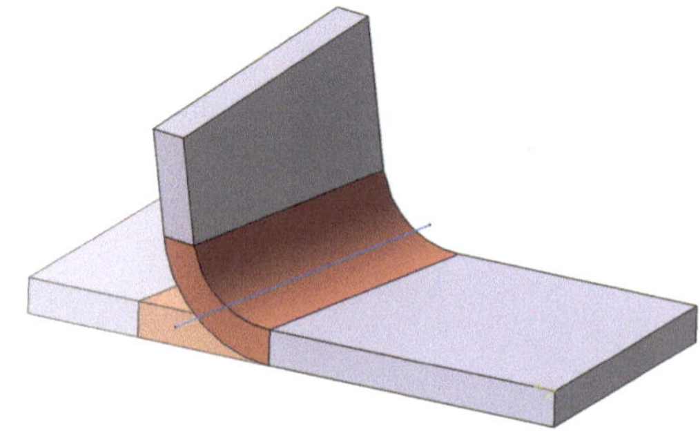

Eine Biegung kann an einer Wand nachträglich eingefügt werden. Die Biegung wird mit einer Biegelinie definiert.

Abwickeln

Eine definierte Abwicklung erzeugen

Falten

Das Teil definiert falten

Punkt- oder Kurvenzuordnung 

Geometrische Elemente (Linien, Kurven, Punkte, usw.) können auf die Abwicklung projiziert werden.

1.3.4 Gerollte Wände 

Trichter

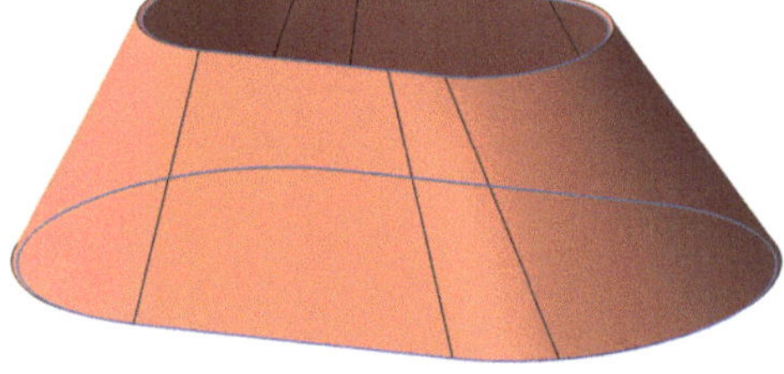

Konstruieren von trichter- und behälterförmigen Bauteilen

Gerollte Wand

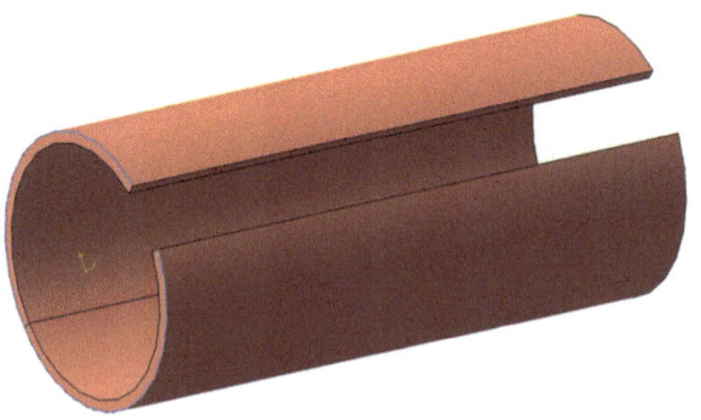

Mit der Funktion können gerollte Bleche wie zum Beispiel Rohre oder offene Rohre konstruiert werden.

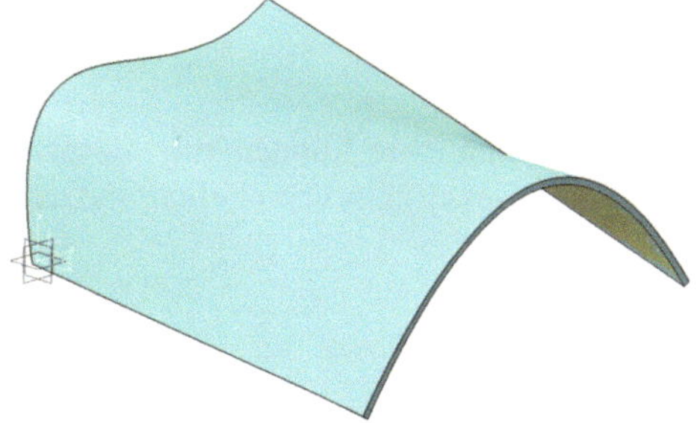

Freiformfläche

Mit dieser Funktion ist es möglich Freiformflächen aus dem Flächendesign in das Sheetmetal Design miteinzubinden.

1.3.5 Transformationen

Spiegelung

Zum Spiegeln von Elementen. Die Funktion ist ähnlich wie im Part Design.

Rechteckmuster

Elemente können nach einem rechteckigen Muster vervielfacht werden. Die Funktion gibt es ebenfalls im Part Design.

Kreismuster

Elemente können nach einem Kreismuster vervielfacht werden.

Benutzermuster

Die definierten Elemente werden nach einem benutzerspezifischen Muster vervielfacht.

Verschiebung

Verschieben von Konstruktionselementen

Drehung

Drehen von Elementen

Symmetrie

Elemente um eine Ebene spiegeln

Von Achse zu Achse

Geometrische Elemente können mit dieser Funktion von einem Referenz-Achsensystem zu einem Ziel-Achsensystem verschoben und ausgerichtet werden.

1.3.6 Ansichten

Falten/Abwickeln

Die Funktion ermöglicht es eine Abwicklung des Biegeteils zu erstellen. Das entspricht dem Zuschnitt.

Mehrfachanzeigefunktion (Multi Viewer)

Bauteil im gefalteten und abgewickelten Zustand parallel darstellen

Ansichtenverwaltung

Über ein Dialogfenster kann zwischen dem aufgeklappten Teil (Zuschnitt) und Biegeteil gewechselt werden. Die gefaltete Ansicht oder die Abwicklung kann aktiv oder inaktiv gesetzt werden, um zum Beispiel Rechnerressourcen zu sparen.

1.3.7 Fertigungsvorbereitung

Überlappung prüfen

Zum Überprüfen von Überlappungen beim Biegeteil

Als DXF speichern

Die Kontur des Blechbiegeteiles wird als DXF-Datei gespeichert.

1.3.8 Referenzelemente

Zum Erzeugen von Referenzelementen wie Punkt, Linie, Ebene. Die Funktionen sind die gleichen wie im Part Design und sollten daher bekannt sein.

2 Basisfunktionen im Sheetmetal

In diesem Kapitel werden die wichtigsten Basisfunktionen im Detail dargestellt. Zu diesen Funktionen zählen all jene, die notwendig sind, um Blechteile mit einfachen Konturen und Biegungen zu erzeugen. Die verschiedenen Stempelfunktionen werden eigens im Kapitel 3 beschrieben. Nach der Beschreibung mehrerer Funktionen sind immer wieder Übungsbeispiele zum Vertiefen eingebaut.

2.1 Parameter

Bevor mit der Konstruktion eines Biegeteils begonnen wird, müssen die entsprechenden Parameter wie zum Beispiel die Blechdicke, der Biegeradius, die Form der Freistellungen an Kanten und der K-Faktor definiert werden. Was dieser Faktor bedeutet wurde bereits im vorigen Kapitel beschrieben. Nach der Selektion der Funktion *Blechparameter* öffnet sich das Dialogfenster *Blechparameter*. Es gibt drei verschiedene Registerkarten.

2.1.1 Parameter

In der Registerkarte *Parameter* werden die Werte für die Blechdicke und der Biegeradius definiert. Jede Wand oder Biegung am Bauteil wird mit diesen Werten erstellt. Im Normalfall sind diese Parameter frei wählbar. Speziell für Standards bei Firmen gibt es die Möglichkeit diese Parameter in einer Excel-Tabelle zu hinterlegen. Die Tabelle wird mit der Funktion *Blechstandarddateien* ausgewählt.

Hinweis: *Die Standardtabelle muss bestimmte Werte und Bezeichnungen enthalten, damit die Parameter von CATIA gelesen werden können.*

Die Konstruktionstabelle kann folgende Parameter enthalten. Die Benennung muss identisch mit den folgend angeführten sein:

Parameter	*Bezeichnung in der Excel Tabelle*
Dicke (Blechdicke)	Thickness
Biegeradius	DefaultBendRadius
K-Faktor (Position der neutralen Faser)	KFactor
Radius Tabelle (Pfad zu allen verfügbaren Radien)	RadiusTable

Hinweis: *Die Blechdicke muss auf jeden Fall in der Tabelle enthalten sein!*

In der rechten Abbildung ist eine solche Standardtabelle dargestellt. Es ist wichtig die Werte mit den Einheiten zu definieren.

	A	B	C
1	Thickness	DefaultBendRadius	KFactor
2	1 mm	2 mm	0,4
3	2 mm	3 mm	0,37
4	3 mm	4 mm	0,36
5	4 mm	5 mm	0,35
6	5 mm	6 mm	0,35

Ist die Excel-Tabelle ausgewählt, kann die Konstruktionstabelle im Dialogfenster über die Funktion *Öffnet einen Dialog, in dem die Konfiguration der übergeordneten Konstruktionstabelle geändert werden kann* , geöffnet werden.

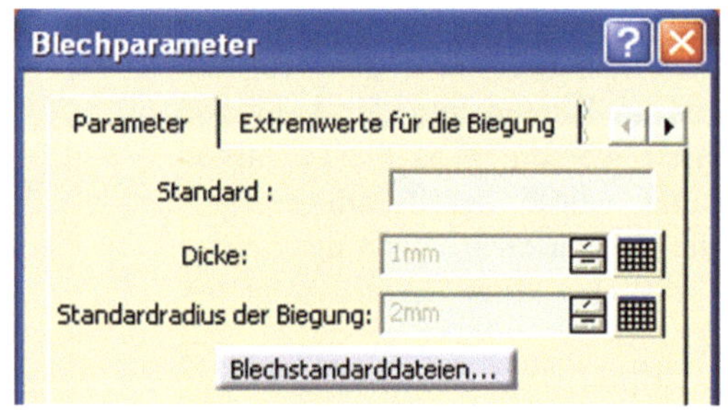

Aus der Konstruktionstabelle können die gewünschten Parameter ausgewählt werden.

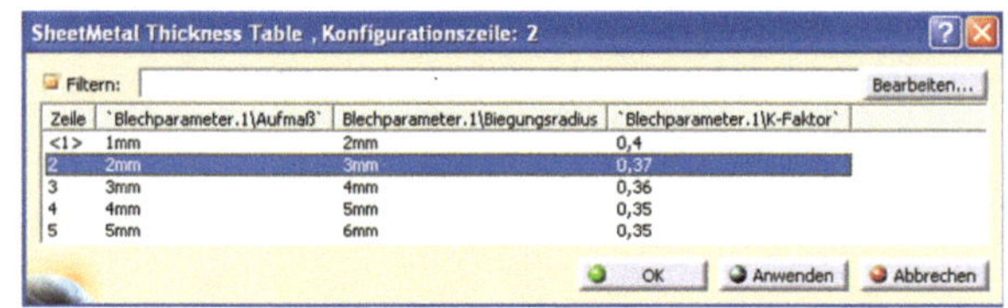

SheetMetal Thickness Table , Konfigurationszeile: 2

Filtern: Bearbeiten...

Zeile	\`Blechparameter.1\Aufmaß\`	Blechparameter.1\Biegungsradius	\`Blechparameter.1\K-Faktor\`
<1>	1mm	2mm	0,4
2	2mm	3mm	0,37
3	3mm	4mm	0,36
4	4mm	5mm	0,35
5	5mm	6mm	0,35

OK Anwenden Abbrechen

2.1.2 Extremwerte für die Biegung

In dieser Registerkarte wird die Form der Biegebegrenzung definiert. Es stehen acht unterschiedliche Formen zur Auswahl. Die definierte Standardform der Biegebegrenzung wird an der rechten Blechkonstruktion dargestellt.

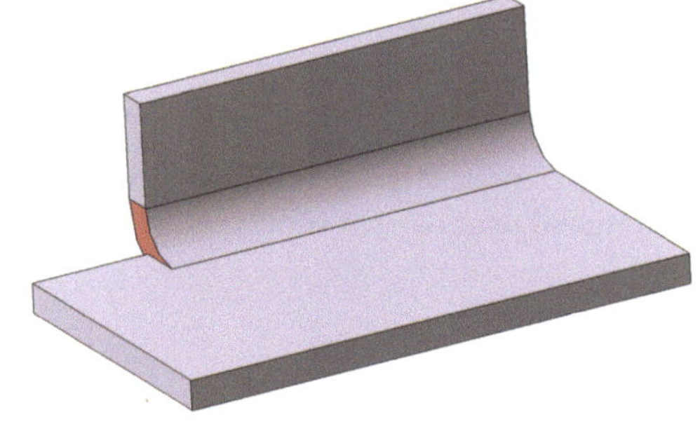

Minimum ohne Kontur 

Diese Form ist als Standardoption ausgewählt. Die Biegung bezieht sich auf die angrenzenden Wände entlang der Biegeachse und erzeugt keine Aussparung.

Quadratische Kontur

Die Biegung bezieht sich auf die angrenzenden Wände entlang der Biegeachse und es wird eine rechteckige Aussparung an den Biegegrenzen erzeugt. Die Größe der Aussparung kann über die Parameter L1 und L2 definiert werden.

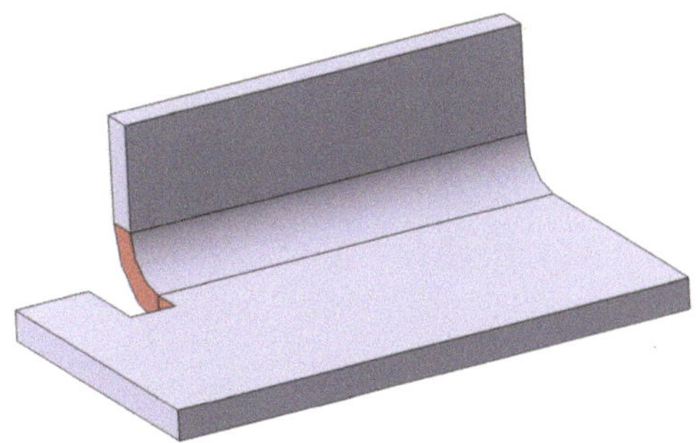

Runde Kontur

Die Biegung bezieht sich auf die angrenzende Wand entlang der Biegeachse und es wird eine runde Aussparung an den Biegegrenzen erzeugt. Mit L1 und L2 kann die Größe der Aussparung definiert werden.

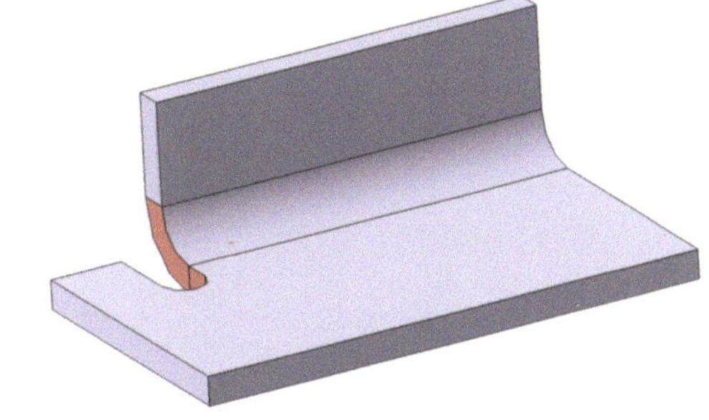

Lineare Form

An den Biegegrenzen erfolgt in der Abwicklung ein linearer Übergang.

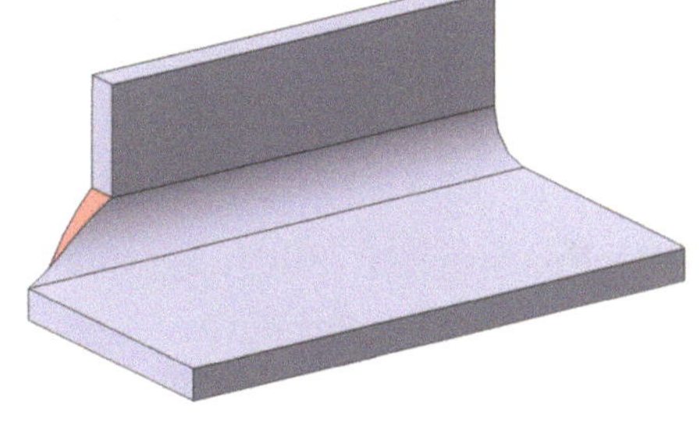

Gekurvte Form

An den Biegegrenzen erfolgt in der Abwicklung ein tangentialer Übergang.

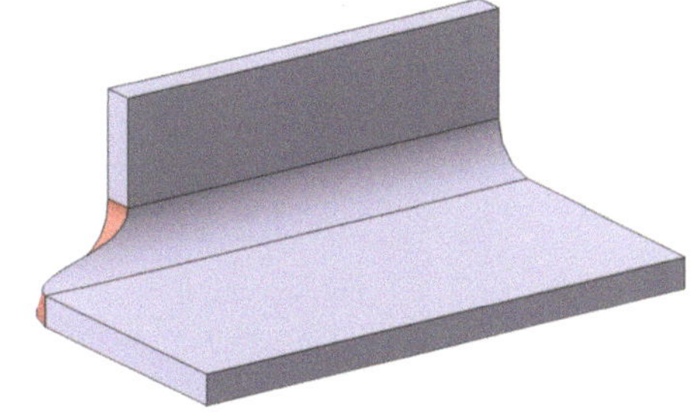

Maximale Biegung 

Die Biegegrenzen beziehen sich auf die am weitesten gegenüberliegenden Kanten der Wand.

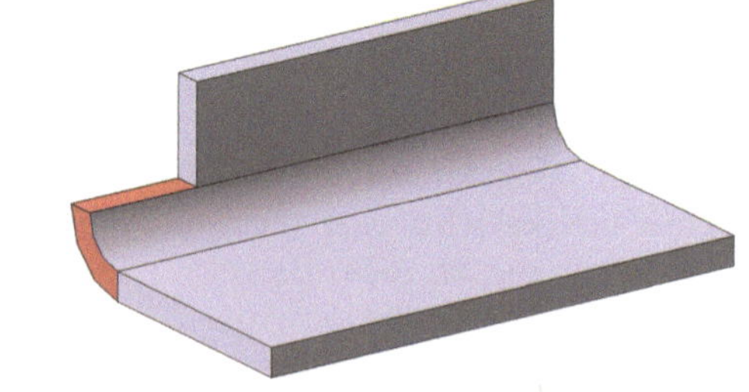

Geschlossen

Die Biegegrenzen beziehen sich auf die Schnittkontur von zwei gebogenen Wänden.

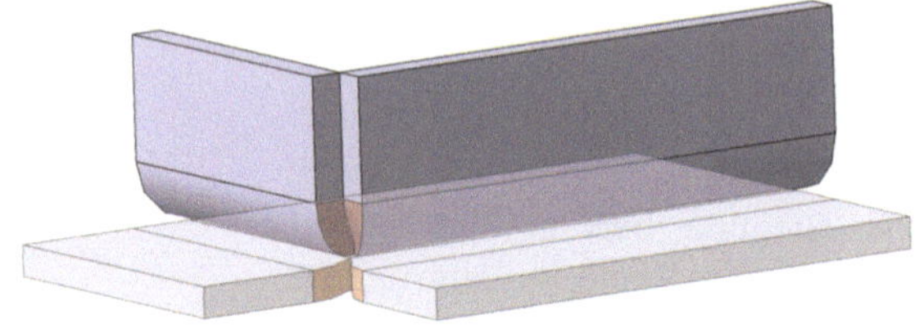

Flache Verbindung 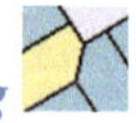

Die Biegegrenzen sind in der Abwicklung miteinander verbunden.

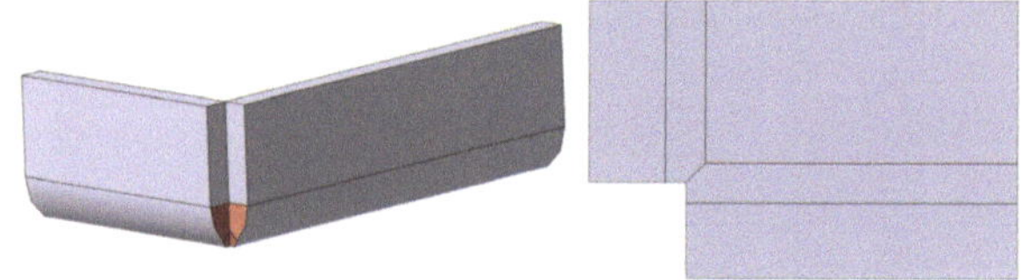

2.1.3 Blechparameter - Biegungsspielraum

Die Definition und Berechnungsformel für den K-Faktor ist in diesem Fenster definiert. Die Formel wird mit der Funktion *Öffnet einen Dialog, in dem die übergeordnete Gleichung geändert werden kann,* im Formeleditor definiert.

2.2 Wand

Bevor es möglich ist, die erste Wand des Blechteiles zu erstellen, müssen alle Parameter definiert sein. Ist das nicht der Fall, dann ist die Funktion ausgegraut. Eine Wand ist nichts anderes als eine Kontur auf einer Ebene, auf der ein Material mit einer definierten Dicke aufgetragen wird. Die Dicke geht aus den Parametern hervor. Im ersten Schritt muss daher eine Skizze mit der gewünschten Wandkontur erstellt werden. Das erfolgt über die *Skizzierfunktion* .

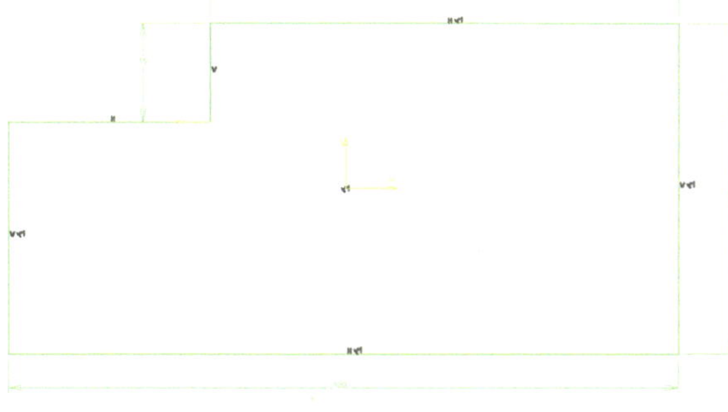

Hinweis: *Die Skizze sollte vollständig bemaßt und die Kontur grün sein.*

Ist eine Skizze definiert, wird die Funktion *Wand* selektiert. In dem Dialogfenster *Wanddefinition* muss jetzt ein Profil für die Wand selektiert werden. Das ist die vorher erstellte Skizze.

Hinweis: *Ab der Release Version 2014 gibt es die Funktion Offset. Sie ermöglicht es, die Wand mit einem definierten Offset von der Skizzenebene zu verschieben.*

Ist das Profil im Dialogfenster definiert, wird die Wand als Drahtgeometrie optisch dargestellt. In welche Richtung und wie die Wand aufgetragen wird, kann wie folgt definiert werden.

Soll die Wand ausgehend von der Skizzenebene in eine Richtung aufgedickt werden, ist die Funktion *Skizze an der äußeren Position* auszuwählen. Über den Richtungspfeil oder der Funktion *Materialseite umkehren* kann die Materialdicke definiert werden. Soll die Wand symmetrisch aufgetragen werden, dann muss die Funktion *Skizze in der*

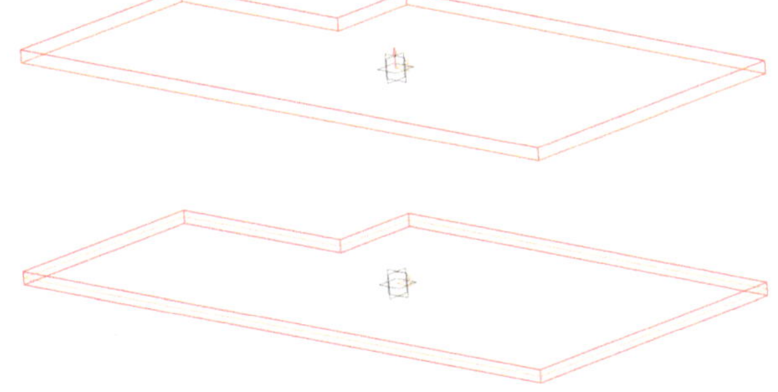

Mitte selektiert werden.

Im Strukturbaum wird die Wand mit der dazugehörigen Skizze dargestellt.

Hinweis: *Die erste Wand oder Extrusion im Strukturbaum wird als Referenzwand für die fortlaufende Konstruktion bezeichnet.*

Soll eine neue Wand direkt an einer bereits bestehenden Wandkante angefügt werden, dann muss dazu keine neue Skizze erstellt werden, sondern sie kann einfach wie folgt erzeugt werden. Es muss die gewünschte Kante und im Anschluss die Funktion *Wand* selektiert werden. Darauf öffnet sich der Skizziermodus mit einer automatisch generierten Skizze die der selektierten Kantenlänge entspricht. Die Höhe wird über ein Maß definiert. Die Skizze kann entsprechend angepasst werden.

Hinweis: *Mit der Funktion Position umschalten im Dialogfenster Bedingungsdefinition kann die Richtung des Maßes einfach vertauscht werden. Es muss allerdings zuerst die Funktion Mehr im Dialogfenster selektiert werden, um zu dieser Funktion zu gelangen.*

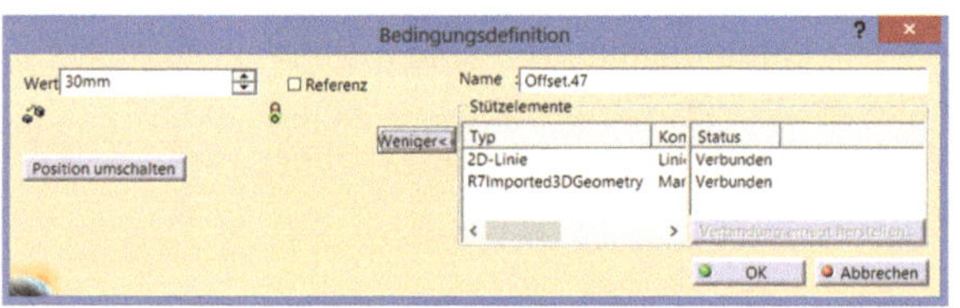

Mit der Funktion *Umgebung verlassen* wird der Skizziermodus verlassen.

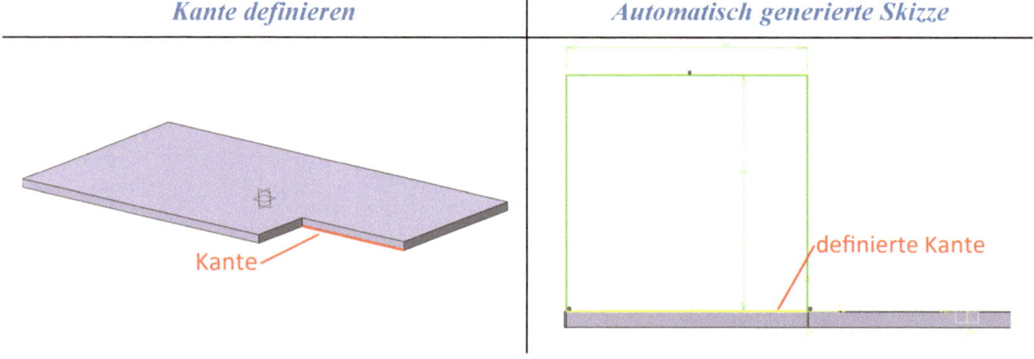

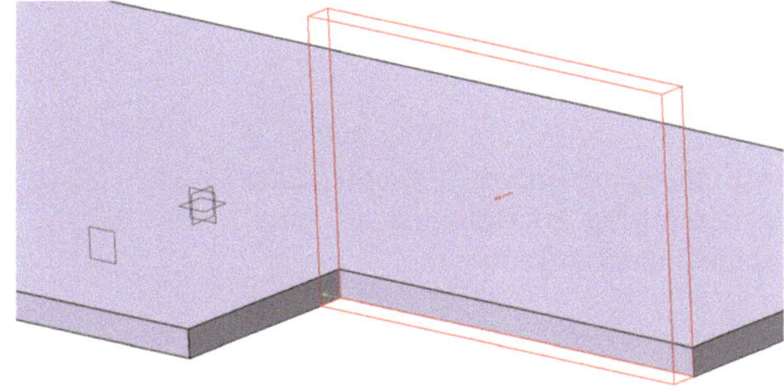

Das Dialogfenster *Wanddefinition* öffnet sich und die Wand wird an der Konstruktion als Drahtgeometrie dargestellt. Mit OK wird die Wand erzeugt.

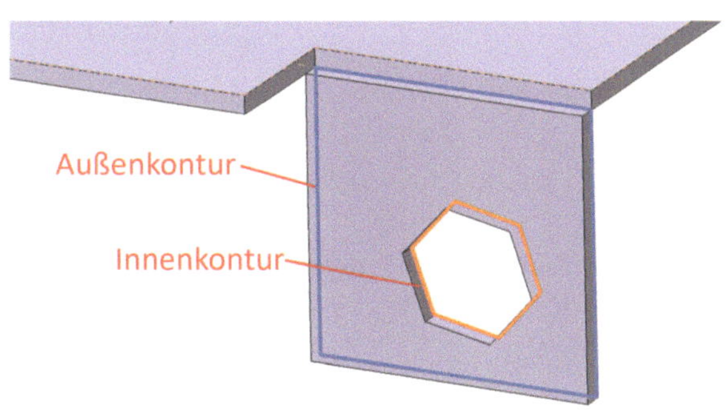

Hinweis: *Es ist auch möglich gleich in einer Wand eine Bohrung oder einen Ausschnitt zu erzeugen. Es müssen dabei in der Skizze eine Außen- und Innenkontur gezeichnet werden. Wichtig ist dass sich diese Konturen nicht gegenseitig schneiden.*

2.3 Wand an Kante 

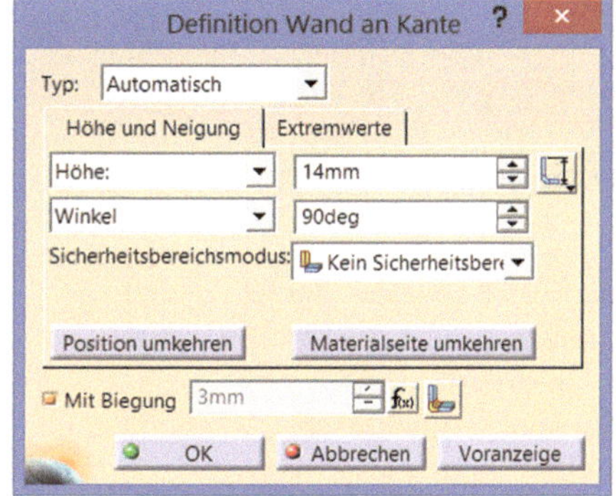

Die Funktion ermöglicht es, schnell und einfach eine Wand an eine angrenzende Referenzwand zu erzeugen. Damit kann zum Beispiel sehr schnell eine Box erstellt werden. Man unterscheidet zwischen zwei Typen der Wanderzeugung:

- Automatische Erstellung
- skizzenbasierte Erstellung

Hinweis: *Für diese Funktion muss mindestens eine Referenz-Wand vorhanden sein. Durch das Selektieren mehrerer Kanten können mehrere Wände in einem Schritt erzeugt werden.*

2.3.1 Automatische Erstellung

Durch die Selektion der Funktion öffnet sich das Dialogfenster *Definition Wand an Kante*. In diesem Dialogfenster werden alle notwendigen Definitionen wie zum Beispiel die Höhe, Länge oder Winkel der Wand definiert.

In der Registerkarte *Höhe und Neigung* können folgende Parameter definiert werden:

Höhe

Mit *Höhe* wird die Wandhöhe in Millimeter definiert. Für die Längendefinition der Höhe gibt es unterschiedliche Längentypen.

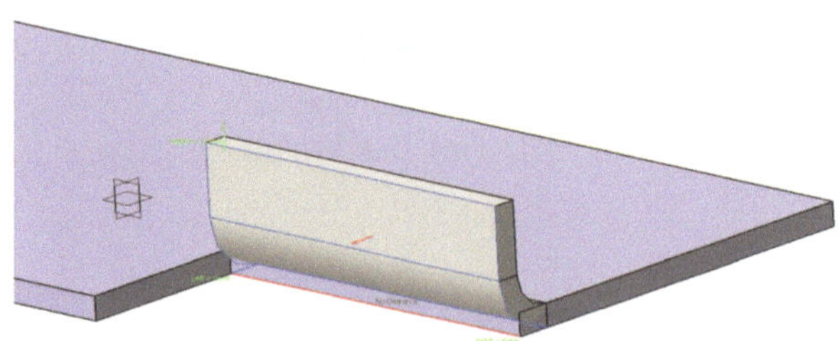

- Die Funktion definiert die Höhe der Wand von der Unterseite der Referenzwand.
- Die Funktion definiert die Höhe der Wand von der Oberseite der Referenzwand.
- Die Funktion definiert die Höhe der Wand von der Oberkante der Biegung.
- Die Funktion definiert die Höhe der Wand von der Schnittkante der beiden äußeren Wandflächen.

Bis Ebene/Fläche

Die Höhe der Wand wird nicht über ein Maß definiert, sondern auf eine Ebene oder Fläche referenziert.

Hinweis: *Wird zum Beispiel als Außengeometrie ein Skelett aus Ebenen verwendet, kann die Wand darauf referenziert werden.*

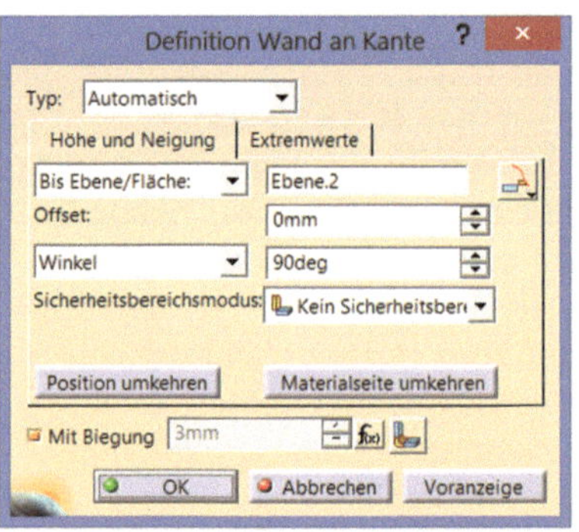

Mit dem Offset kann die Höhe der Wand ausgehend von der Referenzebene definiert werden. Ist keine Referenzebene zu diesem Zeitpunkt vorhanden, kann diese auch einfach aus dem Dialogfenster erzeugt werden. Dazu wird einfach mit der rechten Maustaste in das Aktionsfeld für die Ebene geklickt. Im Kontextmenü stehen mehrere Optionen aus dem Flächendesign und für die Ebenendefinition zur Auswahl:

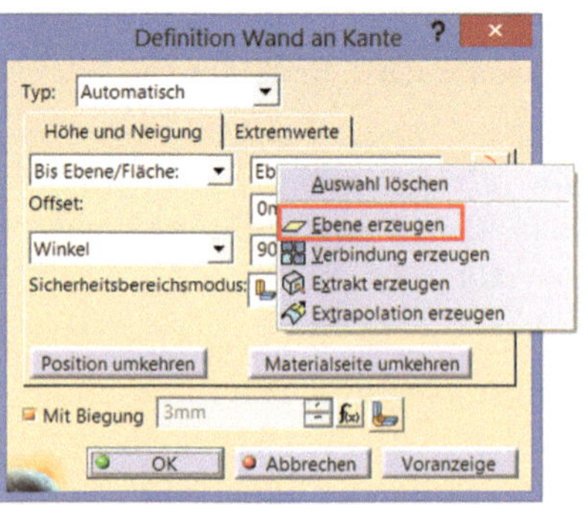

- Ebene erzeugen
- Verbindung erzeugen
- Extrakt erzeugen
- Extrapolation erzeugen

Mit der Funktion *Begrenzungsoptionen* kann die Höhe der Wand durch eine Geometrie begrenzt werden. Es wird dabei unterschieden, ob sich die Begrenzung auf die Innenseite oder Außenseite der Wand bezieht.

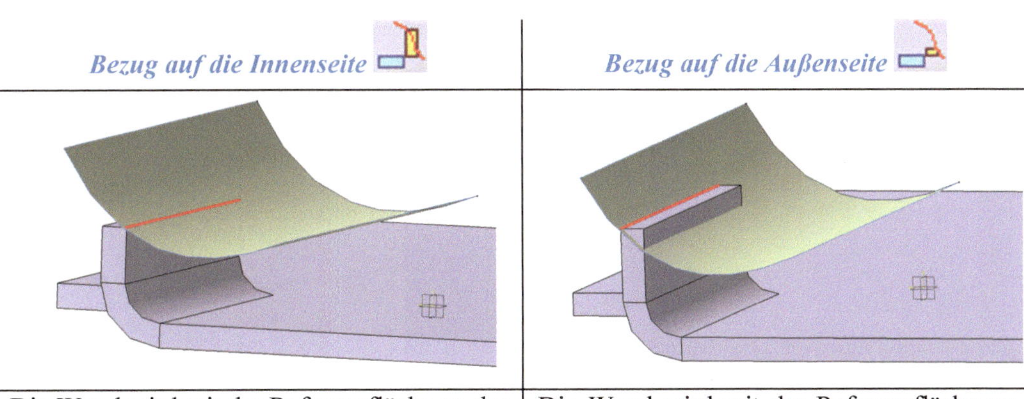

Die Wand wird mit der Referenzfläche an der Wandinnenseite beschnitten.	Die Wand wird mit der Referenzfläche an der Wandaußenseite beschnitten.

Winkel

Mit dieser Funktion wird der Winkel der neuen Wand definiert. Standardmäßig beträgt dieser immer 90° zur Referenzwand. Im Dialogfenster kann dieser beliebig verändert werden und bewegt sich dynamisch an der Geometrie mit.

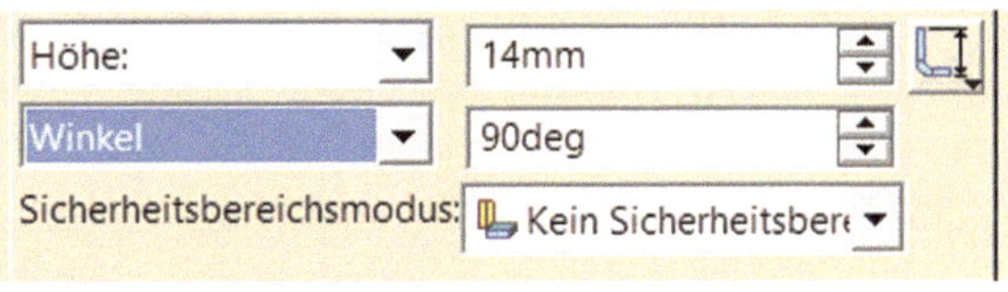

Ausrichtungsebene

Es ist ebenfalls möglich eine Wand an einer Ebene auszurichten. Dazu wird die Option *Ausrichtungsebene* selektiert.

Sind eine Kante und eine Ebene definiert, dann wird die Wand erzeugt und an der Ebene ausgerichtet.

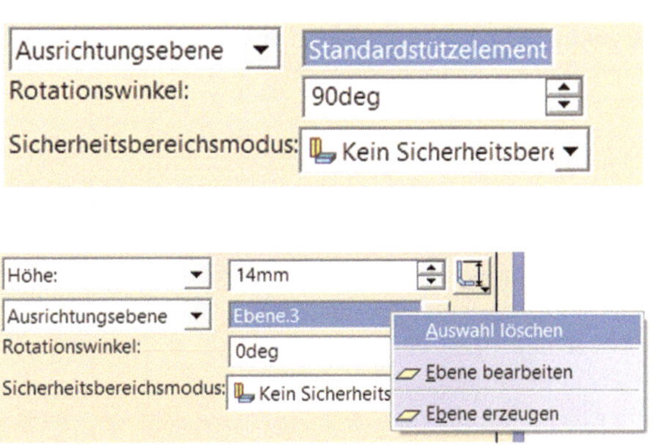

Hinweis: *Wird mit der rechten Maustaste direkt in das Feld Standardstützelement geklickt, kann eine Ebene über das Kontextmenü definiert werden, ohne dafür das Dialogfenster verlassen zu müssen. Ist bereits eine Ebene ausgewählt und soll durch eine neue ersetzt werden, kann die vorhandene Ebene mit der Funktion Auswahl löschen gelöscht werden.*

Die Ausführung der Wand hängt auch immer von der Definition der Kante ab. Je nachdem, ob die obere oder untere Kante einer Wand selektiert wird, ist das Ergebnis ein anderes. Folgend werden beide Szenarien gezeigt.

Im ersten Anwendungsfall werden die unterste Kante der Wand und die Referenzebene mit 45° selektiert. Das Ergebnis ist in der rechten Abbildung erkennbar.

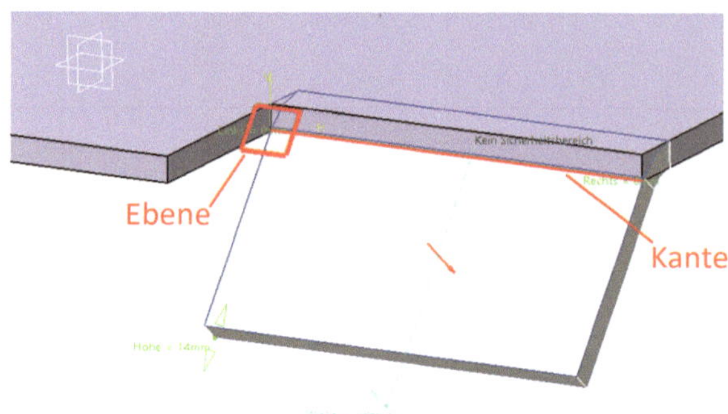

Werden die oberste Kante der Referenzwand und die Ebene für die Ausrichtung definiert, sieht das Resultat wie in der rechten Abbildung aus.

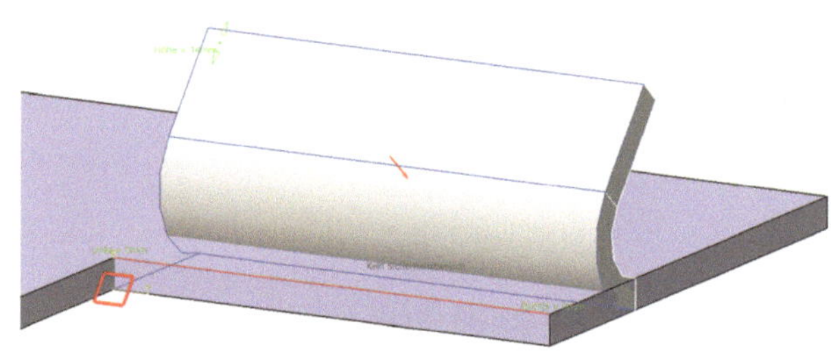

Hinweis: *Die Darstellung der Wand hängt also auch von der jeweiligen Definition der Kante ab.*

Mit dem *Rotationswinkel* kann die Wand zusätzlich mit einem Winkel zur Referenzebene ausgerichtet werden.

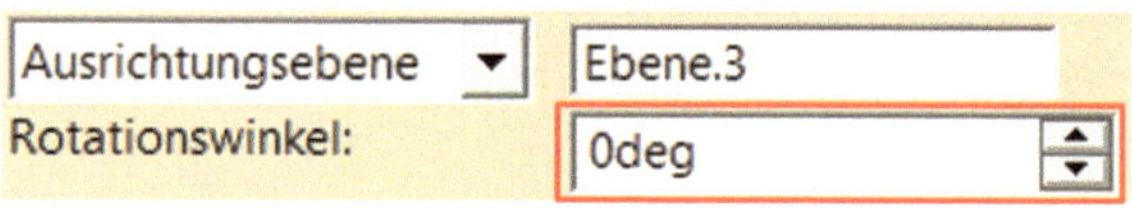

Sicherheitsbereichsmodus

Mit diesem Modus kann die Wand über ein Offset zur Kante der Referenzwand verschoben werden. Es gibt dabei drei verschiedene Auswahlmöglichkeiten. Das Offset wird über das Aktionsfeld *Sicherheitsbereichswert* in Millimeter definiert.

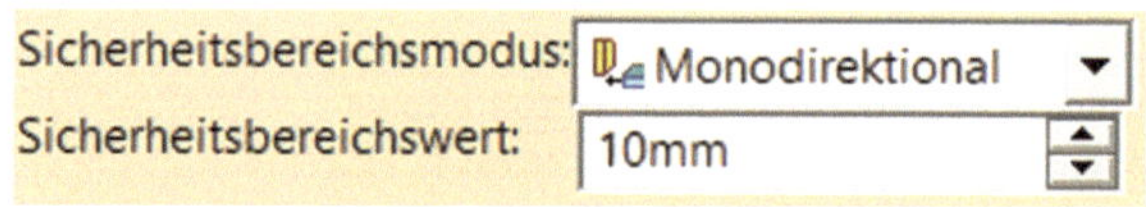

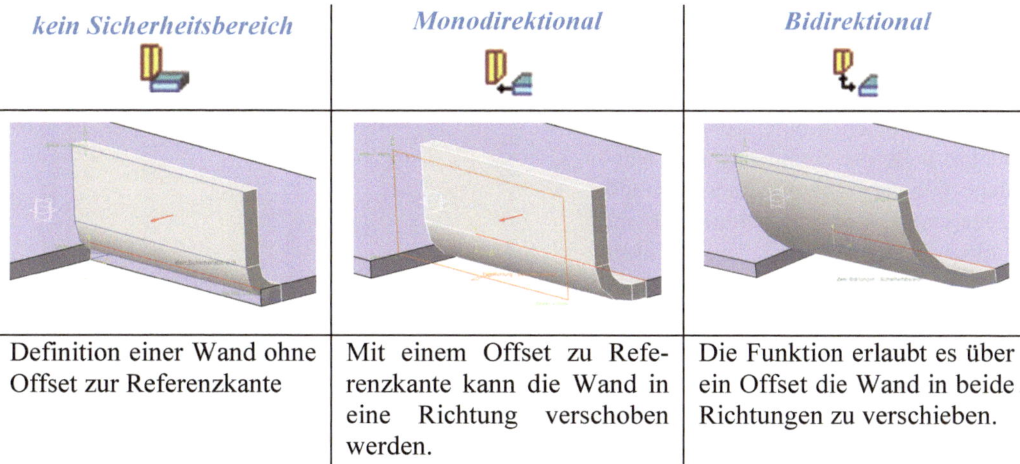

kein Sicherheitsbereich	*Monodirektional*	*Bidirektional*
Definition einer Wand ohne Offset zur Referenzkante	Mit einem Offset zu Referenzkante kann die Wand in eine Richtung verschoben werden.	Die Funktion erlaubt es über ein Offset die Wand in beide Richtungen zu verschieben.

Hinweis: *Bei der Option Bidirektional öffnet sich ein Dialogfenster Komponentendefinition - Warnung. Das Fenster muss mit Nein geschlossen werden, um die Funktion ausführen zu können.*

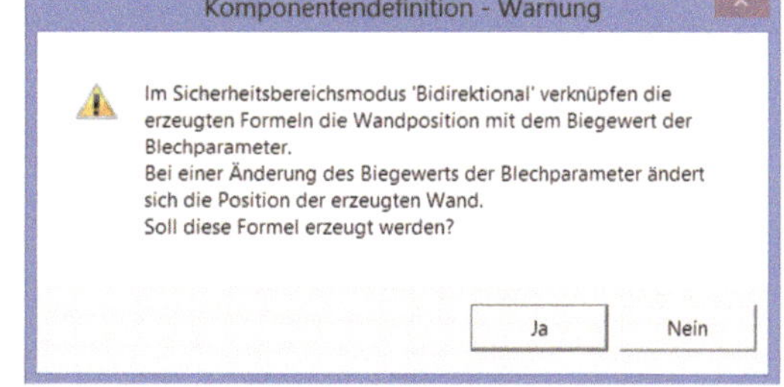

Position umkehren

Die Biegerichtung wird umgekehrt.

Materialseite umkehren

Materialauftragsrichtung kann geändert werden.

Extremwerte

Mit den Extremwerten können die seitlichen Flächen bzw. die linke und rechte Seite der Wand begrenzt werden. Die Begrenzung kann einfach über einen Wert in Millimeter beim linken und rechten Offset definiert werden. Als Standardwert wird die Länge der Referenzkante herangezogen und ein Offset mit Null Millimeter definiert.

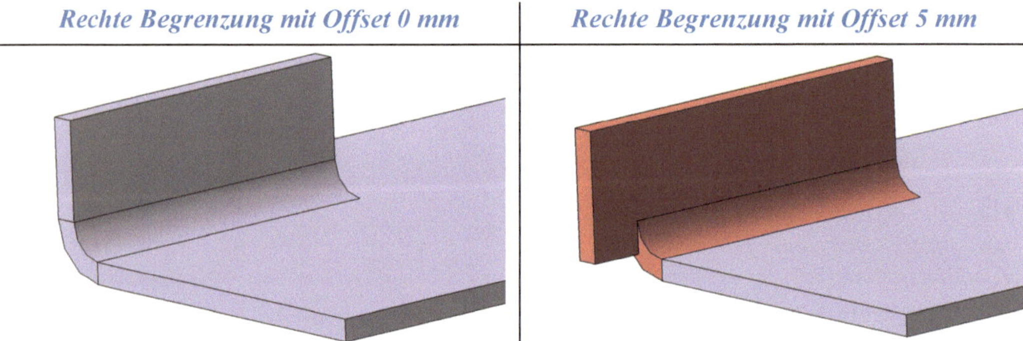

Die zweite Möglichkeit die seitlichen Grenzen der Wand zu definieren ist mit einer Referenzgeometrie. Mit der Funktion *Begrenzungsposition* wird definiert ob die Außen- oder Innenfläche der neuen Wand als Referenz verwendet werden soll.

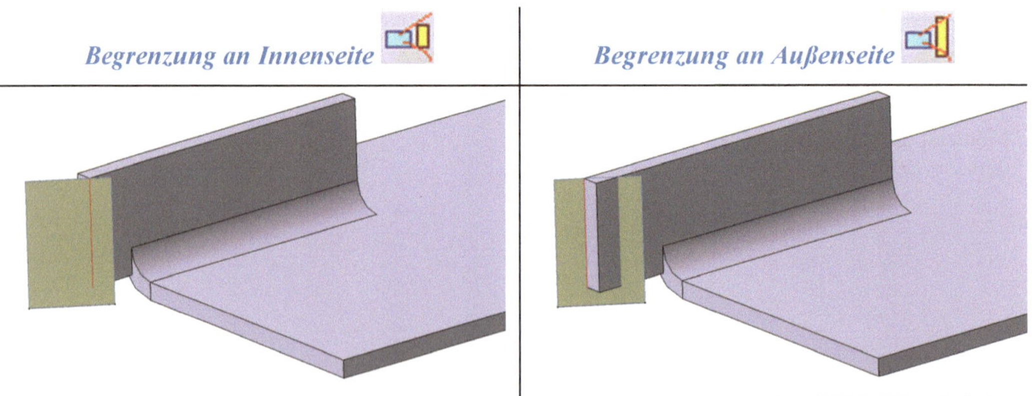

Begrenzung der Wand durch die Flächengeometrie an der Wandinnenseite.	Begrenzung der Wand durch die Flächengeometrie an der Wandaußenseite.

Mit der Funktion *Begrenzungen austauschen* können die linke und rechte Begrenzung vertauscht werden.

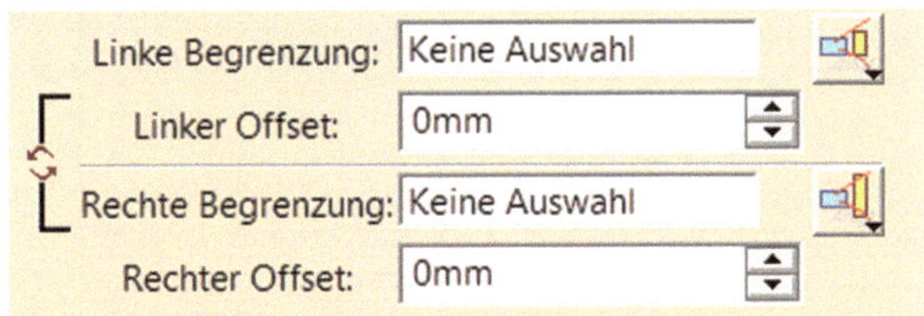

Biegeparameter

Im Dialogfenster *Definition Wand an Kante* kann weiterhin die neu definierte Wand mit der Referenzwand über eine Biegung verbunden werden. Dazu muss die Option *Mit Biegung* aktiv sein. Als Biegeradius wird der in den Parametern definierte Radius verwendet.

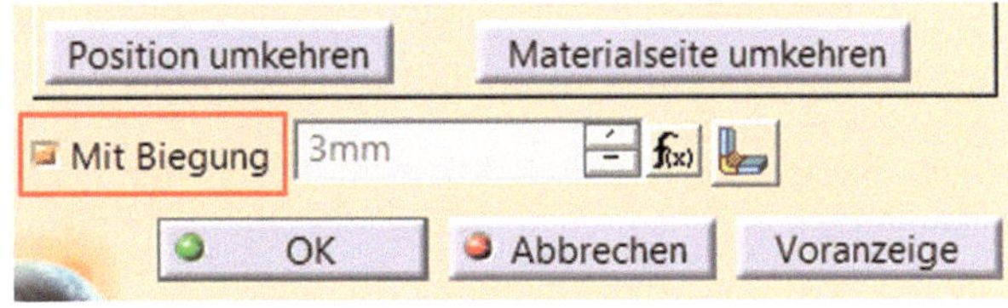

Über die Funktion *Biegeparameter* kann die Form der linken und rechten Biegebegrenzung definiert werden. Die Definition wird dabei nur auf die aktuelle Biegung übertragen. Die Standardbegrenzungskonturen sind bereits aus den Parametern bekannt.

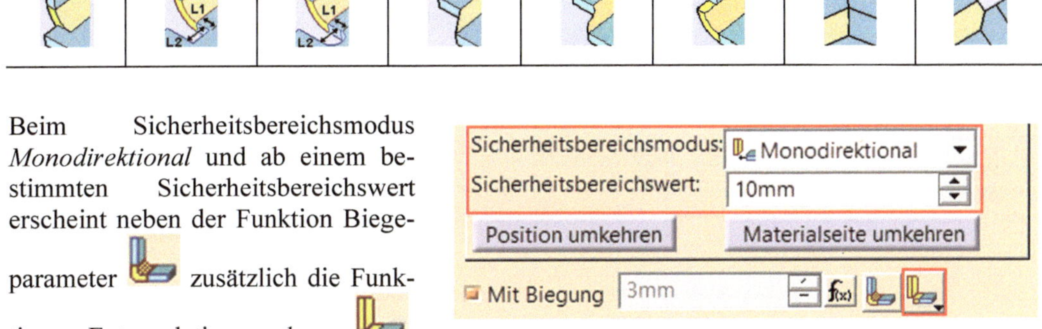

Beim Sicherheitsbereichsmodus *Monodirektional* und ab einem bestimmten Sicherheitsbereichswert erscheint neben der Funktion Biegeparameter zusätzlich die Funktion Extrapolationsmodus.

Sicherheitsbereichsmodus: Monodirektional
Sicherheitsbereichswert: 10mm
Position umkehren | Materialseite umkehren
Mit Biegung 3mm

Wird der schwarze nach unten zeigende Pfeil selektiert, stehen zwei Modi zur Auswahl.

Extrapolationsmodus	*Extrapolationsmodus*
	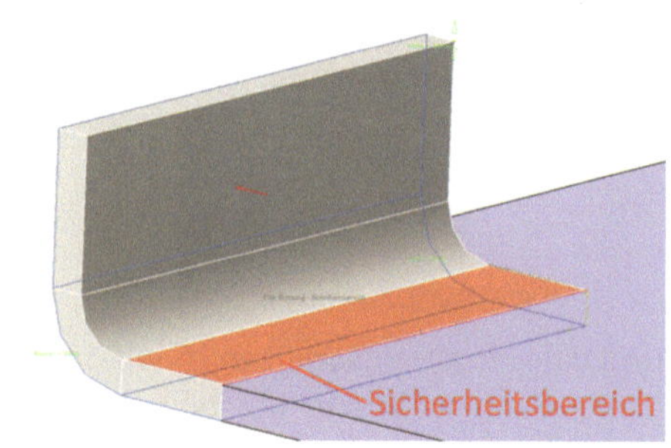
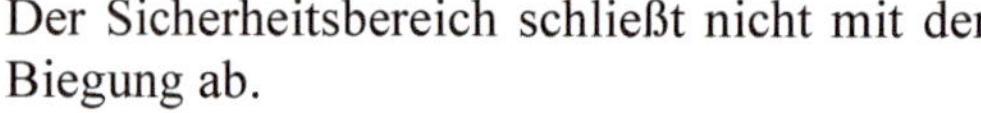 Der Sicherheitsbereich schließt nicht mit der Biegung ab.	Der Sicherheitsbereich schließt mit der Biegung ab.

Allgemeines

Ein Großteil der Parameter aus dem Dialogfenster können auch direkt an der Geometrie gesteuert werden und müssen nicht unbedingt im Dialogfenster eingegeben werden. Die Parameter müssen nur mit der linken Maustaste gehalten werden und können dann durch Ziehen verändert werden. Dieser Vorgang ist oft schneller als die Definition im Dialogfenster.

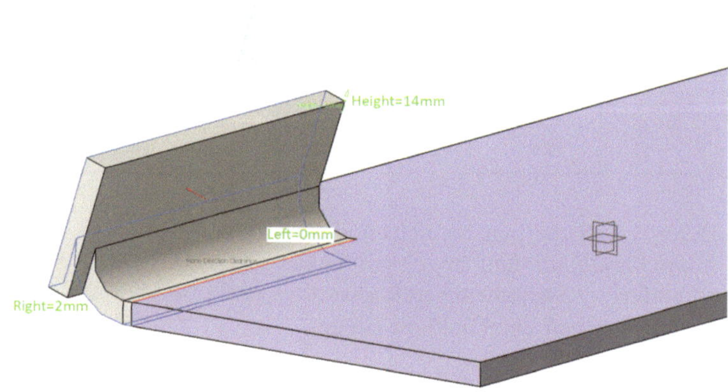

Kopieren einer Wand

Eine Wand kann auch einfach im Strukturbaum kopiert, eingefügt und auf eine neue Kante referenziert werden. Der Vorteil liegt darin, dass zum Beispiel alle definierten Parameter der kopierten Wand mit übernommen werden. Es besteht jedoch keine Abhängigkeit zwischen den beiden Wänden.

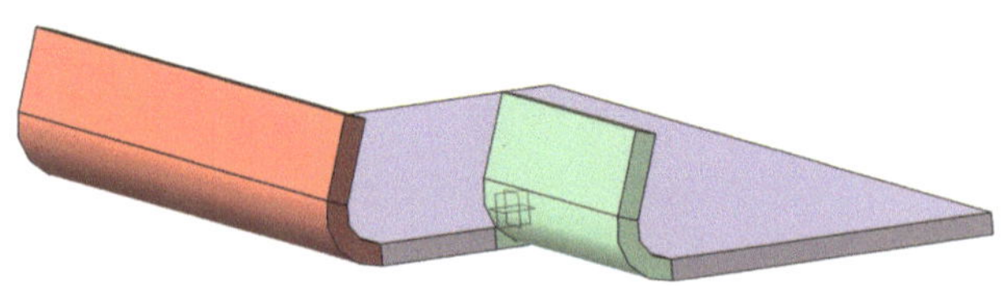

Hinweis: *Beim Einfügen bringt das System einen Aktualisierungsfehler. Dazu einfach im Dialogfenster Aktualisierung - Ursache: Blechbiegeteil die Funktion Bearbeiten selektieren und die neue Referenzkante definieren. Die kopierte Wand (inklusive kopierter Parameter) wird an der neuen Kante erzeugt.*

2.3.2 Skizzenbasierte Erstellung

Im Dialogfenster muss der Typ *Skizzenbasiert* definiert werden. Das Dialogfenster ändert dadurch sein Aussehen zum *automatischen Erstellungstyp*. Der Unterschied liegt darin, dass die Wand auf einer Skizze (Wand Kontur) aufbaut. Im Dialogfenster wird mit der Skizzierfunktion und der anschließenden Definition einer Referenzebene in den Skizziermodus gewechselt.

Die Wandkontur wird jetzt konstruiert.

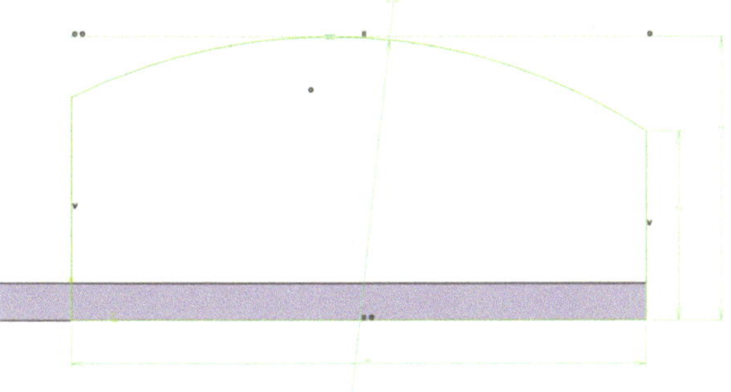

Ist der Vorgang abgeschlossen, wird der Skizziermodus über die Funktion *Arbeitsumgebung verlassen* beendet. Die Wand wird mit der konstruierten Kontur dargestellt. Alle weiteren Parameter wie der Winkel oder der Sicherheitsbereich können, wie bereits im vorigen Unterkapitel beschrieben, definiert werden. Beim Beenden des Dialogfenster *Wand an Kante* mit wird die Wand erzeugt.

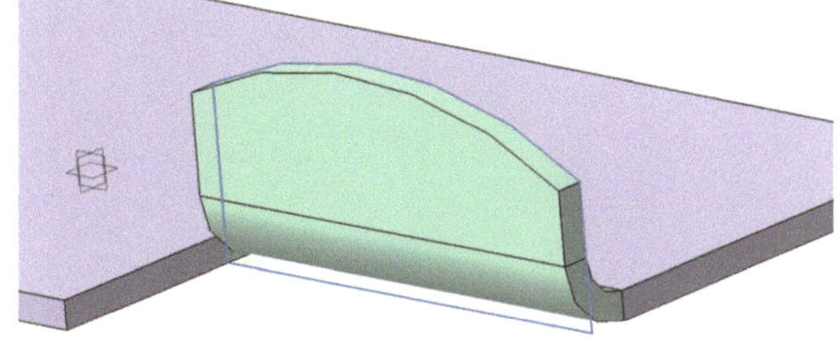

Hinweis: *Mit einem Doppelklick direkt auf die Wandgeometrie oder das Symbol im Strukturbaum kann das Dialogfenster wieder geöffnet und die Parameter können verändert werden. Das gilt auch für den Automatischen Erstellungsmodus und viele weitere Funktionen aus dieser Arbeitsumgebung.*

Es lohnt sich genau zu überlegen auf welche Elemente die Skizzen referenziert werden. Es ist immer zu bedenken, dass in diesem Fall die Wand (grün) von der Referenzwand (grau) abhängig ist, weil die Skizze auf dieser aufbaut. Das bedeutet, wird die erste Wand gelöscht, passiert das Gleiche mit der senkrechten Wand (grün). Aus diesem Grund macht es bei bestimmten Anwendungen Sinn, sich Gedanken über ein Skelett mit Ebenen zu überlegen auf welche diese Elemente referenziert werden. Zur Methodik gibt es jedoch etwas später im Buch noch ein eigenes Kapitel.

Auch bei der Konstruktion der Skizzen für die Wand gibt es einige Punkte zu beachten. So kann nicht jede Konstruktion in eine Wand generiert werden. Welche Konstruktionen nicht zugelassen sind, wird jetzt im Anschluss gezeigt.

Nicht gültig!

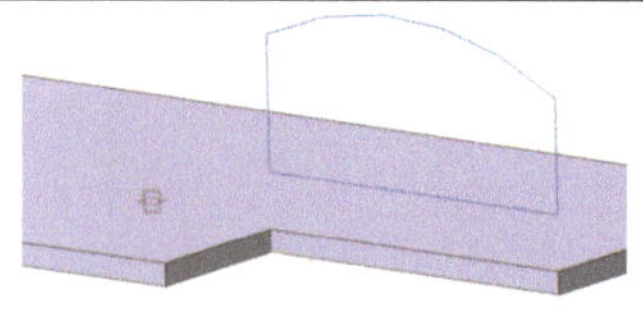	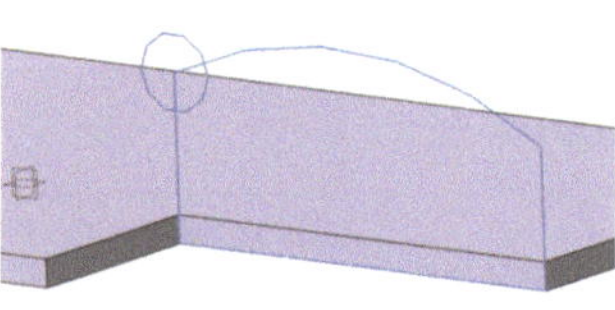	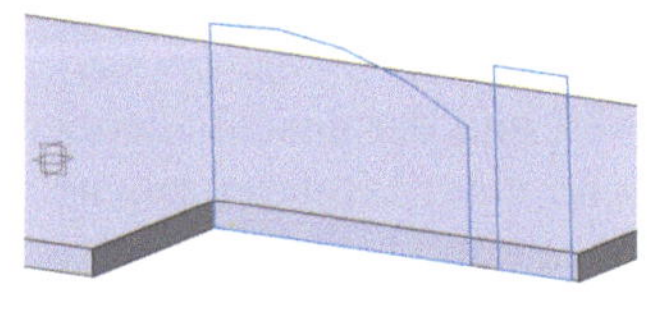
Skizze reicht über den Biegeradius hinaus und es kann daher keine Wand erzeugt werden!	Zwei Profile schneiden sich gegenseitig. Eine Wand kann nicht erzeugt werden!	Zwei nicht miteinander verbunden Profile. Erstellung der Wand nicht möglich!

2.4 Bohrung 

Dieses Unterkapitel zeigt wie Bohrungen an einem Blechteil erstellt werden. Die Funktion ist gleich der Bohrungsfunktion aus dem Part Design.

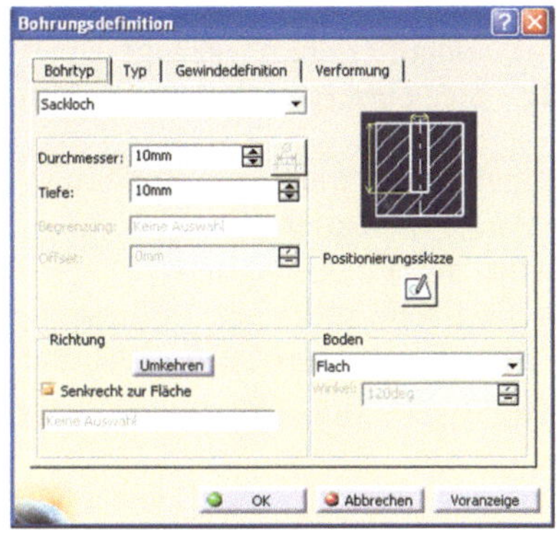

2.4.1 Bohrtyp

Mit dem Selektieren der Funktion öffnet sich vorerst kein Dialogfenster. Zuerst muss eine Fläche als Referenz für die Bohrung definiert werden. Danach öffnet sich das Dialogfenster *Bohrungsdefinition*.

Ein Gitter wird über die Referenzfläche für eine leichtere Positionierung der Bohrung gespannt. Sie kann direkt an der 3D-Geometrie, durch das Bewegen der Richtungspfeile (grün) mit gehaltener linker Maustaste bestimmt werden oder über einen vordefinierten Punkt bzw. den Skizziermodus. In diesem Fall wurde nur die Referenzfläche selektiert und die Bohrung beliebig darauf platziert.

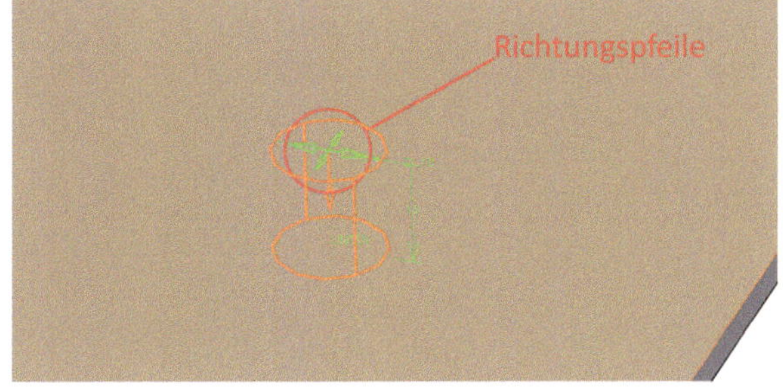

Mit der Funktion *Positionierungsskizze* im Dialogfenster *Bohrungsdefinition* wird in den Skiziermodus gewechselt, wo jetzt der Bohrungsmittelpunkt genau positioniert werden kann.

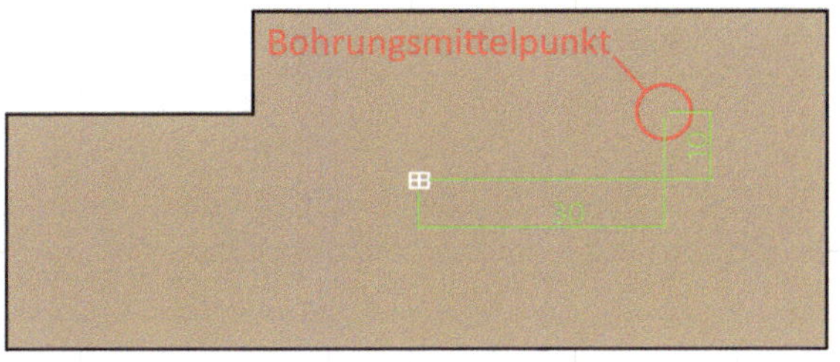

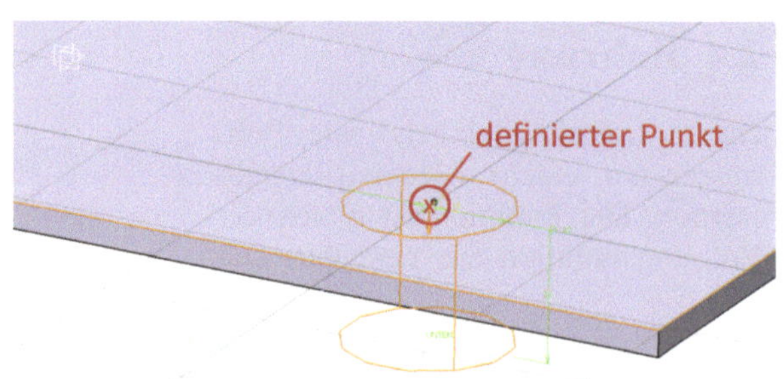

Eine weitere Möglichkeit ist, wenn der Konstrukteur im Vorhinein mit der Funktion *Punkt* oder eine Skizze mit einem Punkt erzeugt. Bevor jetzt die Funktion *Bohrung* selektiert wird, muss der konstruierte Punkt selektiert werden. Danach wird die Funktion und im Anschluss die Ebene selektiert. In diesem Fall wird jetzt die Bohrung gleich auf den definierten Punkt assoziativ gesetzt und muss nicht mehr im Dialogfenster über die Positionierungsskizze bestimmt werden. Die Bohrung kann hier einfach über die Punktdefinition gesteuert werden.

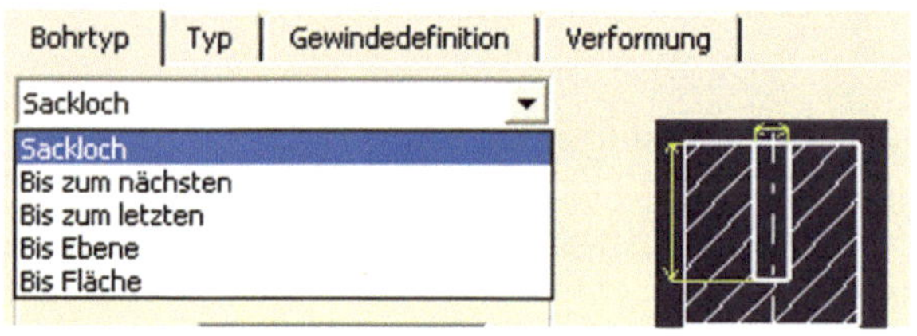

Ist die Bohrung platziert, gibt es noch weitere Bohrungsparameter. Für die Definition der Bohrungstiefe stehen folgende Möglichkeiten zur Auswahl. Aus dem Klappmenü kann eine Begrenzung für die Bohrung bestimmt werden. Welche es gibt und was sie aussagen zeigt die folgende Tabelle.

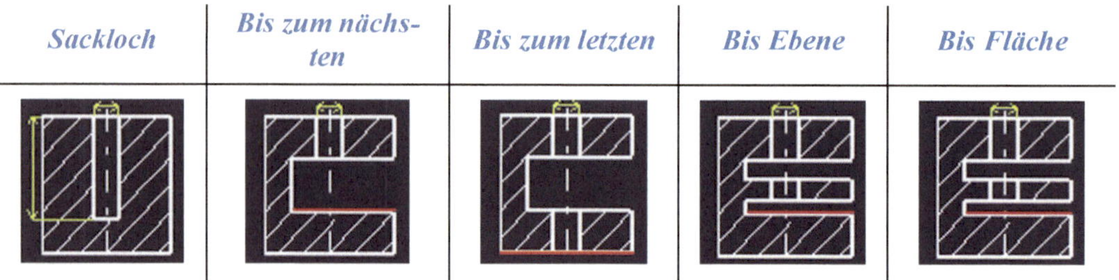

Mit dem *Offset* kann die Bohrtiefe über die Begrenzung hinaus definiert werden.

Die Richtung der Bohrung kann mit der Funktion *Umkehren* um 180° geändert werden. Die Ausrichtung der Bohrung erfolgt standardmäßig senkrecht zur Referenzfläche.

Hinweis: *Die Richtung der Bohrung kann auch über den Richtungspfeil direkt an der Geometrie gesteuert werden.*

Soll die Bohrung nicht senkrecht zur Referenzfläche ausgerichtet werden, sondern an definierten geometrischen Elementen, dann muss die Option *Senkrecht zur Fläche* deaktiviert werden. Jetzt kann zum Beispiel eine bereits definierte Ebene oder Linie selektiert werden nach der die Bohrung ausgerichtet wird. Die Referenz für die Ausrichtung muss aber nicht im Vorhinein erzeugt werden, sondern kann auch direkt im Dialogfenster erfolgen. Dazu wird mit der *rechten Maustaste* in das Aktionsfeld geklickt. Ein neues Fenster mit folgenden Definitionsmöglichkeiten für die Ausrichtung der Bohrung öffnet sich:

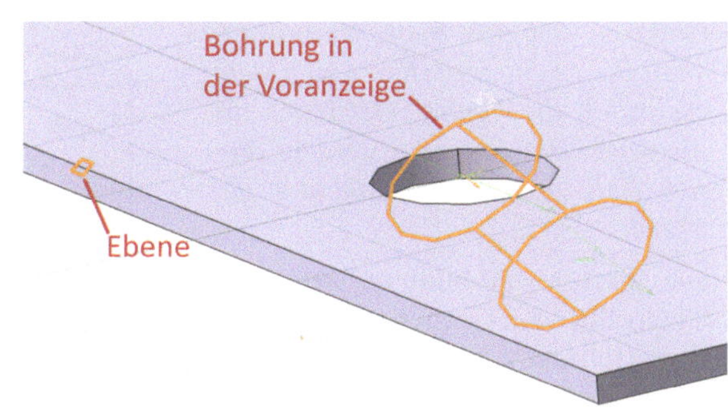

- Linie erzeugen
- X-Achse
- Y-Achse
- Z-Achse
- Kompassrichtung erzeugen
- Eben erzeugen

Über die Definition Boden kann die Bodenform der Bohrung definiert werden. Es wird zwischen einem flachen und spitzen Boden unterschieden. Bei einem spitzen Boden kann zusätzlich der Winkel der Spitze definiert werden. Standardmäßig beträgt dieser 120°.

Flacher Boden	*Spitzer Boden*

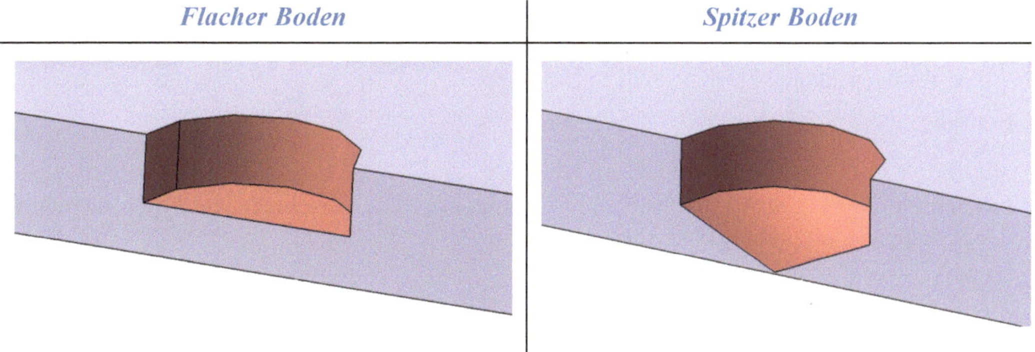

Hinweis: *Bei den Begrenzungsoptionen Bis Ebene und Bis Fläche steht zusätzlich die Option Getrimmt zur Auswahl. Die Bohrung wird in diesem Fall an die Flächenkontur getrimmt.*

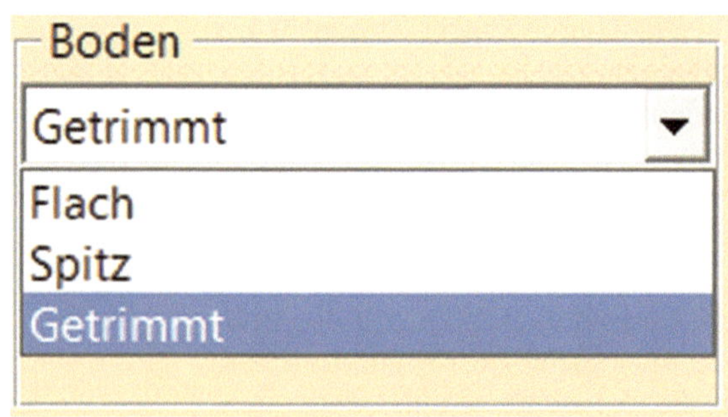

Die nächste Abbildung zeigt die Unterschiede zwischen Flach, Spitz und Getrimmt bei einer Bohrung deren Tiefe an einer Fläche ausgerichtet ist.

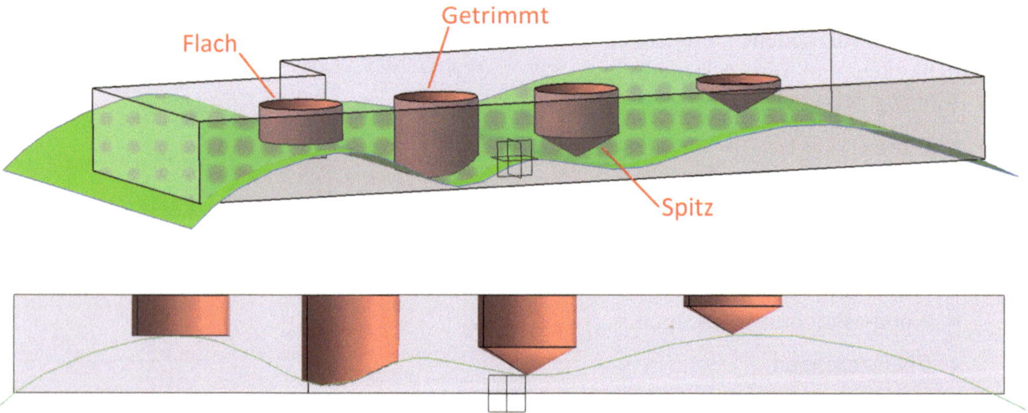

2.4.2 Typ

Mit dem Typ wird die eigentliche Form der Bohrung definiert. Es gibt eine

- normale
- konische
- planeingesenkte
- profilgesenkte
- formgesenkte

Bohrung.

Je nach Definition gibt es unterschiedliche Parameter. Die verschiedenen Typen werden auf der nächsten Seite tabellarisch dargestellt.

Darstellung	*Typ*	*Parameter*	*Ausführung*
	Normal	keine	
	Konisch	- Winkel für Konus	
	Planeingesenkt	- Durchmesser - Tiefe	
	Profilgesenkt	- Tiefe und Winkel - Tiefe und Durchmesser - Winkel und Durchmesser	
	Formgesenkt	- Durchmesser - Tiefe - Winkel	

Über den Bezugspunkt wird die Referenz für die Parameter festgelegt. Der Bezug wird dabei immer in der Symbolischen Darstellung im Dialogfenster mit einem roten Punkt gekennzeichnet. Die Referenz kann dabei auf die Außenfläche oder die Senkungsfläche gelegt werden. Nicht für jeden Typ gibt es diese Auswahlmöglichkeit.

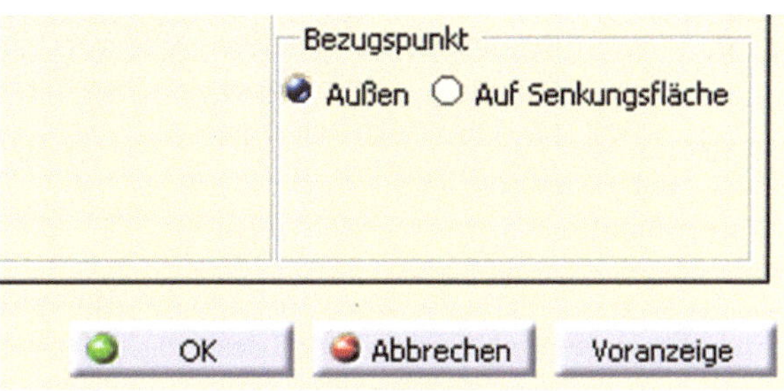

2.4.3 Gewindedefinition

Mit dieser Option kann gleich bei der Erstellung der Bohrung ein Gewinde definiert werden. Dazu muss in der Registerkarte *Gewindedefinition* die Option *Gewinde* aktiv sein. Wird diese Option nicht aktiviert, sind die Gewindeparameter ausgegraut. Je nachdem ob es sich um ein *Rechtsgewinde* oder *Linksgewinde* handelt, muss in der unteren Hälfte im Dialogfenster die entsprechende Option aktiviert sein.

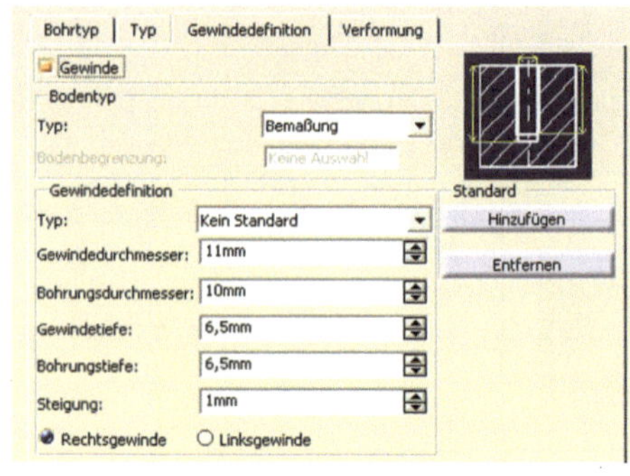

Beim Bodentyp gibt es drei verschiedene Optionen zur Auswahl. Hier wird die Referenz der Gewindetiefe festgelegt.

- *Bemaßung:* Die Gewindetiefe wird über die Bemaßung in Millimeter definiert.
- *Stützelementtiefe:* Das Gewinde wird bis zum Boden der Bohrung ausgeführt.
- *Bis Ebene:* Die Gewindetiefe wird über eine Ebene definiert. Mit einem *rechten Mausklick* in das weiße Definitionsfenster bei der Bodenbegrenzung kann wieder direkt im Dialogfenster eine Ebene erzeugt werden.

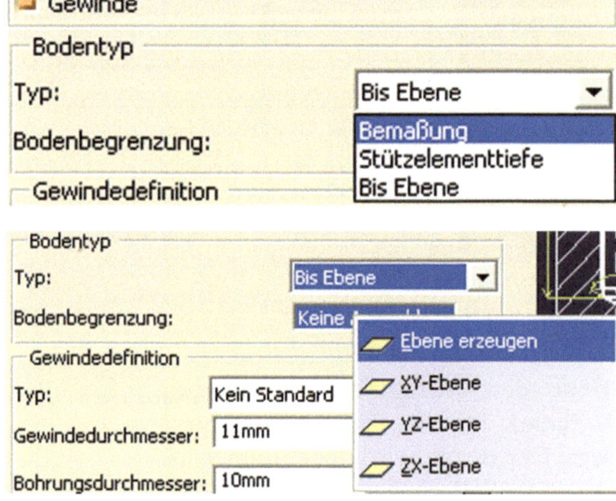

Für die eigentliche Definition des Gewindes stehen standardmäßig drei vordefinierte Typen zur Auswahl. Die Typen lauten wie folgt:

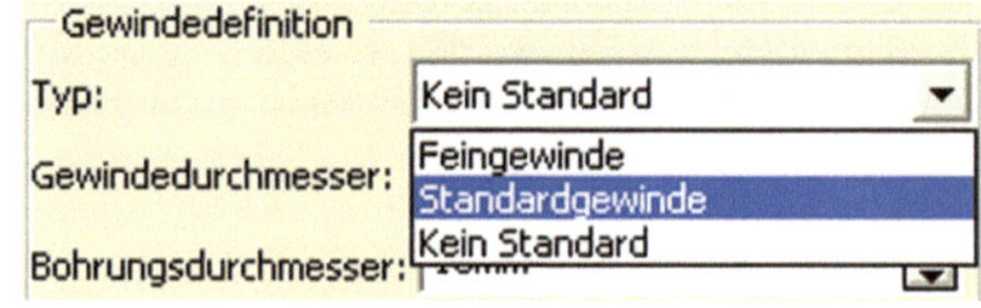

- *Kein Standard:* Alle Werte für die Gewindedefinition wie der Gewindedurchmesser, Bohrungsdurchmesser, die Gewindetiefe usw. sind frei einstellbar.
- *Standardgewinde:* Die Parameter für die Gewindedefinition sind in einer Tabelle hinterlegt und entsprechen den Maßen eines Metrischen ISO-Gewindes nach ISO 965-2.

- *Feingewinde:* Die Parameter sind in einer Tabelle hinterlegt, welche den Maßen für ein Metrisches Feingewinde nach ISO 925-2 entsprechen.

Arbeiten mit vordefinierten Gewindetabellen

Es ist möglich ein Gewinde mit vordefinierten Werten in einer Excel-Tabelle oder einem Text-File zu erzeugen. Mit der Funktion *Hinzufügen* bei Standard können Gewindedefinitionen importiert werden.

Über das Dateiauswahlfenster wird die gewünschte Datei (Excel- oder Text-File) ausgewählt.

Der neue Gewindetyp ist jetzt im Klappmenü angeführt.

Hinweis: *Die Benennung des Typs erfolgt nach dem Dateinamen.*

Nach der Auswahl des neuen Typs kann die Nominale Größe bei der *Gewindebeschreibung* definiert werden und alle weiteren Parameter wie der Bohrungsdurchmesser und die Gewindesteigung werden aus dem Excel-File gelesen.

Mit der Funktion *Entfernen* unterhalb der Funktion *Hinzufügen* kann der Gewindetyp wieder entfernt werden. Dazu öffnet sich das Dialogfenster *Standardgewinde.* In diesem Fenster den zu löschenden Typ auswählen und mit OK bestätigen.

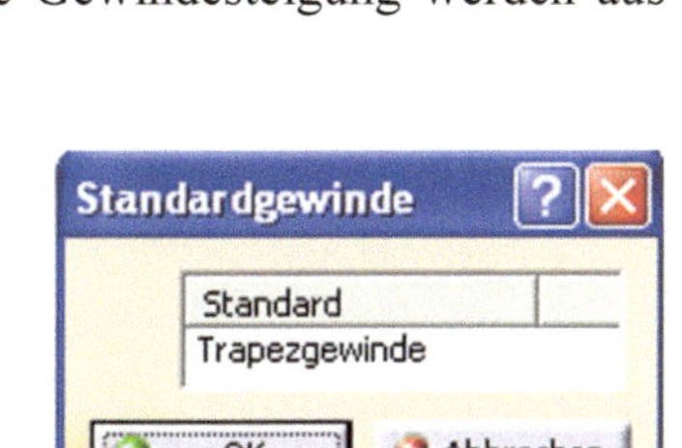

Hinweis: *Standard Typen können nicht gelöscht werden!*

Beim Definieren der Werte in der Tabelle ist es wichtig auf die Benennung der Spalten zu achten. Im Anschluss wird eine Beispieltabelle für ein Trapezgewinde nach DIN 103-1 gezeigt.

- *NominalDiam:* Gewindebeschreibung im Dialogfenster
- *Pitch:* Gewindesteigung
- *Minordiam:* Bohrungsdurchmesser

NominalDiam	*Pitch*	*Minordiam*
10mm	2	8mm
12mm	3	9mm
16mm	4	12mm
20mm	4	16mm
24mm	5	19mm
28mm	5	23mm
32mm	6	26mm
36mm	3	33mm
36mm	6	30mm
36mm	10	26mm

Hinweis: *Die Einheit im Millimeter muss nicht unbedingt in der Tabelle vorhanden sein.*

Worin unterscheidet sich eine Gewindebohrung von einer herkömmlichen Bohrung?

Eine Gewindebohrung wird im Strukturbaum mit dem Bohrungssymbol und einem ¾ Kreis dargestellt.

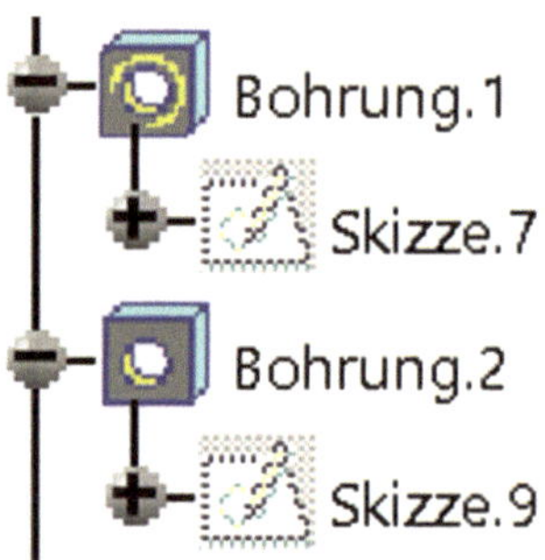

Hinweis: *Nur wenn in den Eigenschaften der Ansicht die Option Gewinde aktiv ist, wird das Gewinde in der Zeichnung (Drawing) generiert.*

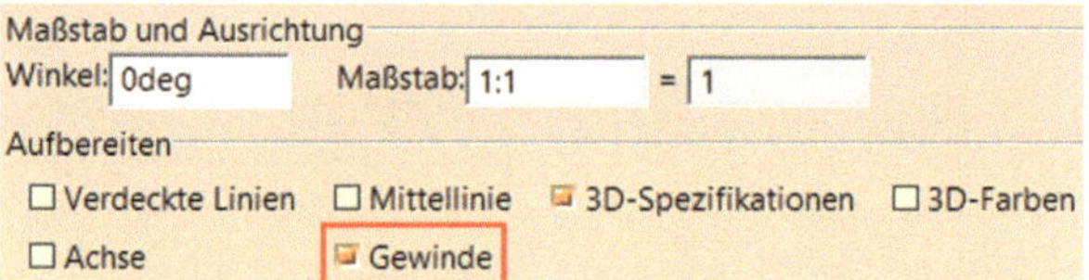

2.4.4 Verformung

Mit der Option *Verformung* kann festgelegt werden, ob eine Bohrung im gefalteten Zustand oder im aufgeklappten Zustand definiert werden kann.

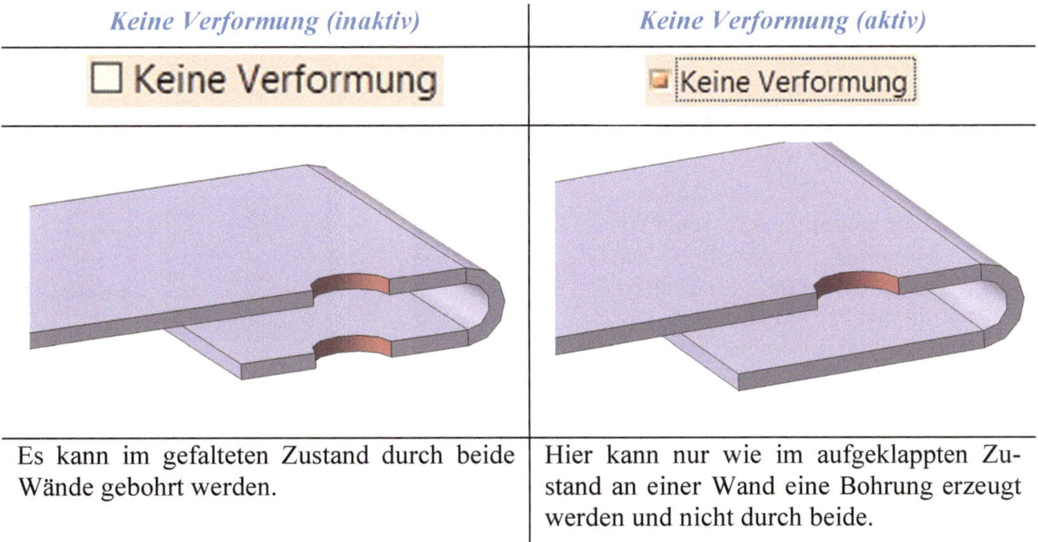

Keine Verformung (inaktiv)	*Keine Verformung (aktiv)*
☐ Keine Verformung	Keine Verformung
Es kann im gefalteten Zustand durch beide Wände gebohrt werden.	Hier kann nur wie im aufgeklappten Zustand an einer Wand eine Bohrung erzeugt werden und nicht durch beide.

2.5 Kreisförmige Aussparung 

Mit dieser Funktion können kreisförmige Ausschnitte am Blechbiegeteil erzeugt werden. Mit dem Selektieren der Funktion öffnet sich das Dialogfenster *Definition der kreisförmigen Aussparung*. In dem Dialogfenster muss die Position (zum Beispiel durch einen Punkt), eine Referenzfläche und der Durchmesser definiert werden. Für die Positionsdefinition kann

- ein vordefinierter 3D-Punkt,
- eine Skizze selektiert werden
- oder direkt mit der Maus auf eine Fläche klicken und der Punkt wird genau an der Cursor-Position erzeugt.

Der Punkt kann an einer beliebigen Stelle liegen und muss nicht direkt auf der Referenzfläche liegen. In diesem Fall wird eine rechtwinkelige Projektion auf die Referenzfläche erzeugt.

Hinweis: *Soll der ausgewählte Punkt wieder aus dem Dialogfenster gelöscht werden, muss das Definitionsfeld markiert sein und der Punkt erneut selektiert werden.*

Im Definitionsfeld *Auswahl* wird die Referenzfläche für den Ausschnitt definiert. Nach dem ein Punkt und eine Fläche ausgewählt worden sind, wird der kreisförmige Ausschnitt an der Geometrie dargestellt. Der Durchmesser wird direkt im Dialogfenster mit den Pfeilen gesteuert. Die Ansicht wird dabei immer automatisch aktualisiert.

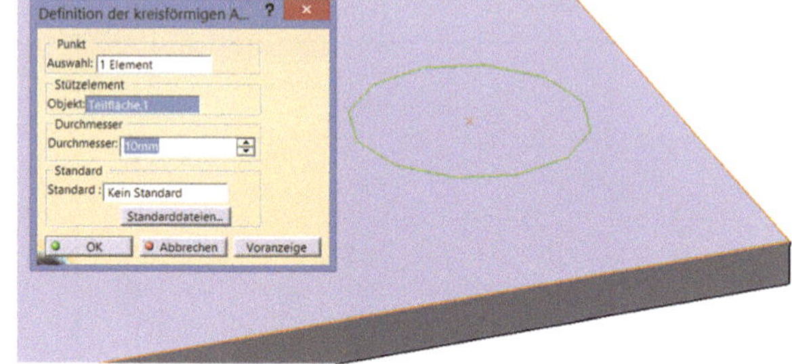

Mit OK wird das Dialogfenster geschlossen und der Ausschnitt dargestellt.

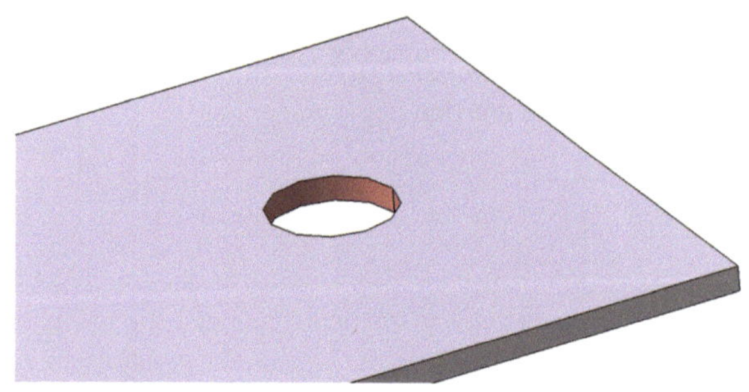

Hinweis: *Kreisförmige Ausschnitte können sowohl im gefalteten Zustand (zum Beispiel auch auf eine Biegung) als auch im abgewickelten Zustand definiert werden.*

2.5.1 Ausschnitt mit einer Skizze erzeugen

Die Funktion ermöglicht es ebenfalls, einen in einer Skizze definierten Punkt als Position zu verwenden. Es ist allerdings auch möglich, mehrere Punkte in einer Skizze zu erzeugen und alle Punkte als Referenz für mehrere kreisförmige Ausschnitte zu verwenden, ohne viele Definitionen vornehmen zu müssen.

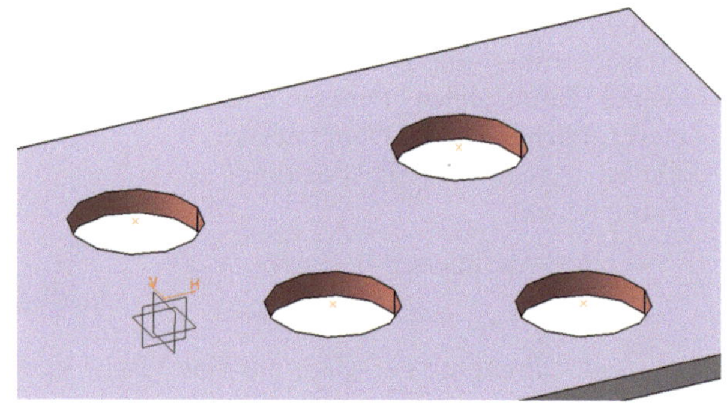

Hinweis: *Alle weiteren Definitionen wie die Referenzfläche und Durchmesser bleiben gleich wie es zu Beginn des Unterkapitels 4.5 beschrieben wurde.*

2.5.2 Arbeiten mit Standards

Es gibt die Möglichkeit auch mit vordefinierten Standard-Ausschnitten zu arbeiten. Die Parameter werden in einer Excel- oder Textdatei definiert. Wichtig bei der Excel-Tabelle ist die Benennung der Parameter. In der rechten Abbildung ist eine Tabelle mit den notwendigen Parametern vorgestellt.

	A	B
1	StandardName	Diameter
2	D5	5mm
3	D10	10mm
4	D15	15mm
5	D20	20mm

Hinweis: *Die korrekte Bezeichnung der Spalten ist wichtig für die Referenz zur Tabelle und zu den Parametern. Außerdem dürfen keine Umlaute bei der Benennung der Datei verwendet werden.*

Im Dialogfenster muss die Funktion *Standarddateien* selektiert werden. Die Excel-Datei wird ausgewählt. Im Dialogfenster erscheint die Funktion *Öffnet einen Dialog, in dem die Konfiguration der übergeordneten Konstruktionstabelle geändert werden kann*. Wird die Funktion selektiert, öffnet sich die Konstruktionstabelle mit den vordefinierten Parametern. Die Parameter können beliebig ausgewählt und mit OK bestätigt werden. Im Definitionsfenster *Standard* erscheint der Standard-Name. Die Eingaben werden mit OK bestätigt, das Dialogfenster *Definition der kreisförmigen Aussparung* wird geschlossen und der Ausschnitt erzeugt.

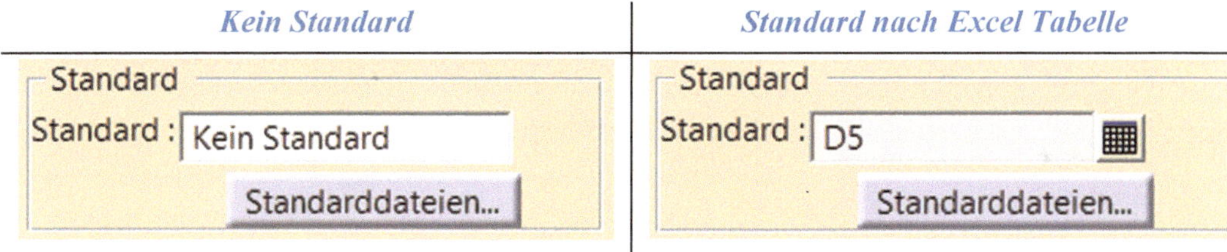

2.6 Ausschnitt

Im Folgenden wird ein Ausschnitt mit einer definierten Kontur an einer Wand gezeigt. Bei dieser Funktion unterscheidet man zwischen dem Blechstandard und der Blechtasche. Beim *Blechstandard* wird der Ausschnitt immer durch die ganz Wanddicke erzeugt. Mit der *Blechtasche* wird das Profil extrudiert und es wird nur jenes Material abgetragen, dass die Extrusion umfasst.

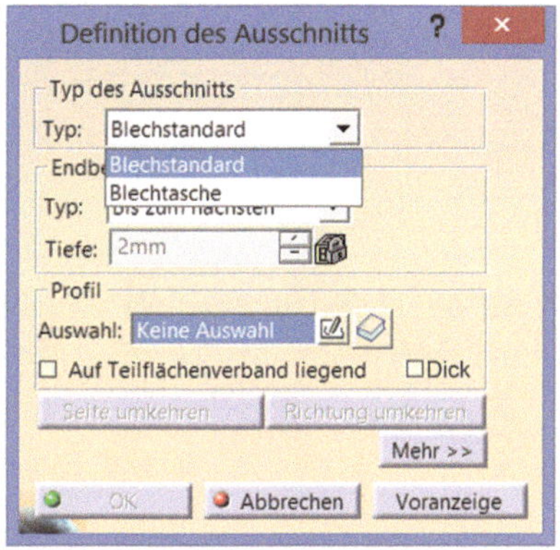

2.6.1 Blechstandard

Im Dialogfenster *Definition des Ausschnittes* wird bei Typ *Blechstandard* ausgewählt.

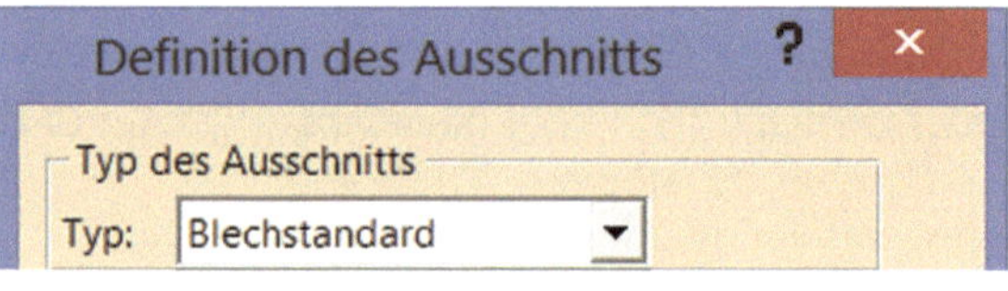

Die Begrenzungen für den Ausschnitt werden bei mit der *Endbegrenzung* festgelegt. Es stehen drei Möglichkeiten zur Auswahl:

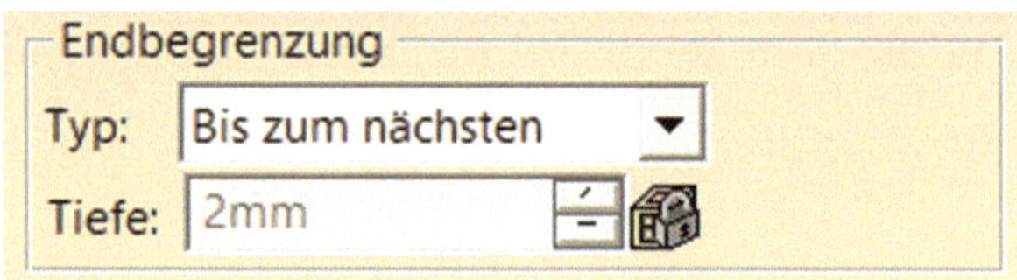

- ***Bemaßung:*** Die Tiefe für den Ausschnitt wird mit einem Wert definiert.
- ***Bis zum nächsten:*** Der Ausschnitt wird bis zur nächsten Fläche ausgeführt.
- ***Bis zum letzten:*** Der Ausschnitt wird bis zur letzten Begrenzungsfläche ausgeführt.

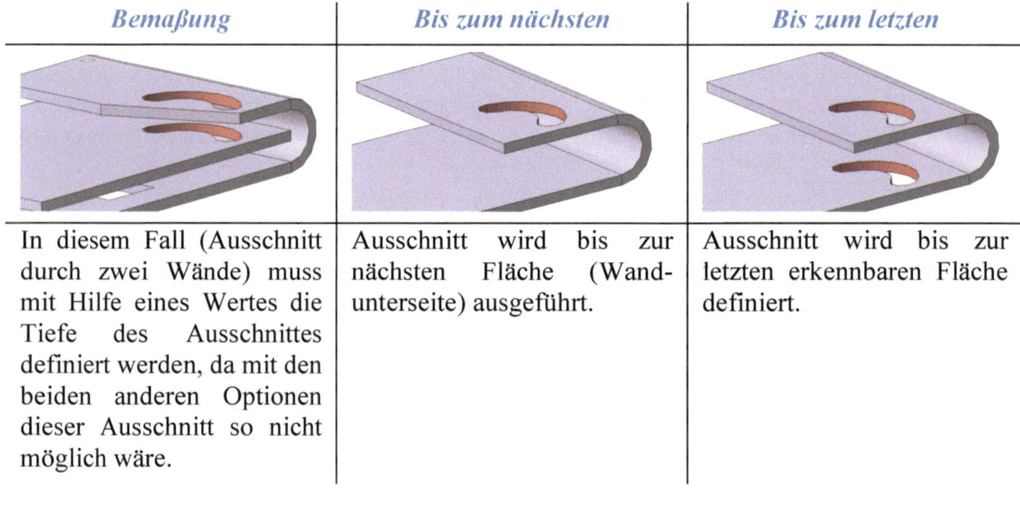

Bemaßung	***Bis zum nächsten***	***Bis zum letzten***
In diesem Fall (Ausschnitt durch zwei Wände) muss mit Hilfe eines Wertes die Tiefe des Ausschnittes definiert werden, da mit den beiden anderen Optionen dieser Ausschnitt so nicht möglich wäre.	Ausschnitt wird bis zur nächsten Fläche (Wandunterseite) ausgeführt.	Ausschnitt wird bis zur letzten erkennbaren Fläche definiert.

Hinweis: *Beim Definieren der Tiefe werden die betroffenen Wände grün markiert. Es wird so ein schneller Überblick gegeben, durch welche Wände der Ausschnitt reicht.*

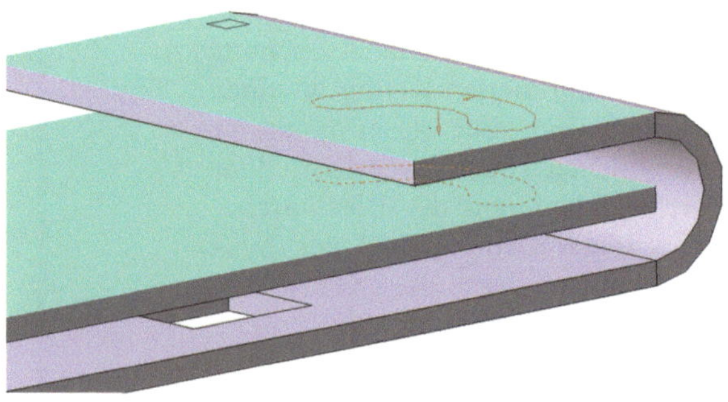

In diesem Fall sind durch das definierte Maß die ersten zwei Wände von dem Ausschnitt betroffen. Die unterste Wand nicht.

Zum Definieren des Profils für den Ausschnitt kann eine vordefinierte Skizze selektiert werden oder direkt im Dialogfenster mit der Funktion *Skizze* in den Skizzenmodus gewechselt werden, um dort die Kontur zu konstruieren.

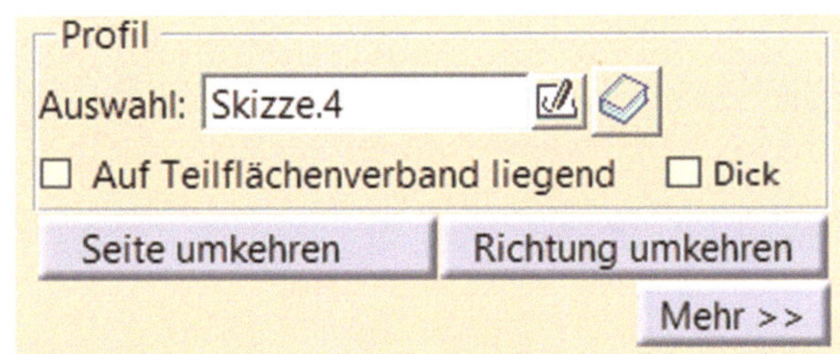

Mit der Funktion *Katalog öffnen* können vordefinierte Konturen aus einem Katalog ausgewählt werden.

Mit *Seite umkehren* wird definiert, ob alles innerhalb oder außerhalb der Kontur ausgeschnitten werden soll.

Innerhalb der Kontur	*Außerhalb der Kontur*

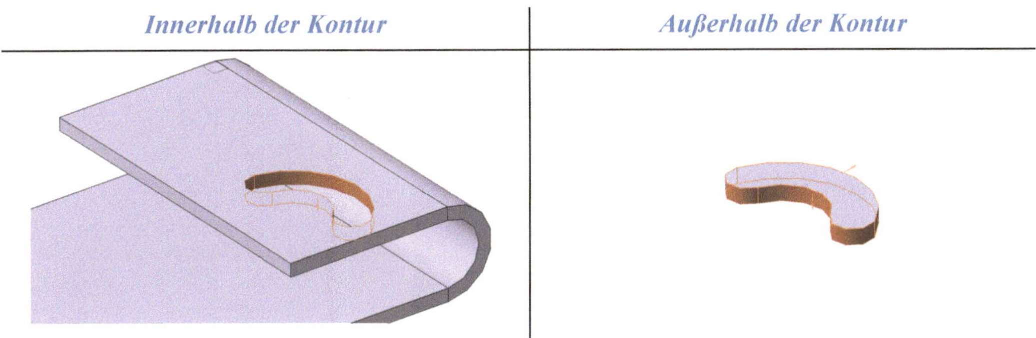

Mit Hilfe von *Richtung umkehren* wird die Richtung des Ausschnittes definiert bzw. geändert.

Hinweis: *Die Seite und Richtung können auch direkt an der Geometrie über die Pfeile gesteuert werden.*

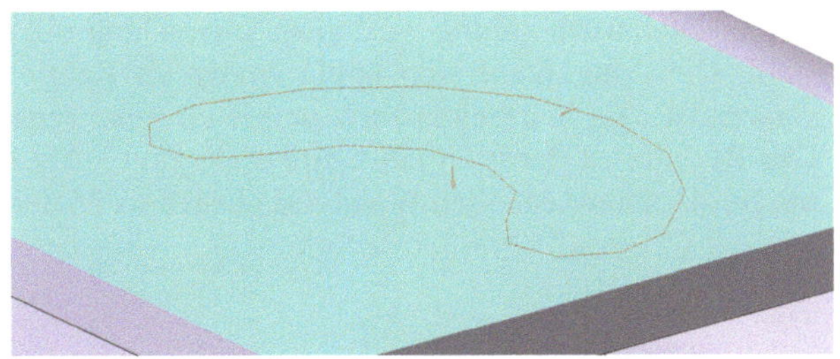

Ist die Option *Auf Teilflächenverband liegend* aktiv, dann ist die Richtung des Ausschnittes immer normal zur Referenzfläche. Durch das Aktivieren sind folgende Optionen nicht verfügbar:

- Endbegrenzung
- Definition der Tiefe
- Die Richtung kann bei den Erweiterten Optionen nicht definiert werden.

Hinweis: *Die Option Dick ist mit dem Release 2014 neu hinzugekommen und ermöglicht es, ein Profil mit einer definierten Dicke auszuschneiden. Die Dicke kann in beide Richtungen, ausgehend von dem Profil definiert werden.*

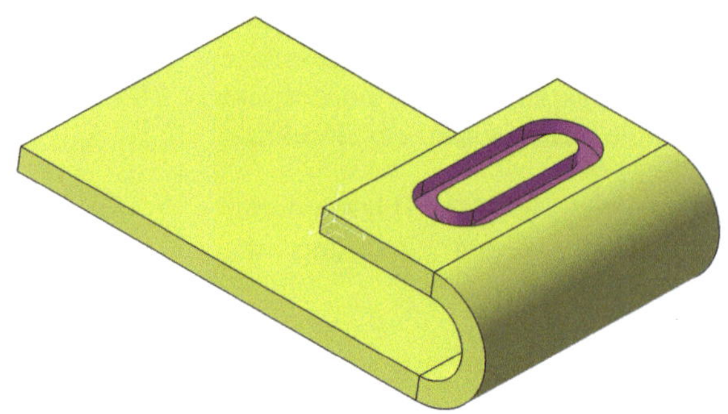

Erweiterte Eigenschaften

Mit der Funktion *Mehr* wird das Dialogfenster um einige Eigenschaften erweitert.

Die Anfangsbegrenzung für den Ausschnitt kann verändert werden. Das bedeutet der Ausschnitt kann in beide Richtungen (Höhe/Tiefe) definiert werden. Es stehen die gleichen Optionen wie bei der Endbegrenzung zur Auswahl und werden daher nicht mehr näher erläutert.

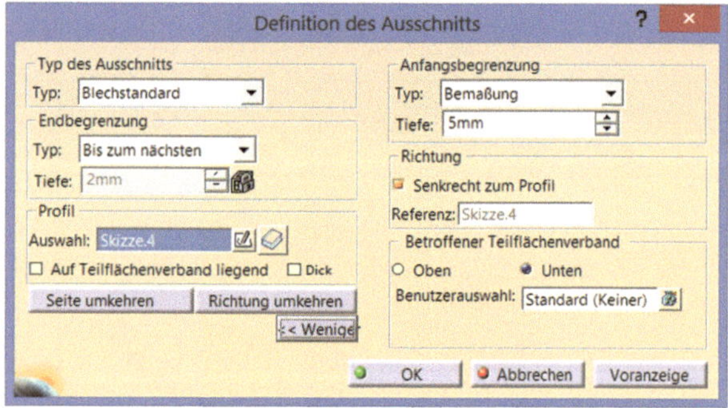

In der unteren Abbildung wird eine Anwendung mit einer definierten Startbegrenzung dargestellt. Die dritte Wand von unten wurde als Referenz für den Ausschnitt (rosa Ausschnitt) verwendet. Als Startbegrenzung wurde *Bis zum letzten* definiert, also bis zur letzten Fläche. Das Resultat ist der grün markierte Ausschnitt. Als Endbegrenzung wurde ein Maß definiert bis zur darunter liegenden Wand. Das Ergebnis ist der violett markierte Ausschnitt.

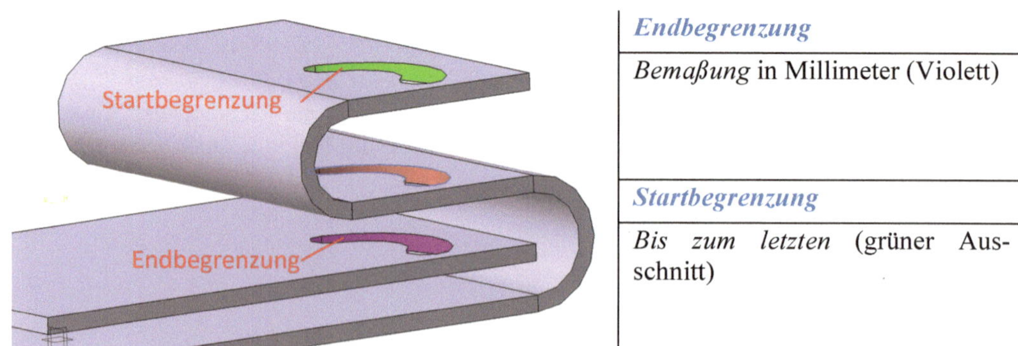

Endbegrenzung
Bemaßung in Millimeter (Violett)
Startbegrenzung
Bis zum letzten (grüner Ausschnitt)

Weiter kann in den Erweiterten Eigenschaften die Ausschnittrichtung gesteuert werden. Standardmäßig ist dabei immer die Option *Senkrecht zum Profil* aktiv. Das bedeutet immer Normal zur Referenzfläche ausgerichtet. Soll der Ausschnitt mit einer bestimmten Richtung erfolgen, dann muss diese Option deaktiviert werden. Das Definitionsfeld für die Referenzeingabe ist jetzt nicht mehr ausgegraut. Es gibt jetzt die Möglichkeit bereits erstellte Elemente zu selektieren, welche für die Ausrichtung herangezogen werden.

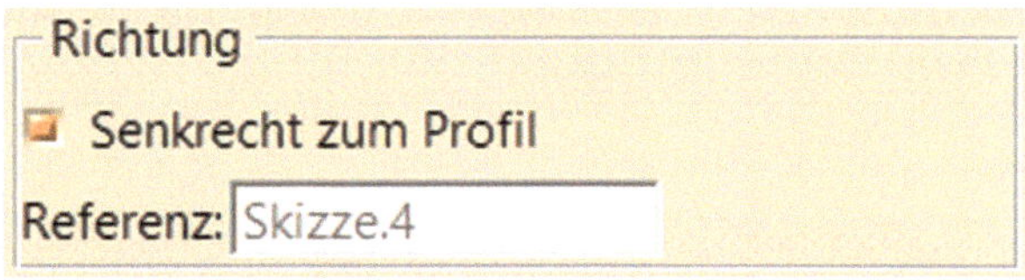

Muss die Ausrichtungsreferenz erst erstellt werden, dann kann mit der *rechten Maustaste* in das Aktionsfeld geklickt werden und ein Kontextmenü öffnet sich, in dem folgende Referenzelemente zur Auswahl stehen:

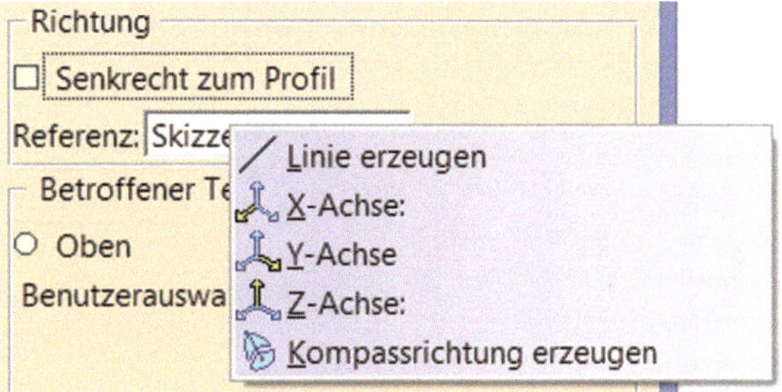

- ***Linie erzeugen***: Eine Linie kann erstellt werden, nach deren Richtung dann der Ausschnitt ausgerichtet wird.
- *X-Achse:* Die Ausrichtung erfolgt in X-Richtung.
- *Y-Achse:* Die Ausrichtung erfolgt in Y-Richtung.
- *Z-Achse:* Die Ausrichtung erfolgt in Z-Richtung.
- ***Kompassrichtung erzeugen:*** Die Ausrichtung erfolgt nach der aktuellen Kompassrichtung

Folgend wird jetzt ein Beispiel gezeigt wo ein Ausschnitt nach dem Kompass ausgerichtet wird.

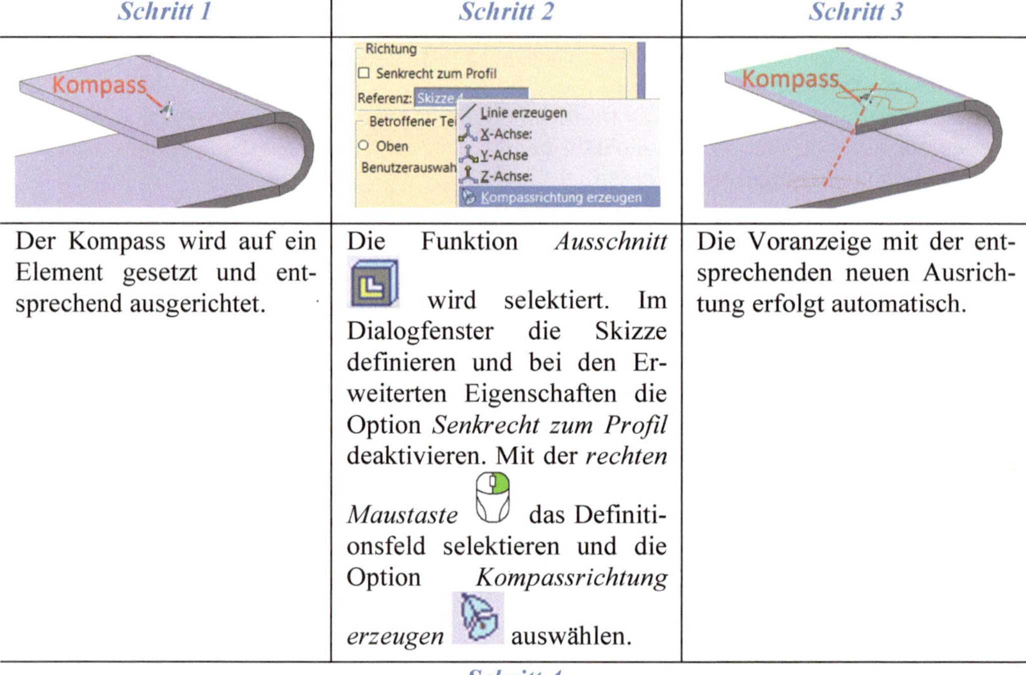

Schritt 1	*Schritt 2*	*Schritt 3*
Der Kompass wird auf ein Element gesetzt und entsprechend ausgerichtet.	Die Funktion *Ausschnitt* wird selektiert. Im Dialogfenster die Skizze definieren und bei den Erweiterten Eigenschaften die Option *Senkrecht zum Profil* deaktivieren. Mit der *rechten Maustaste* das Definitionsfeld selektieren und die Option *Kompassrichtung erzeugen* auswählen.	Die Voranzeige mit der entsprechenden neuen Ausrichtung erfolgt automatisch.

Schritt 4

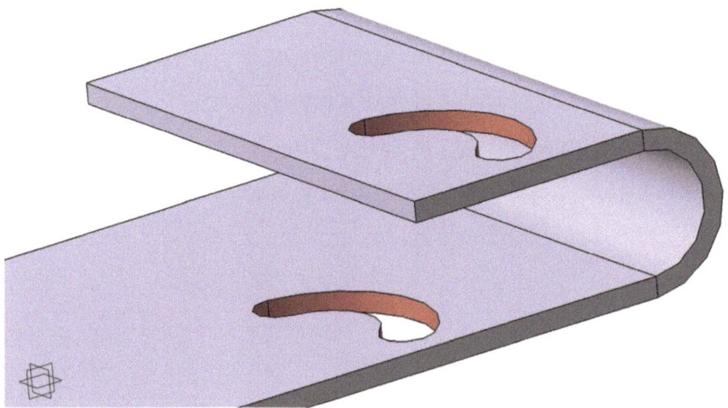

Bei bestimmten Anwendungen kommt es vor, dass zum Beispiel ein Ausschnitt auf zwei überlappenden Wänden erzeugt werden muss. Beim Definieren der Skizze im Dialogfenster erscheint folgende Warnung.

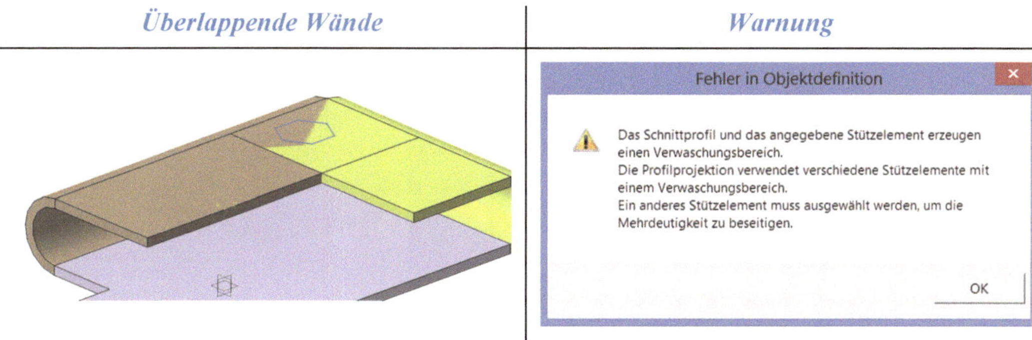

Durch die Überlappung ist nicht definiert, an welcher Wand der Ausschnitt durchgeführt werden soll. In diesem Fall muss bei den erweiterten Eigenschaften ein neuer Support definiert werden. Dazu wird bei der Option *Benutzerauswahl* das Definitionsfenster selektiert. Nachdem es blau markiert ist, muss jetzt die Wand selektiert werden an welcher der Ausschnitt erfolgt.

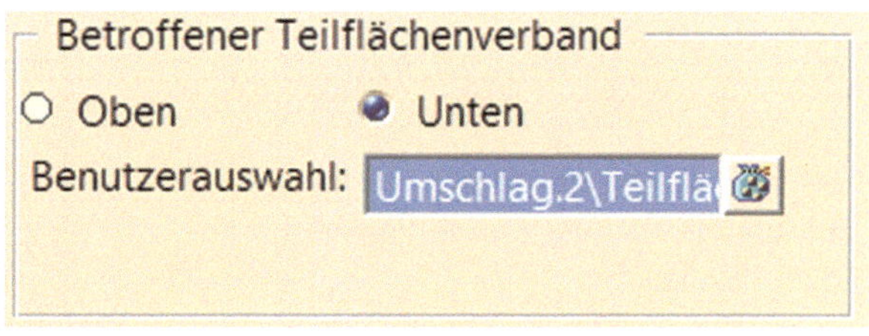

Hinweis: *Diese Option steht nur beim Blechstandard zur Auswahl.*

Nach dieser zusätzlichen Definition kann der Ausschnitt an der Geometrie erzeugt werden.

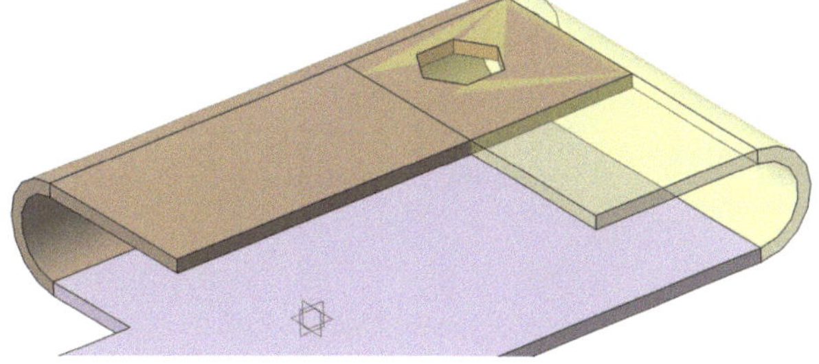

Hinweis: *Mit Oben und Unten kann definiert werden, ob die Referenzfläche für den Ausschnitt auf der Ober- oder Unterseite der Wand liegt.*

Unten	*Oben*
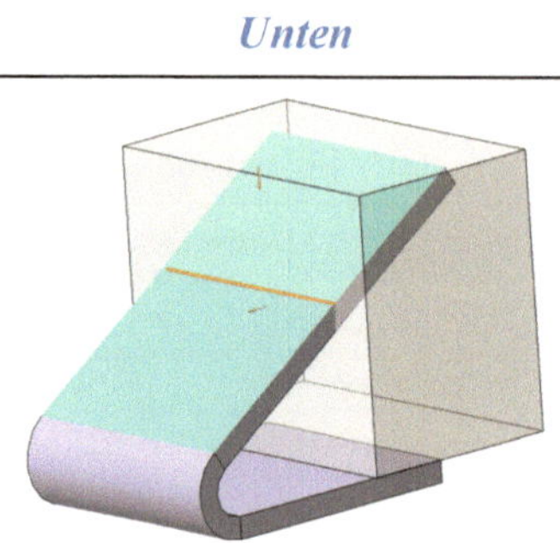	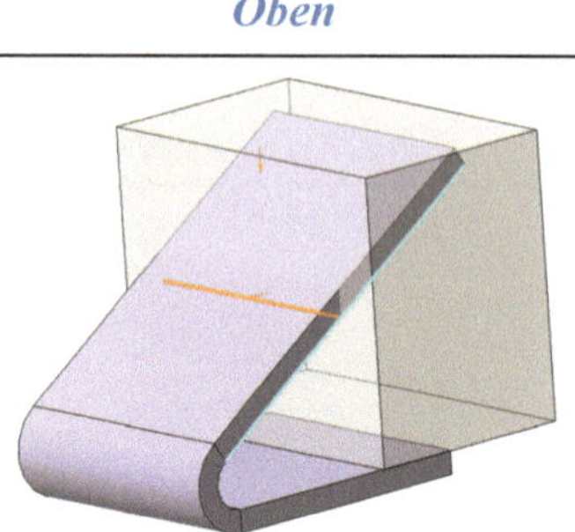

2.6.2 Blechtasche

Mit dieser Option ist es möglich auch Ausschnitte zu erzeugen, welche die Wand nicht vollständig durchdringen wie bei der Standardoption. Es wird nur jenes Material abgetragen, dass die Translation auch enthält.

Hinweis: *Einige Optionen wie die Begrenzungen für die Tiefe des Ausschnittes sind hier nicht verfügbar. Die Tiefe wird in diesem Fall immer über ein definiertes Maß bestimmt.*

Blechstandard	*Blechtasche*
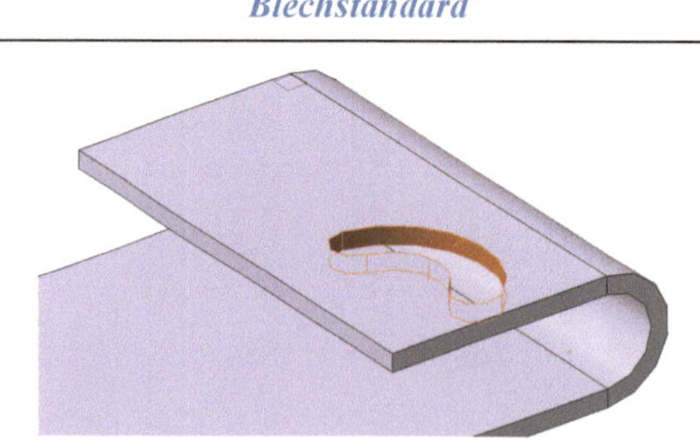 	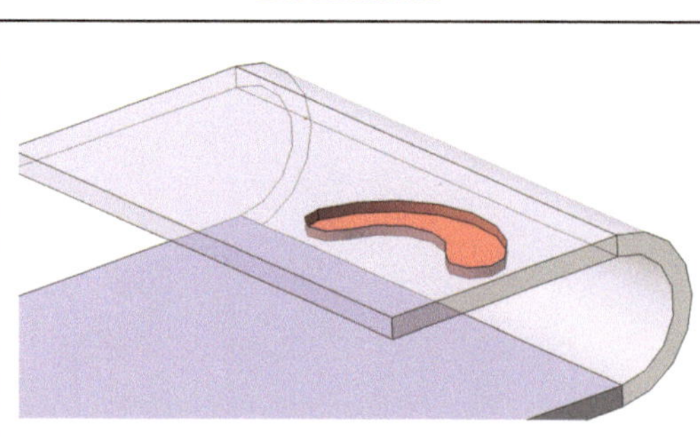
Ausschnitt immer durch ganze Wanddicke	Ausschnitt nur so weit, wie die Translation definiert ist

Hinweis:

- *Es ist nicht möglich eine Tasche vom Typ Blechstandard auf eine Blechtasche zu erzeugen.*
- *Es ist aber möglich eine Blechtasche auf einen Blechstandard zu erzeugen.*
- *Es ist nicht möglich eine Blechtasche auf eine Flanschfläche zu erzeugen.*
- *Soll eine Blechtasche an einer Überlappenden Wand erzeugt werden, ist das nur im abgewickelten Zustand möglich. Wie eine Abwicklung funktioniert, wird später beschrieben.*
- *Es ist möglich eine Blechtasche auf eine Blechtasche zu erzeugen.*
- *Es ist möglich eine Blechtasche auf einen Flächenstempel zu erzeugen.*

Blechstandard auf Blechtasche	***Blechtasche (rosa) auf Blechstandard (grün)***	***Blechtasche auf Flanschfläche***
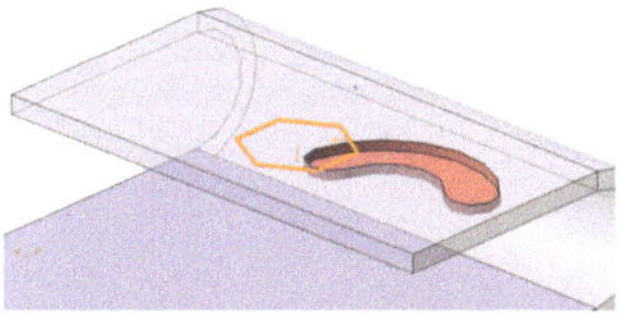	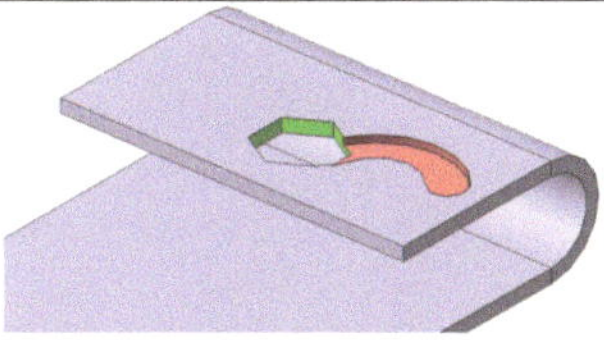	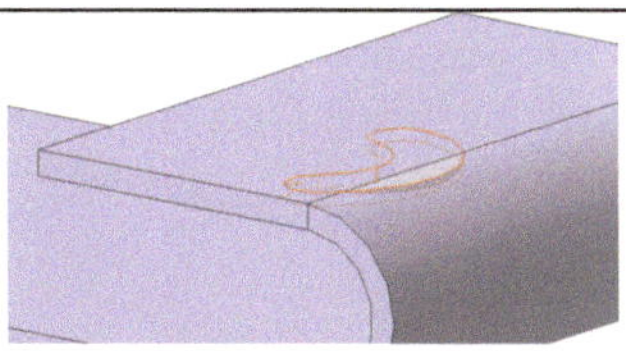
Nicht möglich	**Möglich**	**Nicht möglich**
Blechtasche auf Blechtasche	***Blechtasche auf Flächenstempel***	
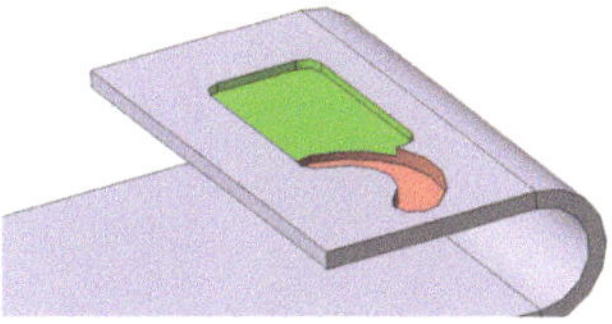	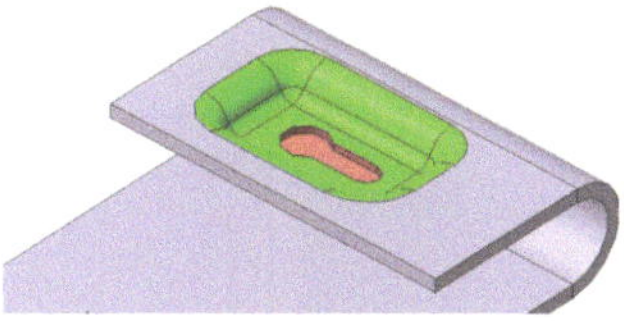	
Möglich	**Möglich**	

2.7 Ecke

Mit der Funktion können Kanten abgerundet werden.

Hinweis: *Die Verrundung von Kanten kann sowohl im gebogenen als auch abgewickelten Modus angewendet werden.*

Beim Selektieren der Funktion *Ecke* öffnet sich das Dialogfenster *Ecke*. Hier kann der gewünschte Abrundungsradius definiert werden. Weiter gibt es noch die Optionen für *Konvexe* oder *Konkave* Ecken. Mit der Option *Alle auswählen* werden alle Kanten automatisch ausgewählt. Die Auswahl richtet sich dabei immer nach den Optionen Konvex und Konkav.

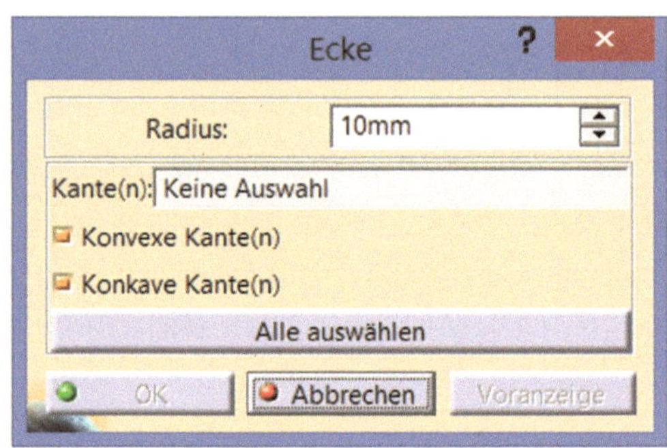

Hinweis: *Die Option Alle auswählen steht nur bis zur ersten manuellen Kantendefinition zur Verfügung. Danach wird aus der Option Alle auswählen >>> Auswahl abbrechen.*

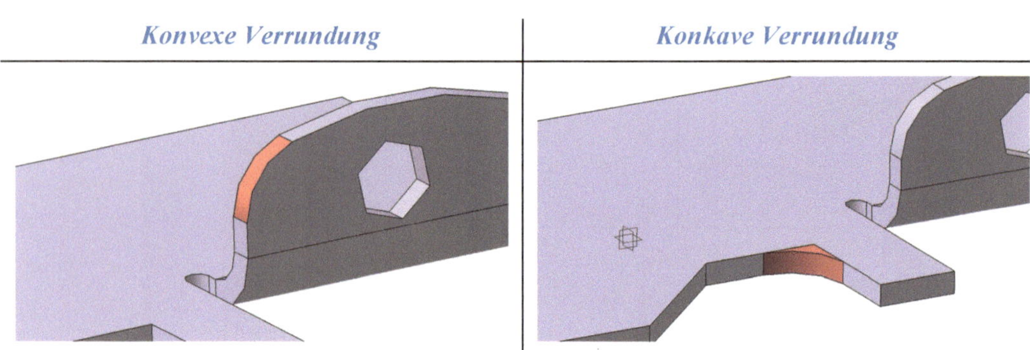

Die Funktion erlaubt es auch gleich mehrere Kanten zu selektieren. So können mehrere Abrundungen mit dem gleichen Radius in einem Schritt erzeugt werden. Die Kanten können bei geöffnetem Dialogfenster oder auch bevor die Funktion ausgeführt wird, selektiert werden. Die Abrundung wird an der Geometrie mit dem

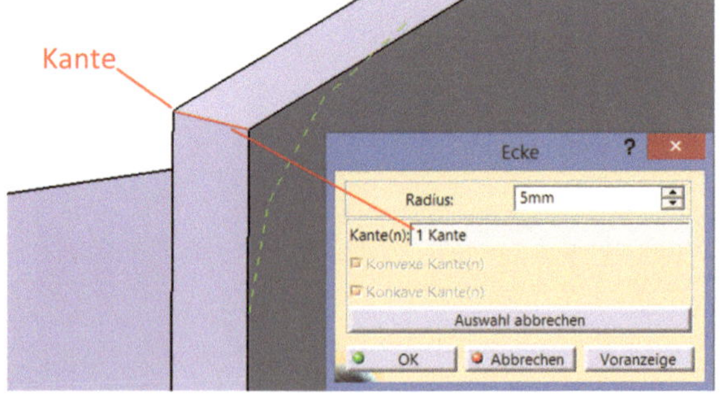

ausgewählten Radius dargestellt. Wird der Radius im Dialogfenster verändert, passt sich die Abrundung dynamisch am Bauteil an.

Hinweis: *Mit der Option Auswahl abbrechen werden alle ausgewählten Kanten gelöscht und eine neue Definition kann erfolgen. Die Option steht nach der ersten Definition einer Kante zur Auswahl. Soll nur eine definierte Kante wieder entfernt werden, dann muss sie ein zweites Mal an der Geometrie selektiert werden.*

2.8 Fase 

Mit der Funktion *Fase* können eine oder mehrere Fasen an einer Kante erzeugt werden. Die Funktion kann an einem abgewickeltem oder an dem gebogenen Teil erzeugt werden.

Hinweis: *Die Ecke eines Stempels kann nicht mit einer Fase versehen werden. Was ein Stempel genau ist wird später beschrieben.*

Mit dem Selektieren der Funktion *Fase* öffnet sich das Dialogfenster *Fase*.

Im Dialogfenster stehen zwei unterschiedliche Fasentypen zur Auswahl.

- ***Länge1/Länge2***
- ***Länge1/Winkel***

Bei diesen zwei unterschiedlichen Typen geht es darum wie die Fase definiert wird. Bei Länge1/Länge2 ergibt sich die Fase mit dem jeweiligen Winkel durch die Definition der beiden Fasenlängen. Bei Länge1/Winkel ergibt sich die Fase durch die Definition des Winkels und einer Fasenlänge. Mit der Option *Umkehren* können die Werte umgekehrt werden.

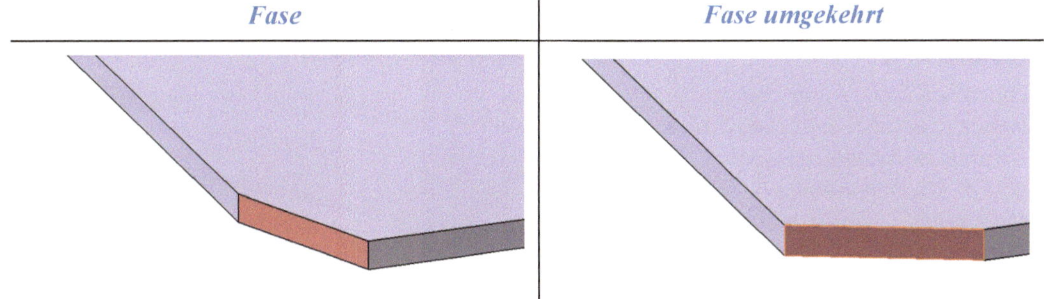

Um die Position der Fase zu definieren, muss eine Kante selektiert werden. Es können auch mehrere Kanten selektiert werden. Im Feld *Kante(n)* wird die Anzahl der selektierten Kanten dargestellt.

Hinweis: *Die Kanten können auch bevor das Dialogfenster aufgerufen wird selektiert werden. Um mehrere Kanten selektieren zu können, muss die Strg-Taste gehalten werden.*

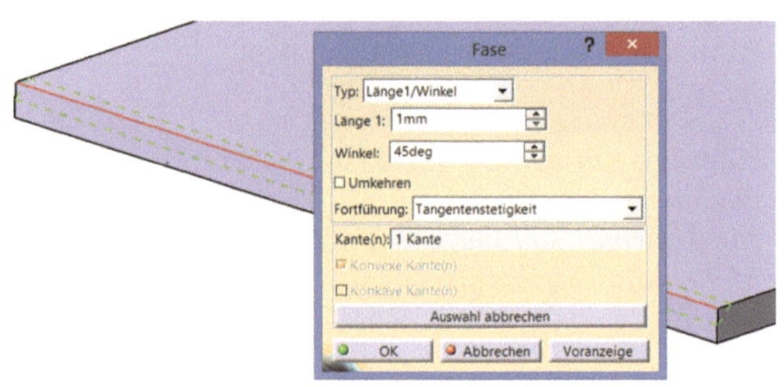

Als *Fortführungsoption* gibt es:

- Tangentenstetigkeit
- Minimum

Minimum	 *Tangentenstetigkeit*
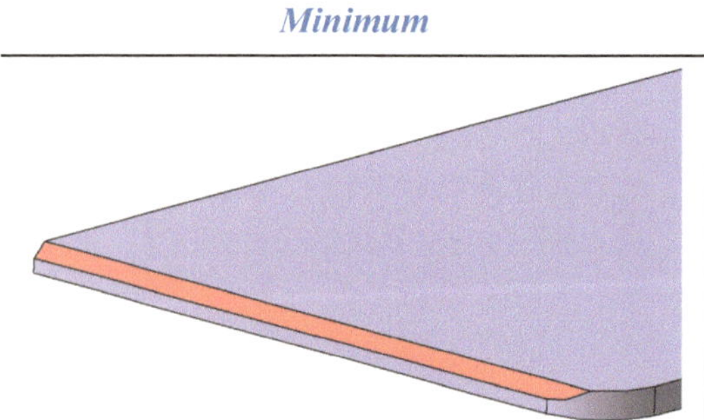	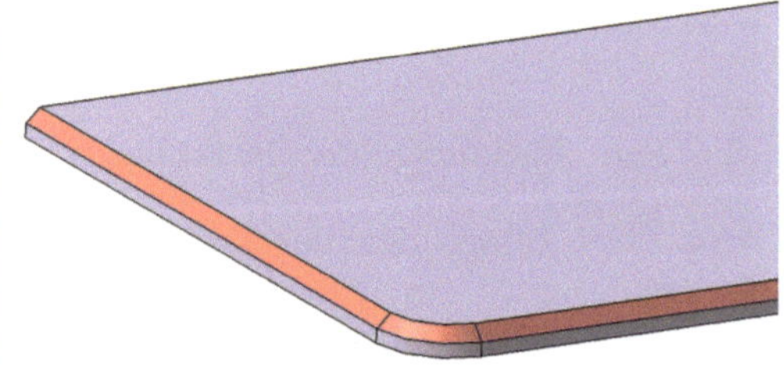
Die Fase wird nur an der selektierten Kante ausgeführt. Es erfolgt keine Weiterführung über die angrenzenden Kanten. Diese Anwendung kann zum Beispiel für eine einzelne Schweißfase benötigt werden.	Bei dieser Option wird die Fase über die angrenzenden tangentialen Kanten weiter geführt.

Wie bereits bei der Funktion *Ecke* gibt es auch hier die Möglichkeit, mit der Option *Alle auswählen* alle Ecken am Werkstück automatisch zu selektieren.

Hinweis: *Der Filter bezieht sich immer auf die aktuelle Situation. Werden im Nachhinein Ecken hinzugefügt, bleiben diese als Ecken bestehen und werden nicht mit einer Fase versehen.*

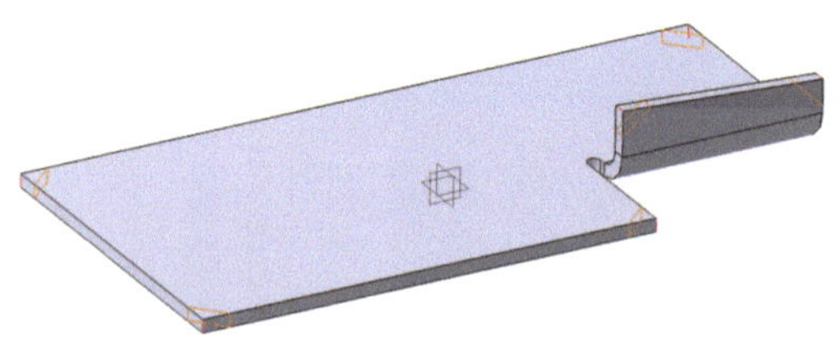

Für die automatische Auswahl wird im Dialogfenster *Fase* die Option *Alle Auswählen* selektiert und an der Geometrie werden die gefilterten Ecken angezeigt.

Hinweis: *Nach dem die Ecken gefiltert oder manuell selektiert wurden, ändert sich die Option Alle auswählen auf >>> Auswahl abbrechen.*

2.9 Eckenfreistellung 

In diesem Unterkapitel wird gezeigt, wie man einfach und schnell Ausschnitte in Biegeecken erzeugt. Um das Dialogfenster *Eckenfreistellungsdefinition* zu öffnen, muss die Funktion *Eckenfreistellung* selektiert werden. Im Dialogfenster stehen folgende Typen zur Auswahl:

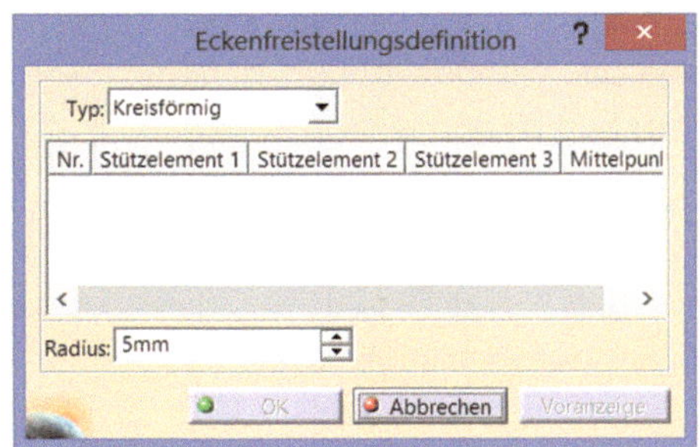

- *Kreisförmig* (Kreisförmiger Ausschnitt)
- *Quadratisch* (Quadratischer Ausschnitt
- *Benutzerprofil* (Benutzerdefinierter Ausschnitt)

Kreisförmig	*Quadrat*

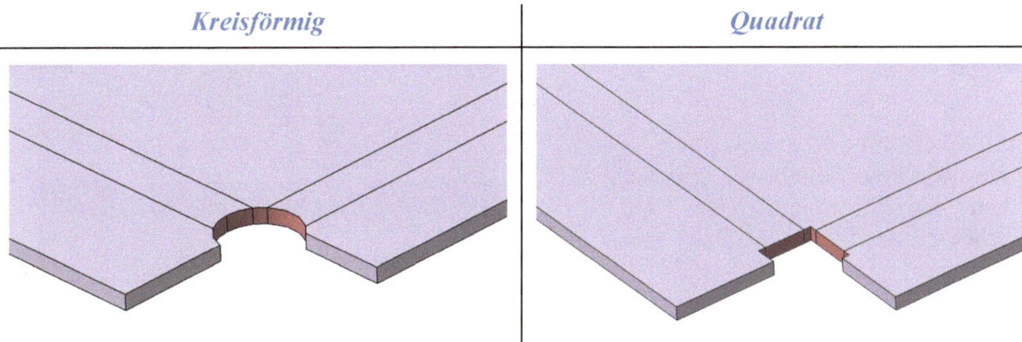

Zum Positionieren der Eckenfreistellung können die beiden Biegeflächen selektiert werden.

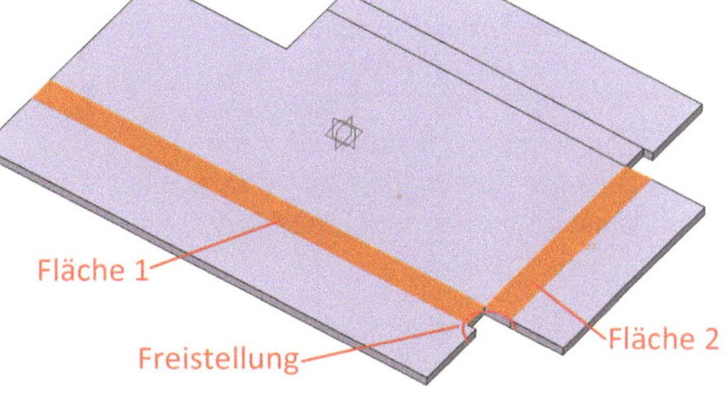

Hinweis: *Die Funktion Eckenfreistellung kann im gebogenen Zustand oder an der Abwicklung angewendet werden.*

Die Definitionen werden im Dialogfenster dargestellt. Nach den Definitionen wird der Ausschnitt an der Geometrie dargestellt.

Über den Radius oder die Länge wird die Größe des Ausschnittes gesteuert. Die Anpassung an der Geometrie erfolgt wieder dynamisch.

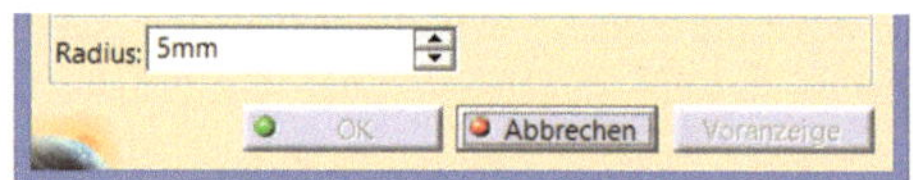

Durch einen Klick mit der *rechten Maustaste* in das Aktionsfeld, stehen weitere Optionen im Kontextmenü zur Auswahl.

- *Hinzufügen*
- *Alle entfernen* (Alle Definitionen löschen)
- *Alle auswählen* (Alle Biegeecken werden automatisch gefiltert und ausgewählt.)

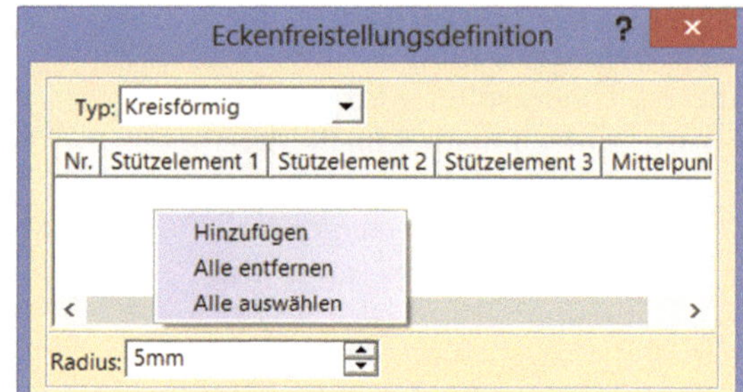

An der rechten Abbildung ist das Resultat der Option *Alle Auswählen* abgebildet. Alle vorhandenen Biegeecken wurden automatisch gefiltert.

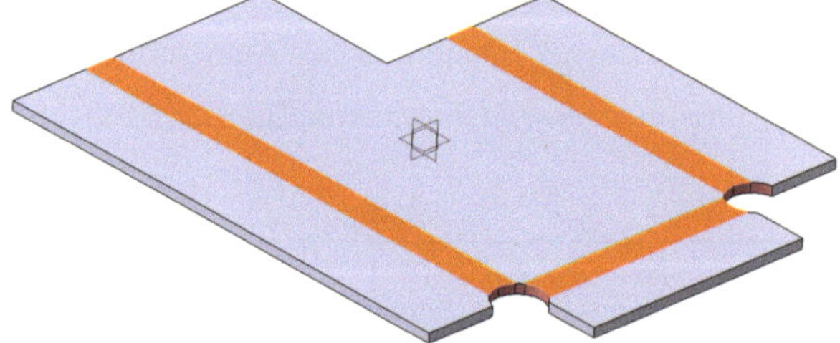

Des Weiteren besteht die Möglichkeit den Mittelpunkt eines Ausschnittes zu definieren. Dazu muss mit *der rechten Maustaste* ein Klick in die Spalte Mittelpunkte erfolgen. Im Kontextmenü stehen dann verschiedene Optionen zur Auswahl. Es können Eingaben gelöscht, ersetzt oder hinzugefügt werden. Mit der Option *Mittelpunkt erzeugen* kann ein Mittelpunkt mit dem Dialogfenster *Punkt Definition* erzeugt werden. Ist bereits ein Referenzpunkt vorhanden, dann kann dieser mit der Option *Mittelpunkt hinzufügen* ausgewählt werden.

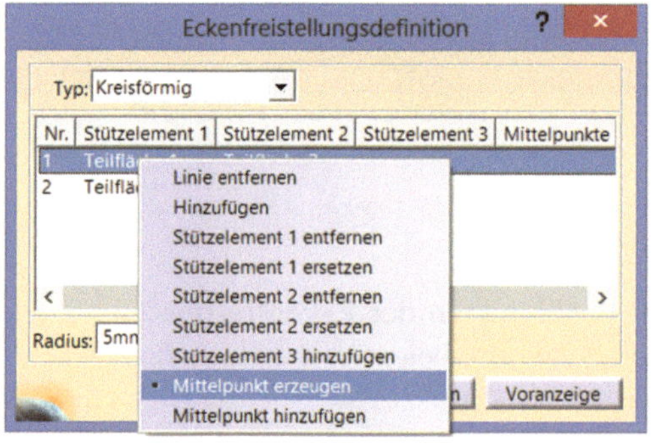

Hinweis: *Oft entspricht die automatisch definierte Position durch die Biegeflächen nicht der des Konstrukteurs und kann mit Hilfe des Mittelpunktes entsprechend platziert werden.*

2.9.1 Eckenfreistellung mit Hilfe eines Benutzerprofiles erzeugen

Um eine Benutzerdefinierte Aussparung zu gestalten, muss im Dialogfenster der Typ *Benutzerprofil* ausgewählt werden.

Hinweis: *Eine Benutzerdefinierte Aussparung kann nur im abgewickelten Modus erzeugt werden.*

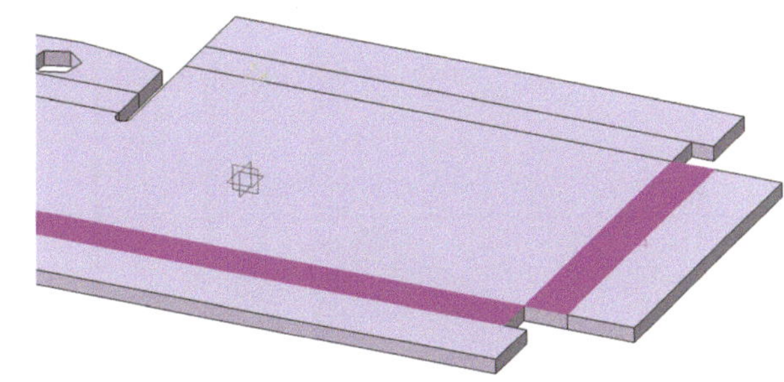

Folgend müssen jetzt die Elemente, an denen die Aussparung erfolgen soll, selektiert werden, in diesem Fall die zwei Biegeflächen. Ist dieser Vorgang vollendet, kann jetzt eine bereits erzeugte Skizze selektiert werden. Ist das nicht der Fall, dann muss mit der Funktion *Skizze* eine neue erzeugt werden. Nach dem Selektieren dieser Funktion wird eine Referenzebene für die Skizze definiert.

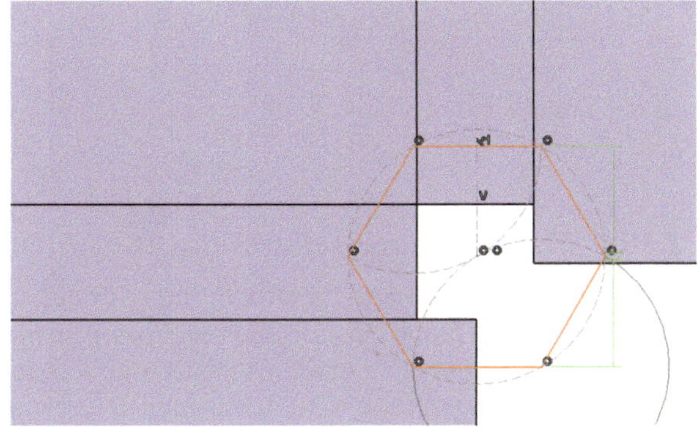

Im Anschluss wird in den Skizzen-Modus gewechselt und es kann ein entsprechendes Profil konstruiert werden. Mit der Funktion *Umgebung verlassen* wird die Skizze verlassen und man kehrt in das Dialogfenster zurück.

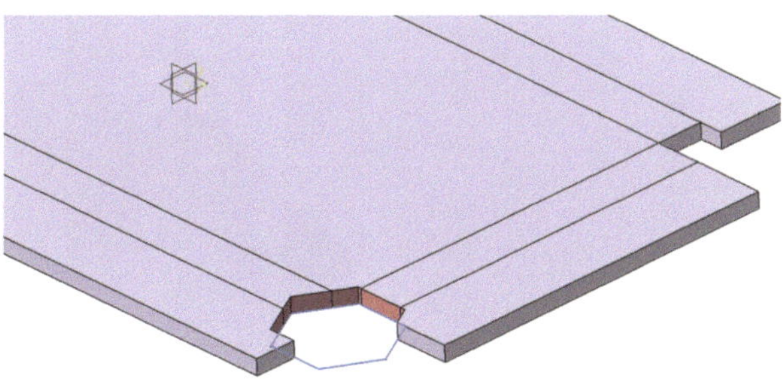

Das Dialogfenster wird mit OK geschlossen und die Aussparung an dem Blechteil erzeugt.

Hinweis: *Mit dem Benutzerprofil kann immer nur eine Aussparung pro Definitionsvorgang erfolgen.*

2.10 Falten / Abwickeln 

Dieses Unterkapitel zeigt wie gefaltete bzw. gebogene Bauteile abgewickelt werden können. Das bedeutet also, wie kommt man zu jener Konstruktion bevor das Teil gebogen wird oder wie gestaltet sich der Blechzuschnitt vor der Biegung. Mit der Funktion *Falten/Abwickeln*  kann die Biegekonstruktion einfach abgewickelt werden.

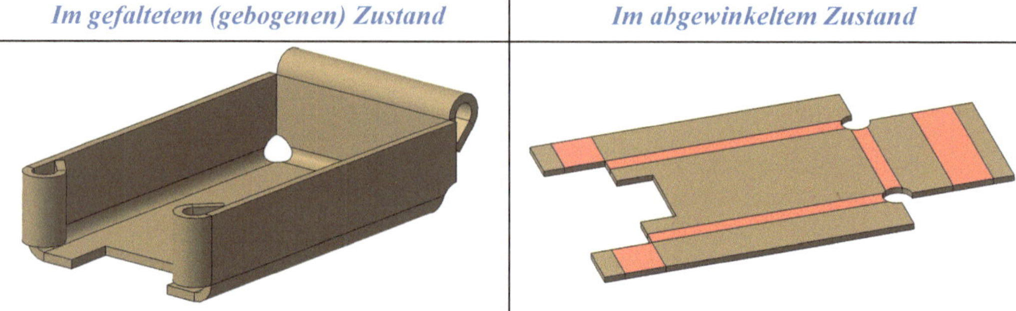

2.10.1 Mehrfachanzeigefunktion 

Mit dieser Funktion kann die Abwicklung in einem eigenen Fenster dargestellt werden. Dazu wird einfach die Funktion selektiert und im Anschluss im Klappmenü *Fenster > Übereinander anordnen* selektiert. Die beiden Fenster (Abwicklung und gebogenes Teil) werden horizontal übereinander angeordnet. Das bietet den Vorteil auf einen Blick die Abwicklung aber auch den gebogenen Zustand zu sehen. Alle Modifikationen in einem Fenster werden dabei immer auf das andere übertragen.

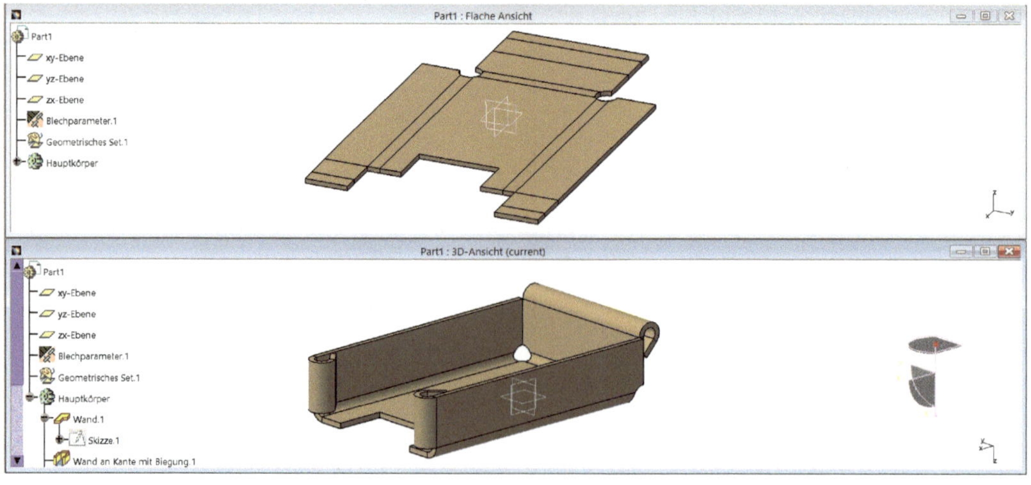

2.10.2 Ansichtenverwaltung

Mit dieser Funktion können Ansichten deaktiviert werden. Es kann so Rechnerleistung gespart werden, weil nur mehr die Abwicklung oder das gebogene Bauteil dargestellt werden muss und nicht beides, solange eine Ansicht deaktiviert ist. Mit dem Selektieren der Funktion *Ansichtenverwaltung* öffnet sich das Dialogfenster *Ansichten*.

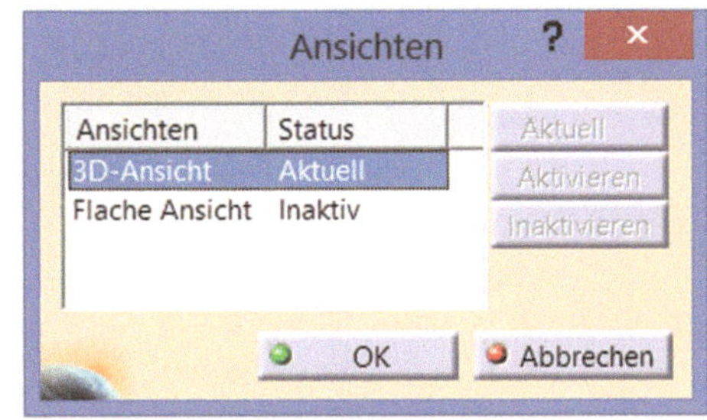

Wie das rechte Bild zeigt, ist die *3D-Ansicht* als aktuelle Ansicht definiert. Das bedeutet, das Bauteil befindet sich im Moment im gebogenen Zustand. Wäre die *Flache Ansicht* aktiv, dann wäre das Bauteil abgewickelt. Zum Deaktivieren muss die Ansicht im Dialogfenster selektiert und im Anschluss die Option *Inaktiv* selektiert werden. Würde die *Flache Ansicht* inaktiv gesetzt werden, dann könnte die Abwicklung von dem Bauteil nicht mehr dargestellt werden, solange diese inaktiv ist.

Hinweis: *Ist zum Beispiel die Abwicklung inaktiv und es wird die Funktion Falten/Abwicklung ausgeführt, erscheint folgende Fehlermeldung.*

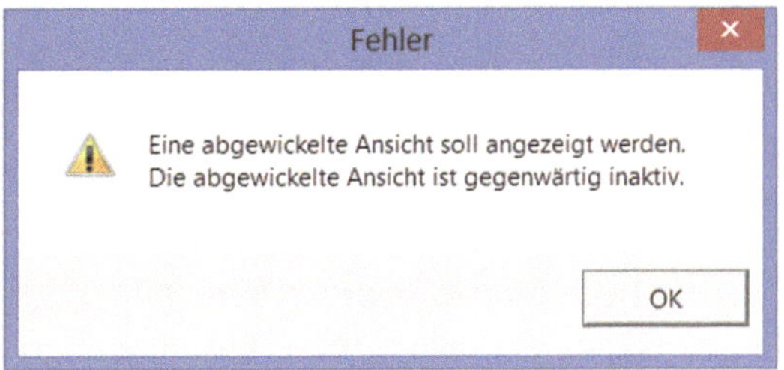

2.11 Übung 1 - Blattanschlag für Handlocher

Ziel: In dieser ersten Übung soll ein Blattanschlag aus einem 1,5 mm Blech für einen Handlocher mit den Funktionen Wand, Wand an Kante, Bohrung, Tasche, Ecke und Eckenfreistellung konstruiert werden.

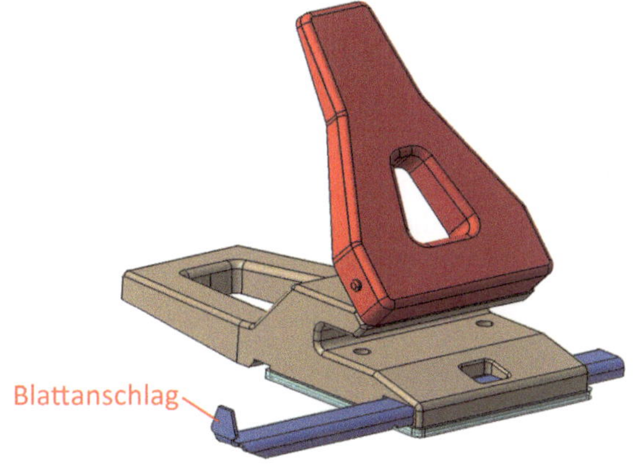

Arbeitsumgebung öffnen

⇨ *Start > Mechanische Konstruktion > Generative Sheetmetal Design > Neues Teil öffnen.*

Skizze für Referenzwand

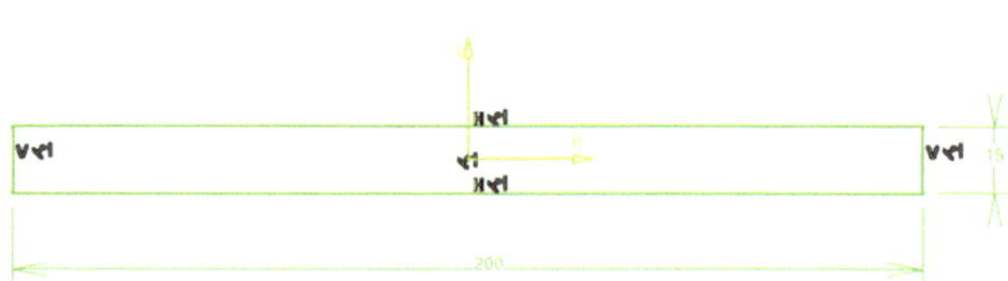

⇨ *Mit der* Funktion *Skizze* wird in den Skizzenmodus gewechselt. Die Referenzwand mit einer Länge von 200 mm und einer Breite mit 15 mm wird mit der Funktion *Zentriertes Rechteck* konstruiert. Das Achsenkreuz liegt in diesem Fall symmetrisch. Die Skizzen-Umgebung wird mit der Funktion *Umgebung verlassen* beendet.

Blechparameter definieren

⇨ Zum Definieren der nötigen Parameter muss die Funktion *Blechparameter* selektiert werden. Im Anschluss ist eine Blechdicke von 1,5 mm und ein Biegeradius von 2 mm zu definieren. Das Dialogfenster wird mit OK geschlossen.

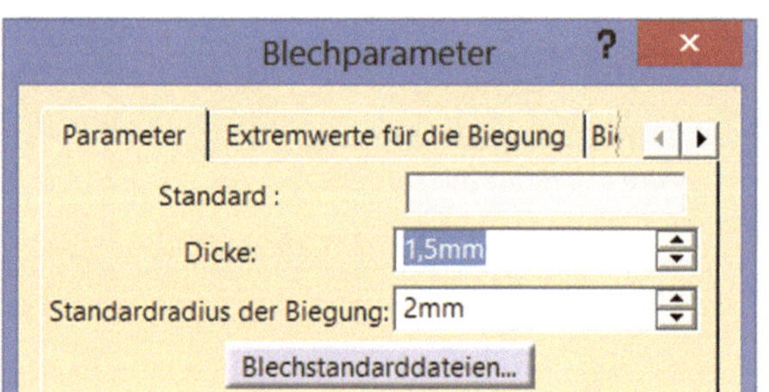

Hinweis: *Erst nach dem dieser Schritt abgeschlossen ist, kann eine Wand erzeugt werden. Bis zu diesem Zeitpunkt ist der Großteil der Funktionen ausgegraut.*

Wand erzeugen

⇨ Die Funktion *Wand* wird selektiert. Im Dialogfenster Wanddefinition wird die Skizze für die Referenzwand selektiert. Die Richtung des Materials ist in z-Achse aufzutragen. Das Dialogfenster mit OK schließen und die Wand wird erzeugt.

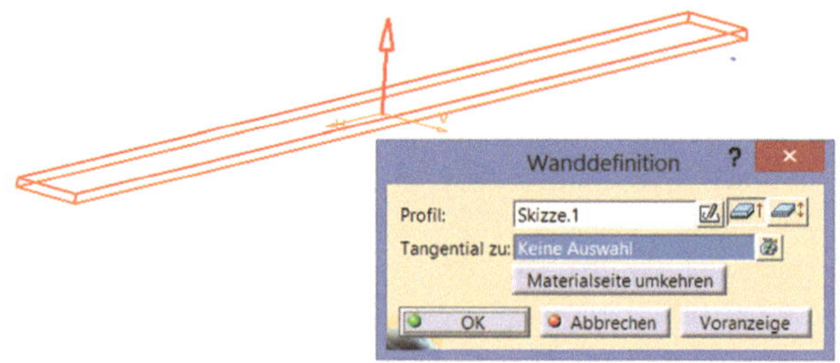

Anschlag erzeugen

⇨ In weiterer Folge ist der Anschlag zu entwerfen. Die Umsetzung erfolgt mit der Funktion *Wand an Kante*. Im Dialogfenster *Definition Wand an Kante* wird eine Wandhöhe mit 15 mm definiert. Der Winkel ist 90° und die Konstruktion erfolgt ohne Sicherheitsbereich. Im Anschluss wird noch die Referenzkante an der Geometrie selektiert und das Dialogfenster mit OK geschlossen.

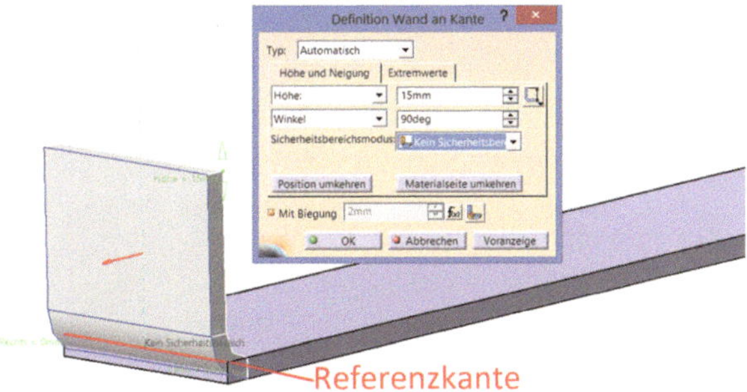

Fase erzeugen

⇨ An der Anschlagwand werden jetzt zwei Fasen mit der Funktion *Fase* erzeugt. Für die erste Fase wird im Dialogfenster eine Länge mit 11 mm und einem Winkel von 20° definiert. An der 3D-Geometrie ist die Referenzkante zu selektieren. Das Dialogfenster wird mit OK geschlossen und der Vorgang an der gegenüberliegenden Kante wiederholt.

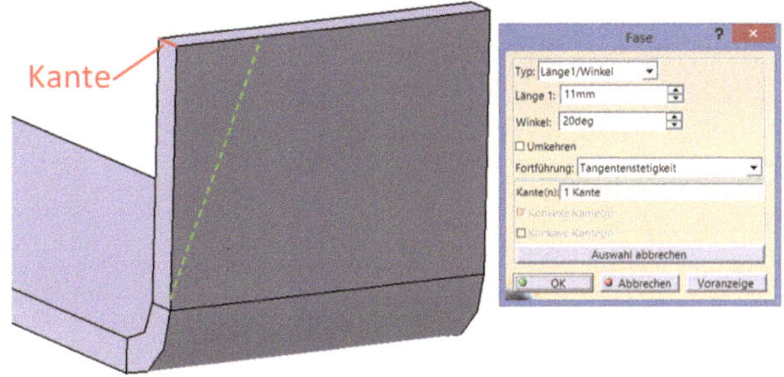

Hinweis: *Die beiden Fasen können in diesem Fall nicht mit einem Schritt erzeugt werden, da sie entgegengesetzt ausgerichtet sind. Aus diesem Grund wird jede Fase einzeln definiert.*

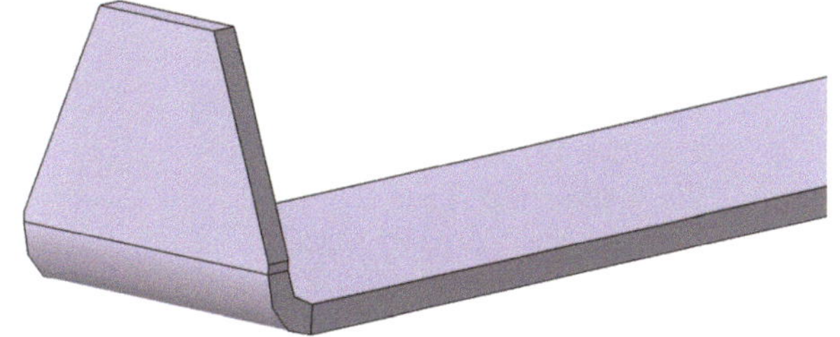

Seitenwand erzeugen

⇨ Im nächsten Schritt werden die Seitenwände erzeugt. Die Konstruktion erfolgt mit der Funktion *Wand an Kante*. Im Dialogfenster *Definition Wand an Kante* wird

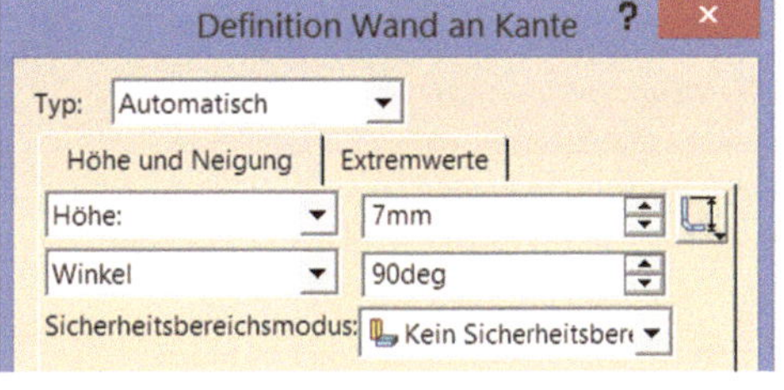

die Höhe der Wand mit 7 mm und einem Biegewinkel mit 90° definiert. Es ist kein Sicherheitsbereich zu definieren.

⇨ Weiterhin müssen jene zwei Referenzkanten an der Geometrie selektiert werden, an welche die beiden Wände angebunden werden. Das sind in diesem Fall die beiden unteren Längskanten der Referenzwand.

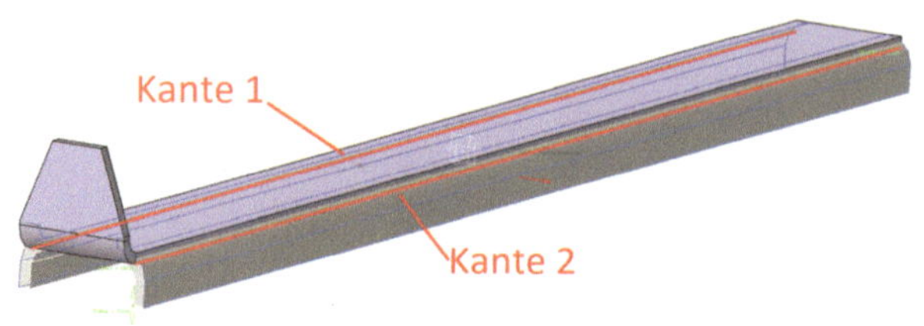

Fase definieren

⇨ Im nächsten Vorgang werden zwei Fasen an den Seitenwänden erzeugt.

Hinweis: *Nachdem die Fase bis in die Biegung reicht, muss diese im abgewickelten Zustand erzeugt werden.*

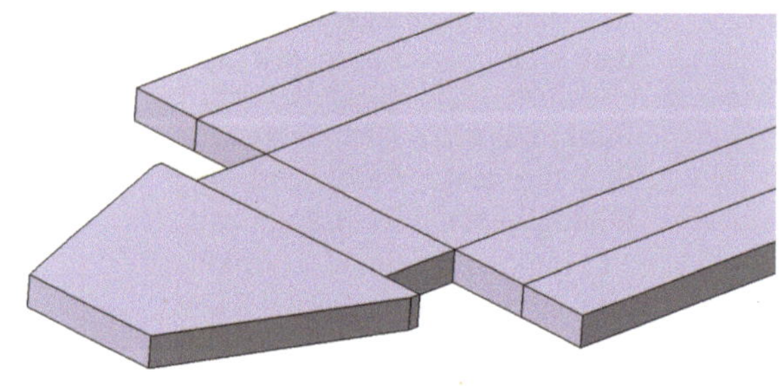

⇨ Die Abwicklung ergibt sich mit der Funktion *Falten/Abwickeln* .

⇨ Die Funktion *Fase* wird selektiert. Das Dialogfenster öffnet sich und die Referenzkante kann definiert werden. Der Winkel beträgt 24° und die Länge der Fase 11 mm. Der gleiche Vorgang wird an der gegenüberliegenden Kante wiederholt.

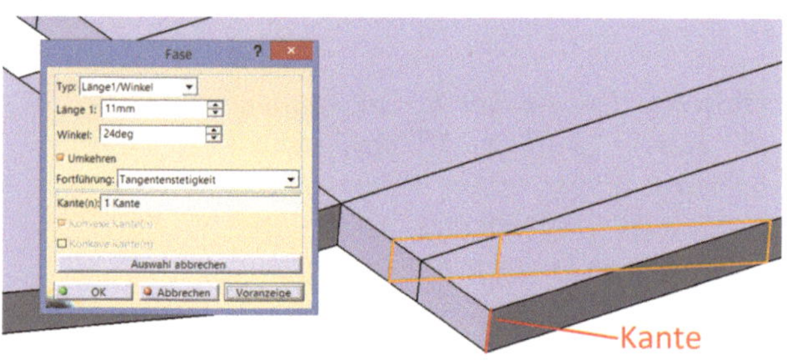

Hinweis: *Anhand der rechten Abbildung sind die unterschiedlichen Fasenkonturen ersichtlich. Die Abweichung wird hier durch den rot markierten Bereich dargestellt. Dieses Bild soll noch einmal die vorige Aussage festigen, dass es wichtig ist, die Fase in der Abwicklung zu er-*

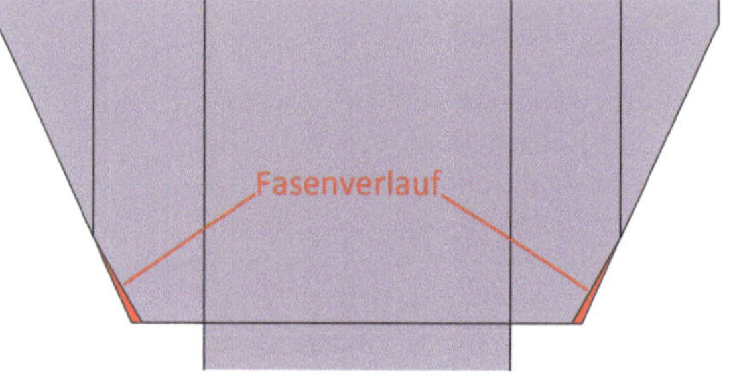

zeugen und nicht im gefalteten Zustand. Durch die Krümmung der Biegung ergibt sich bei der Fasenerstellung am gebogenem Bauteil eine andere Kontur.

⇨ Durch ein weiteres Selektieren der Funktion *Falten/Abwickeln* wird die Konstruktion wieder für die nächsten Schritte gefaltet.

Eckenfreistellung

⇨ Folgend wird eine Freistellung an den Ecken mit der Funktion *Eckenfreistellung* erzeugt. Im Dialogfenster Eckenfreistellung werden erstens die Teilfläche 1 und Teilfläche 3 und zweitens die Teilfläche 2 und Teilfläche 3 selektiert. Mit der Voranzeige wird die Freistellung an der Geometrie dargestellt. Die Freistellung ist kreisförmig mit einem Radius von 2,6 mm. Mit OK wird das Dialogfenster geschlossen.

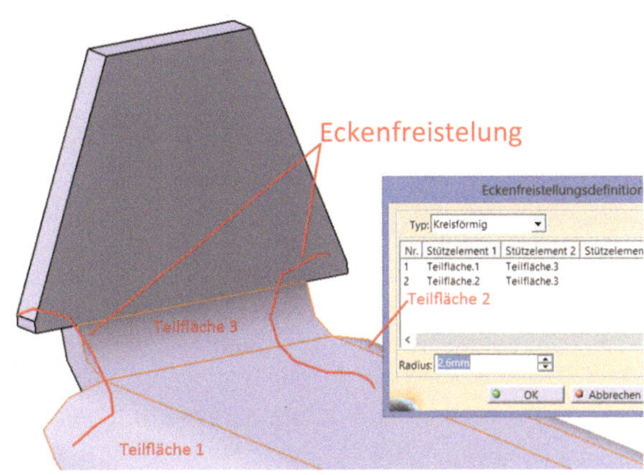

Hinweis: *Bei der Freistellung ist es egal ob sie im gefaltetem oder abgewickeltem Zustand erzeugt wird. Das Ergebnis ist das gleiche.*

Ecken abrunden

⇨ Die Konstruktion wird wieder abgewickelt, um die scharfen Kanten abzurunden. Die Funktion *Ecke* wird selektiert. Im Dialogfenster *Ecke* erfolgt die Kanten und Radiusdefinition. Alle vier Kanten sind zu selektieren. Der Radius beträgt 1,5 mm. Mit OK werden die Eingaben an der Geometrie umgesetzt.

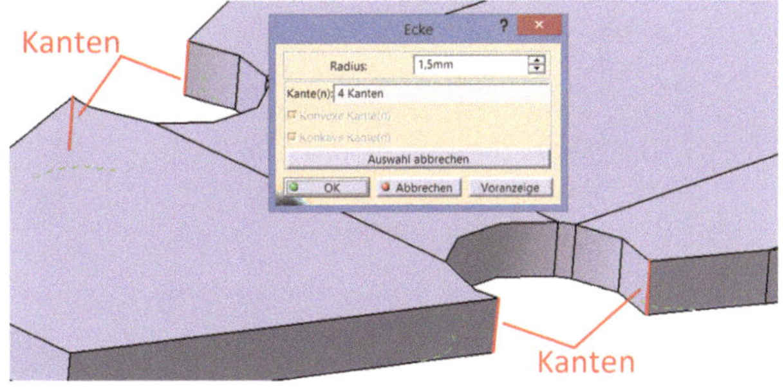

⇨ Anschließend wird in den gefalteten Zustand mit der Funktion *Falten/Abwickeln* gewechselt. Die Freistellung und die Anschlagwand sind jetzt sauber auskonstruiert.

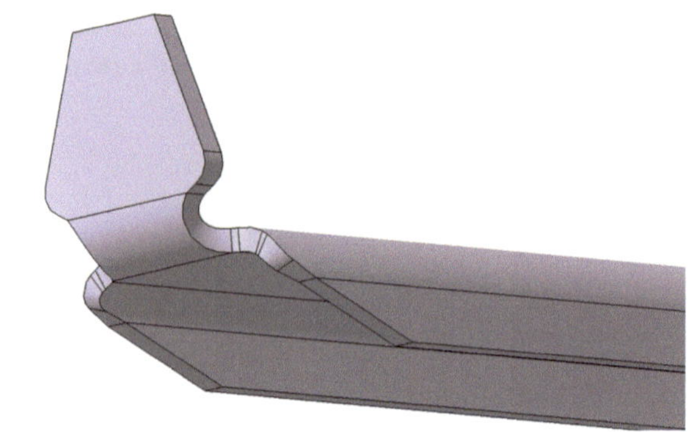

Rasterbohrung erzeugen

⇨ In weiterer Folge müssen jetzt noch die Rasterbohrungen konstruiert weren. Mit der Funktion *Skizze* wird eine Skizze auf der zx-Ebene erzeugt. In der Skizze werden die Rasterbohrungen wie in der rechten Abbildung dargestellt, konstruiert. Der Bohrungsdurchmesser beträgt 3 mm und der Abstand vom 0-Punkt 20 mm und 30 mm. Mit der Funktion *Umgebung verlassen* wird der Skizzenmodus verlassen.

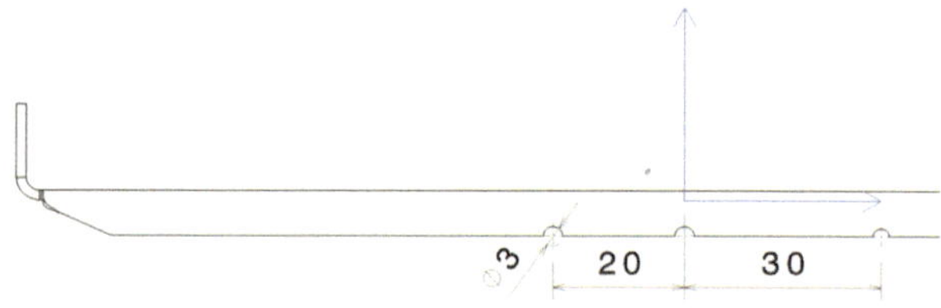

⇨ Weiterhin ist die Funktion *Ausschnitt* zu selektieren. Im Dialogfenster *Definition des Ausschnitts* muss die vorher gezeichnete Skizze bei Profil ausgewählt werden. Als Endbegrenzung wird der Typ *Bis zum letzten* verwendet. Das Dialogfenster ist mit OK zu schließen und die Ausschnitte werden erzeugt.

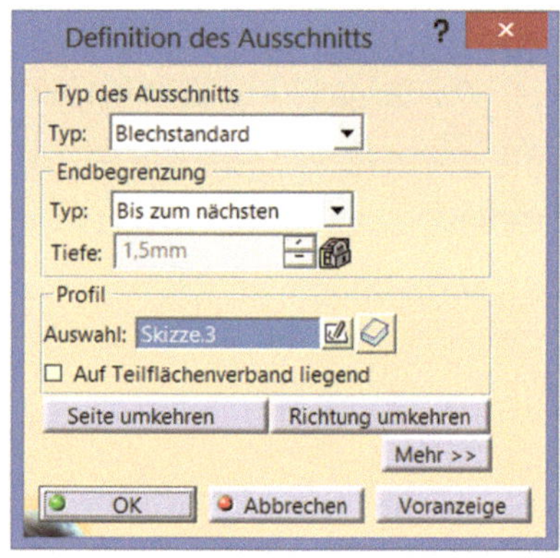

Der Anschlag ist jetzt fertig konstruiert und die Übung an dieser Stelle abgeschlossen.

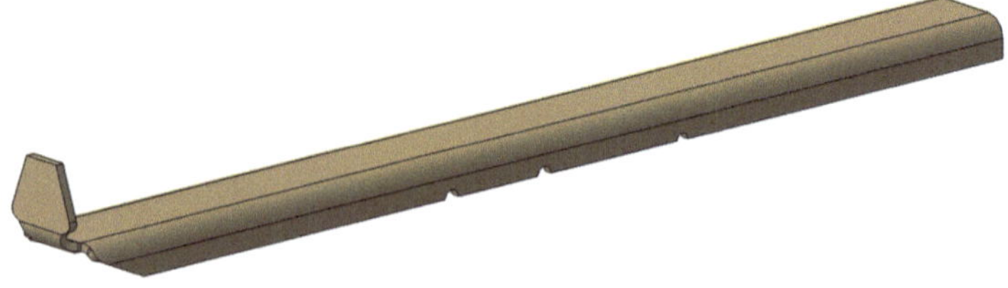

2.12 Übung 2 - Spannhalter

Ziel: Es ist ein Spannhalter zu konstruieren. Mit Hilfe des Halters soll ein Rohr mit einem Durchmesser von 60 mm durch einen Bügel gespannt werden. Bei dieser Übung wird direkt aus einer Baugruppe der Halter konstruiert. Das bietet den Vorteil, dass die Umgebung wie Rohr, Spannbügel und Flügelmuttern während der gesamten Konstruktion eingebunden ist und so die Konstruktion gut aufeinander abgestimmt werden kann.

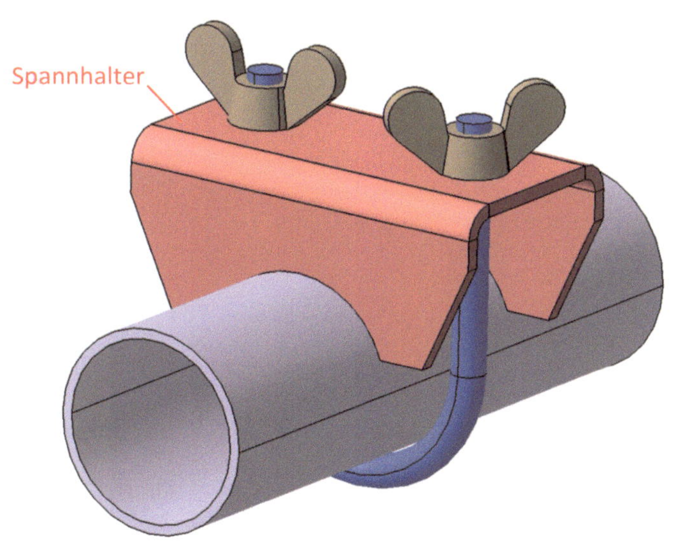

Hinweis: *In der folgenden Übung werden Grundkenntnisse für die Arbeitsumgebung Assembly Design vorausgesetzt!*

Arbeitsumgebung öffnen

⇨ *Start > Mechanische Konstruktion > Generative Sheetmetal Design > Übung Spannhalter öffnen.*

⇨ In der Produktstruktur ist mit der Funktion *Teil* ein neues Bauteil einzufügen. Für das neue Bauteil soll kein neuer Ursprung definiert werden. Das Dialogfenster *Neues Teil: Ursprungspunkt* wird mit *Nein* geschlossen.

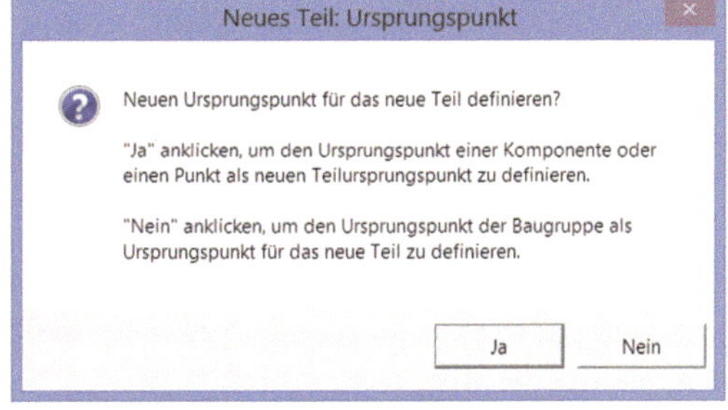

⇨ Das Bauteil wird mit der *rechten Maustaste > Eigenschaften > Produkt* auf Spannhalter unbenannt.

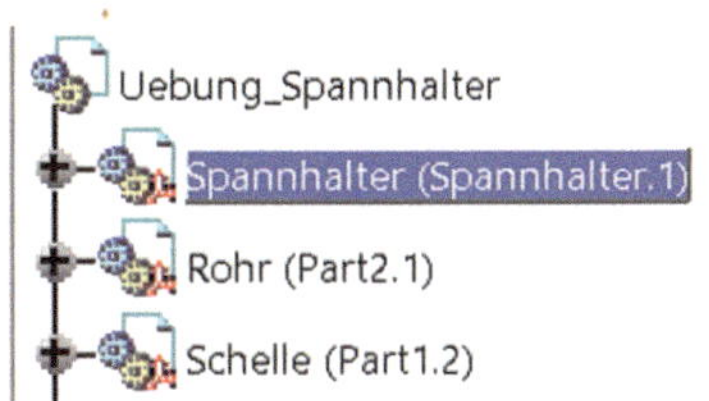

⇨ Der Spannhalter wird aktiviert und in das Generative Sheetmetal Design gewechselt.

Blechparameter

⇨ Mit der Funktion *Blechparameter* werden eine Blechdicke von 4 mm und ein Biegeradius mit 5 mm definiert.

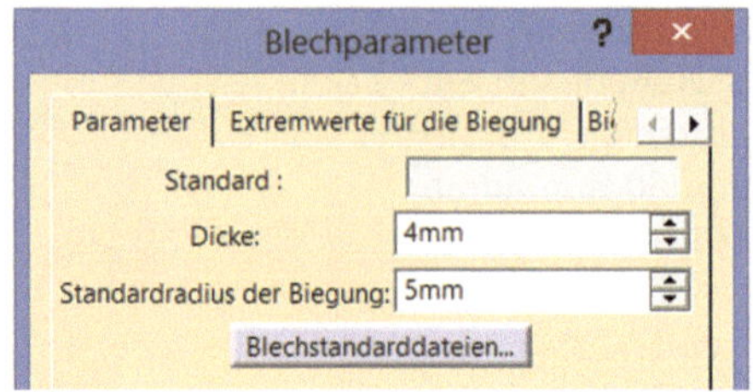

Referenzwand erzeugen

⇨ Die oberste Wand ist die Referenzwand des Halters. Diese wird als erstes erzeugt. Mit der Funktion *Skizze* wird die Skizze für die Wand auf der xy-Ebene erzeugt. Der Halter und die Skizze werden symmetrisch zum Bauteilursprung konstruiert.

⇨ Mit der Funktion *Zentriertes Rechteck* wird vom Ursprung aus ein Rechteck mit einer Länge von 115 mm und einer Breite von 55 mm erstellt.

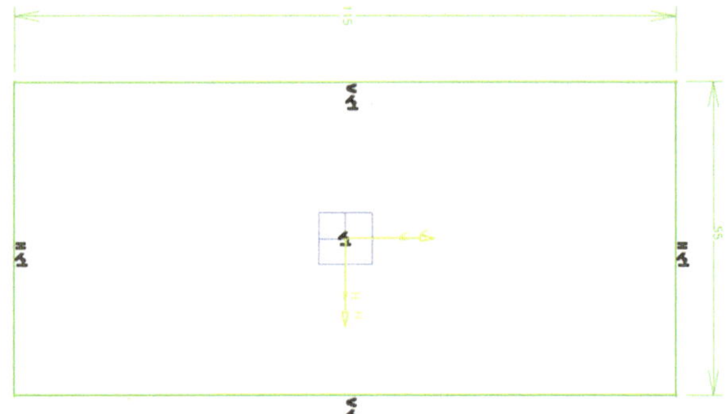

⇨ Die Umgebung wird mit der Funktion verlassen.

⇨ Über die Funktion *Wand* öffnet sich das Dialogfenster *Wanddefinition*. Die vorher erzeugte Skizze wird selektiert. Die Ausrichtung der Wand erfolgt in diesem Fall in z-Richtung. Das Dialogfenster wird mit OK geschlossen und die erste Wand erzeugt.

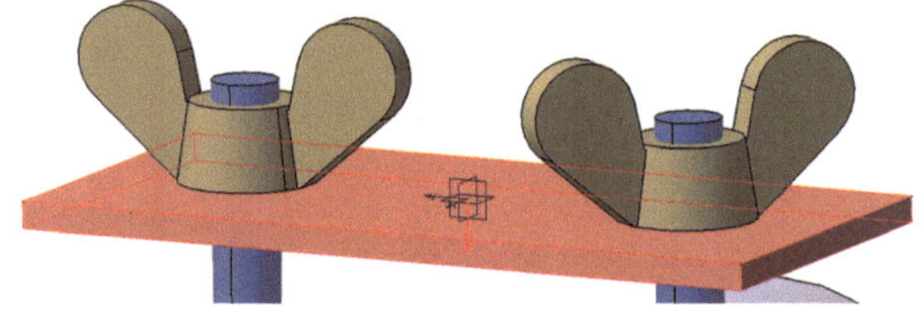

Seitenwände erzeugen

⇨ Im nächsten Schritt wird jetzt die Seitenwand erzeugt. Das passiert mit der Funktion *Wand an Kante* . Nach dem Selektieren der Funktion öffnet sich das Dialogfenster und die Kante an der Referenzwand ist zu selektieren. Im Dialogfenster wird Folgendes definiert:

- Höhe mit 50 mm
- Winkel mit 90°
- kein Sicherheitsabstand

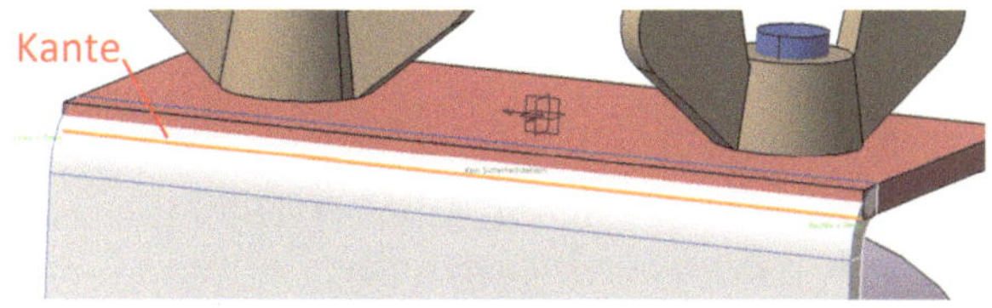

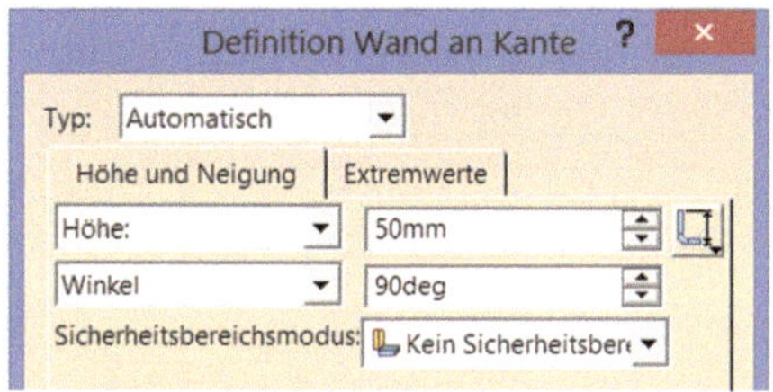

⇨ Das Dialogfenster *Definition Wand an Kante* wird geschlossen und die Seitenwand erzeugt.

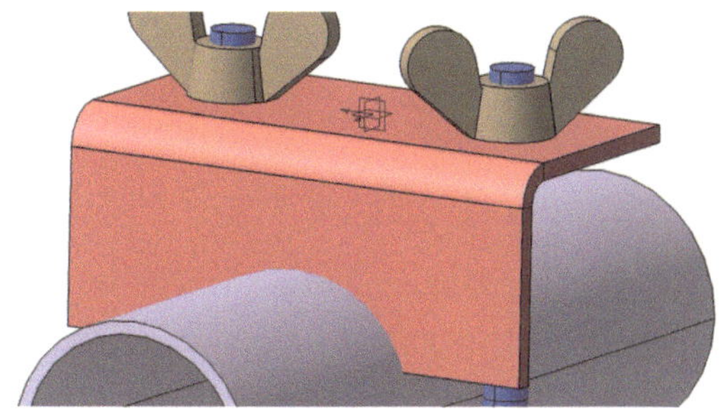

⇨ An der gegenüberliegenden Seite wird die gleiche Wand ein weiteres Mal erzeugt.

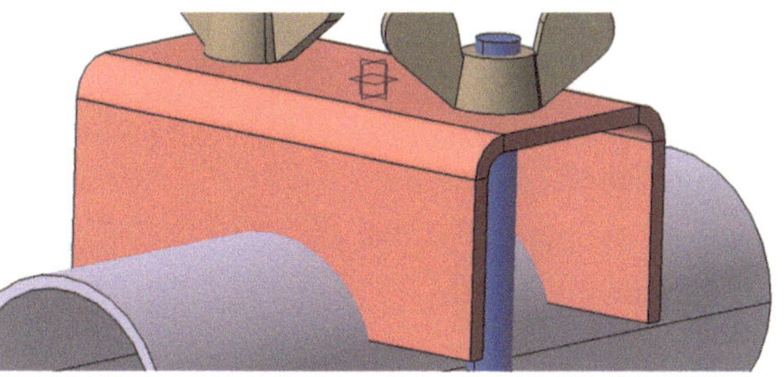

Rohrausschnitt erzeugen

⇨ Jetzt wird der kreisförmige Rohrauschnitt an den Seitenwänden erzeugt. Mit der Funktion *Skizze* wird auf der *yz-Ebene* der kreisförmige Ausschnitt konstruiert.

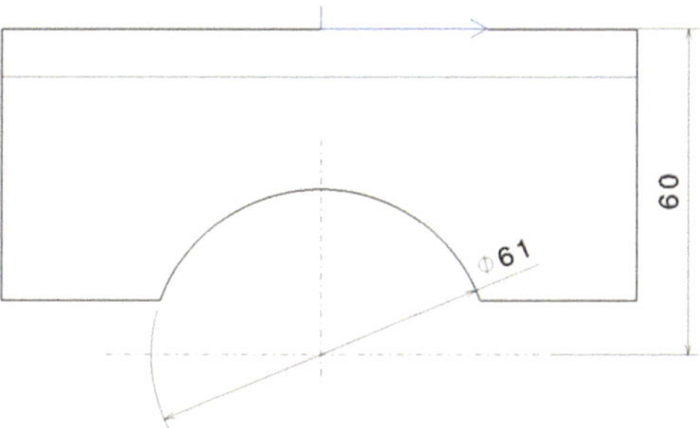

Hinweis: *Damit sich das Rohr gut anlegen kann und sich beim Spannen nicht verpresst, wird der Ausschnitt mit einem etwas größeren Durchmesser gestaltet.*

⇨ Danach ist die Funktion *Ausschnitt* zu selektieren. Als Profil wird die erstellte kreisförmige Skizze definiert. Die Anfangs- und Endbegrenzung wird jeweils mit dem Typ *Bis zum letzten* definiert.

Hinweis: *Für die Anfangsbegrenzung, muss die Option Mehr selektiert werden. Erst dann öffnet sich das Dialogfenster.*

Erweitertes Dialogfenster	*Angedeuteter Ausschnitt*

⇨ Um den Ausschnitt umzusetzen muss das Dialogfenster mit OK geschlossen werden.

Fasen definieren

⇨ Die Seitenflächen der der beiden Wände werden mit einer Fase abgeschrägt. Dazu muss die Funktion *Fase* selektiert werden. Im Dialogfenster *Fase* wird Folgendes definiert.

- Typ: Länge1/Winkel
- Länge1: 15 mm
- Winkel: 65°

Definition Fase	*Kanten selektieren*

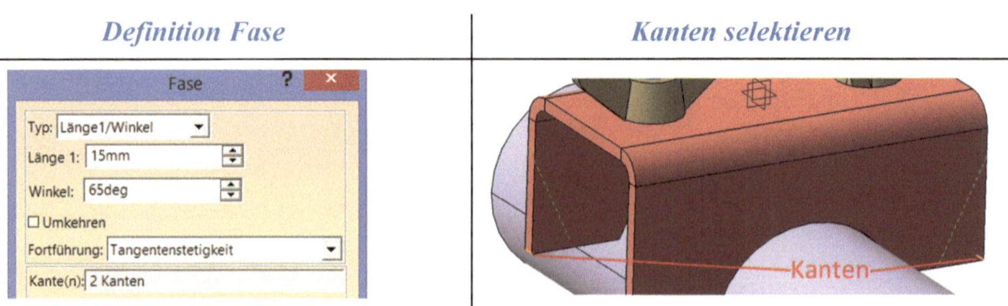

Hinweis: *Bei der Kantendefinition werden jeweils die zwei diagonal gegenüberliegenden Kanten selektiert, weil in diesem Fall die Ausrichtung der Fasen zueinander passt.*

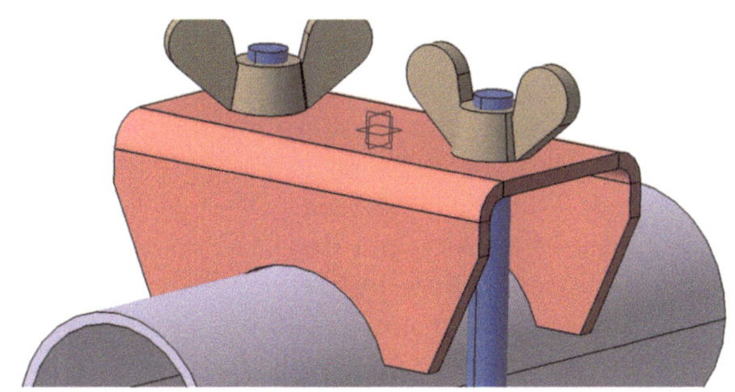

⇨ An den restlichen zwei Kanten werden ebenfalls Fasen mit den gleichen Definitionen erstellt. Jetzt sind alle vier Fasen fertig gestellt.

Bohrungen definieren

⇨ Um den Spannbügel mit den Flügelmuttern befestigen zu können, müssen noch zwei Bohrungen an der Oberseite des Halters angebracht werden. Mit der Funktion *Skizze* wird auf der xy-Ebene ein Punkt erzeugt. Im Anschluss wird die Umgebung Skizze wieder verlassen.

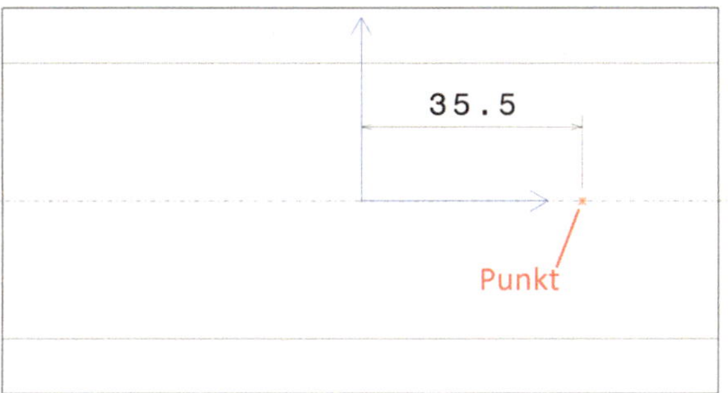

⇨ Des Weiteren wird die Bohrung erzeugt. Nachdem es zwecks Übersicht besser ist, wenn Ausschnitte oder Bohrungen immer unter der jeweiligen Wand folgen, muss jetzt die Referenzwand im Strukturbaum aktiv gesetzt werden. Dazu wird die Referenzwand mit der *rechten Maustaste* selektiert und die Option *Objekt in Bearbeitung definieren* ausgewählt.

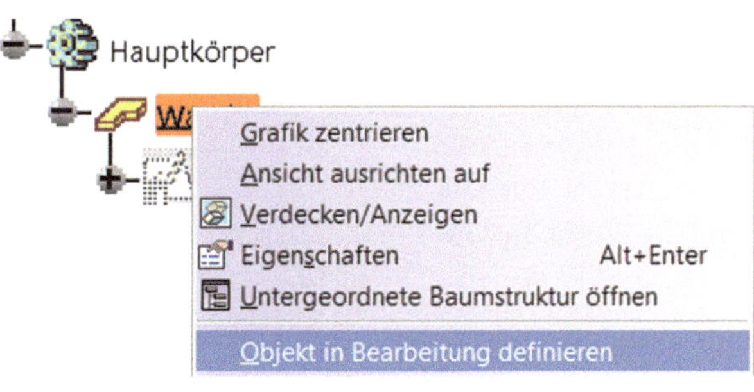

Hinweis: *Durch das in Bearbeitung setzen des Objektes werden alle weiteren Elemente unter dem Objekt (zum Beispiel Wand) eingefügt und nicht am Ende des Strukturbaumes. Wann das vorteilhaft ist, wird später im Kapitel Methodik gezeigt.*

⇨ Bevor die Funktion Bohrung selektiert wird, muss der zuvor erstellte Punkt selektiert werden. Erst jetzt kann die Option *Bohrung* selektiert werden. Danach ist die Referenzebene für die Bohrung zu selektieren. Das ist in diesem Fall die xy-Ebene. Danach öffnet sich erst das Dialogfenster *Bohrungsdefinition*. Jetzt kann eine Bohrung mit einem Durchmesser von 11 mm definiert werden. Alle weiteren Parameter sind aus der unteren Abbildung zu entnehmen.

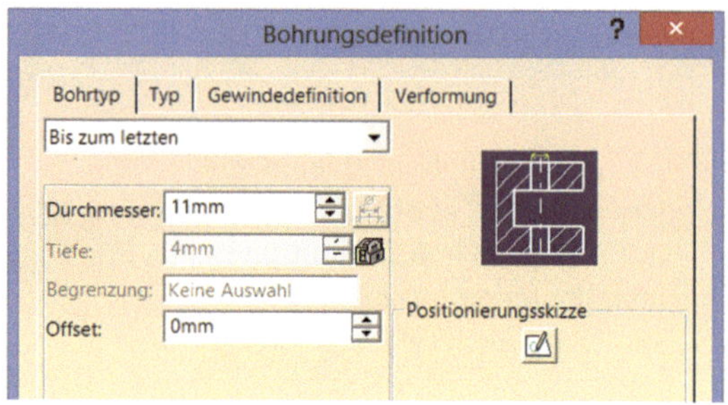

Parameter definieren	*Vorschau an der Geometrie*
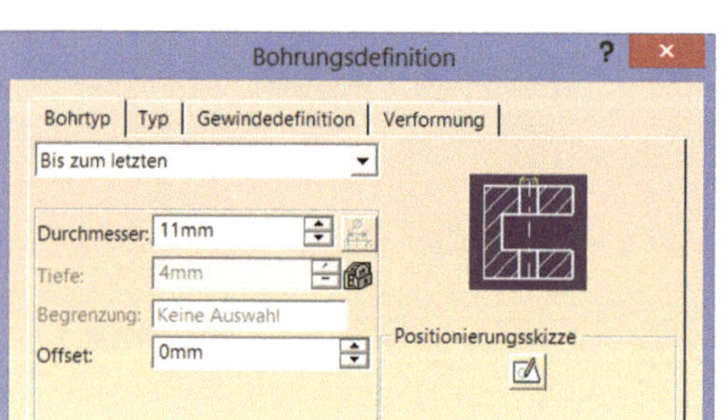	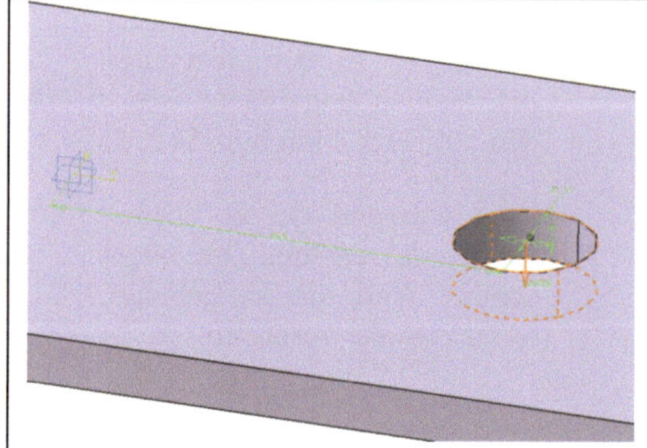

⇨ Das Dialogfenster *Bohrungsdefinition* ist mit OK zu schließen, um die Bohrung zu erzeugen. Die zweite Bohrung wird mit den gleichen Parametern und Abmaßen nur spiegelbildlich zur zx-Ebene konstruiert.

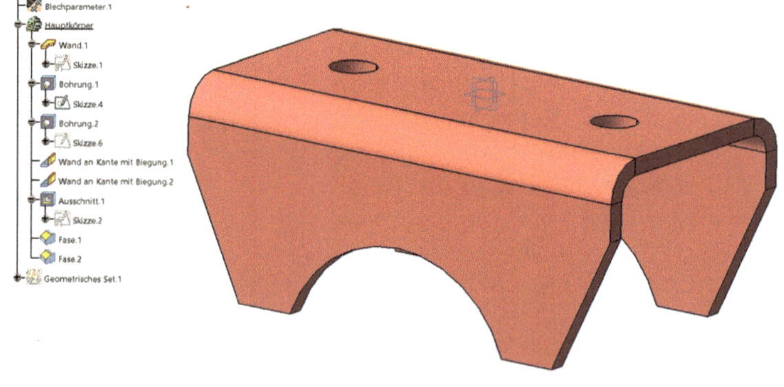

⇨ Am Ende wird der Hauptkörper wieder mit der *rechten Maustaste*  in Bearbeitung definiert. Die Übung ist mit diesem Vorgang abgeschlossen.

2.13 Biegung erzeugen

In diesem Unterkapitel wird jetzt gezeigt wie man zwei Wände über einen Biegeradius miteinander verbindet. Es gibt zwei unterschiedliche Möglichkeiten. Die erste ist eine konstante und die zweite eine konische Biegung.

2.13.1 Biegung 

Damit eine Biegung erzeugt werden kann, muss die Funktion *Biegung* selektiert werden. Es öffnet sich das Dialogfenster *Biegungsdefinition*. Zum Definieren der Biegung müssen die beiden Stützelemente im Strukturbaum oder an der Geometrie definiert werden. Das Stützelement kann eine Teilfläche einer Wand sein.

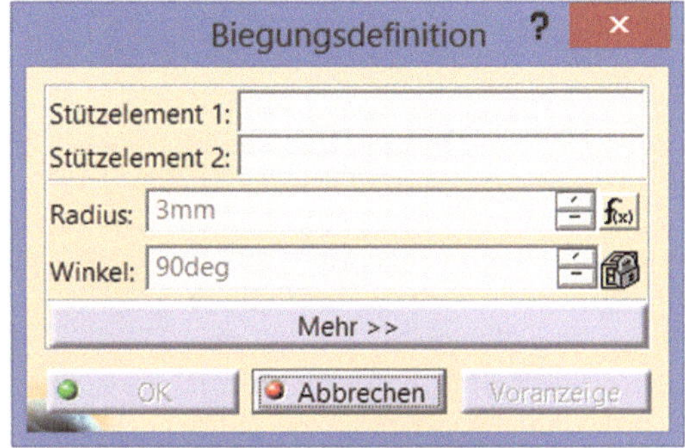

Hinweis: *Beide Wände müssen sich berühren und dürfen nicht durch einen Abstand getrennt sein.*

Sind beide Stützelemente definiert, wird die Biegung an der Geometrie dargestellt. Weiterhin erscheinen zwei Richtungspfeile auf jedem Stützelement. Die Ausrichtung der Biegung kann damit gesteuert werden.

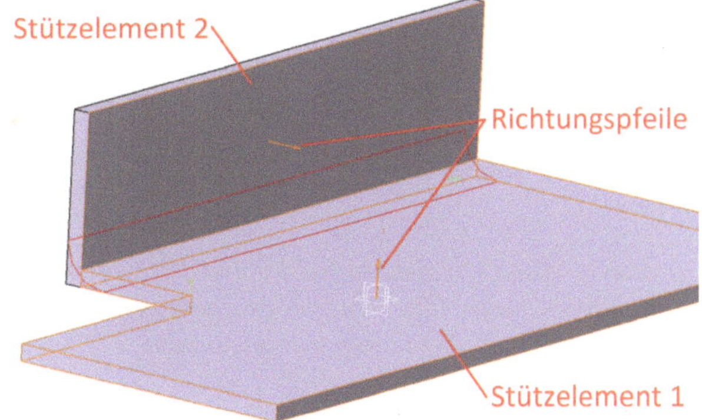

Das Feld *Radius* ist standardmäßig ausgegraut. Der Grund ist ein definierter Wert bzw. eine Formel aus den *Parametern*, die zu Beginn der Blechkonstruktion definiert werden. Es gibt jedoch eine Möglichkeit den Wert zu entfernen und neu zu definieren. Dazu muss mit der *rechten Maustaste* in das Aktionsfeld geklickt werden und ein Kontextmenü mit folgenden Auswahlmöglichkeiten öffnet sich:

- *Formel* (Bearbeiten / Inaktivieren / Löschen)
- *Toleranz* (Bearbeiten / Unterdrücken)
- *Schritt ändern* (Neu)
- *Kommentar bearbeiten*

Um einen beliebigen Wert zu definieren, muss die Formel inaktiviert werden. Erst dann ist das Feld freigestellt. Weiterhin kann die Formel auch bearbeitet und neu definiert oder gelöscht werden. Bei *Toleranz* kann ein Toleranzbereich definiert werden. Mit der Option *Schritt ändern* können die Intervalle für die Wertdefinition angepasst werden.

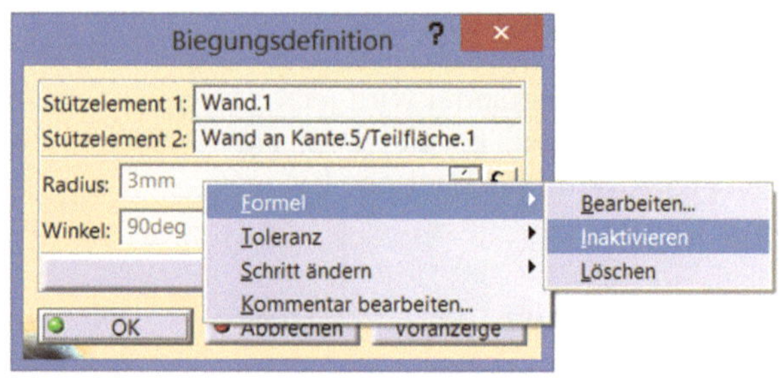

Hinweis: *Der Radius kann auch auf den Wert 0 geändert werden.*

Wird im Dialogfenster die Option *Mehr* selektiert, stehen zusätzliche Optionen zur Auswahl. Es können der linke und rechte Extremwert mit den verschiedenen Konturen extra definiert werden. Das ist nur dann notwendig wenn die Kontur von den Standarddefinitionen in den Parametern abweicht. Mit der Option *Standard* unterhalb der grafischen Konturdarstellung im Dialogfenster *Biegungsdefinition* wird die Kontur auf die in den Parametern definierte Standardkontur zurückgesetzt.

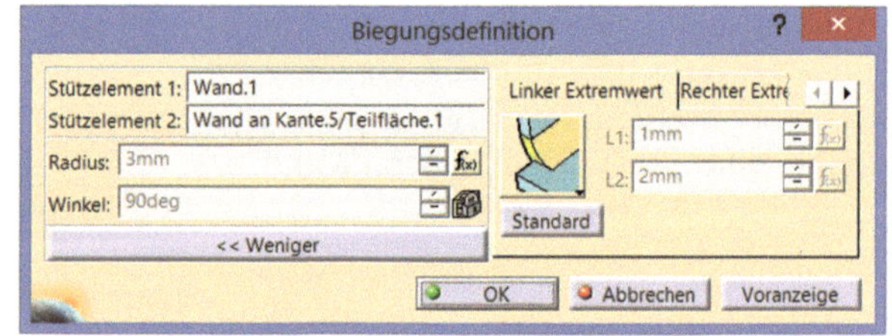

Hinweis: *Auch die Parameter L1 und L2, welche die Kontur beschreiben, sind wie der Radius ausgegraut. In diesem Fall gibt es ebenfalls die gleiche Möglichkeit diesen zu inaktivieren, um einen beliebigen Wert eingeben zu können.*

Mit der Funktion *Biegung* wird ein geschlossener Übergang erzeugt.

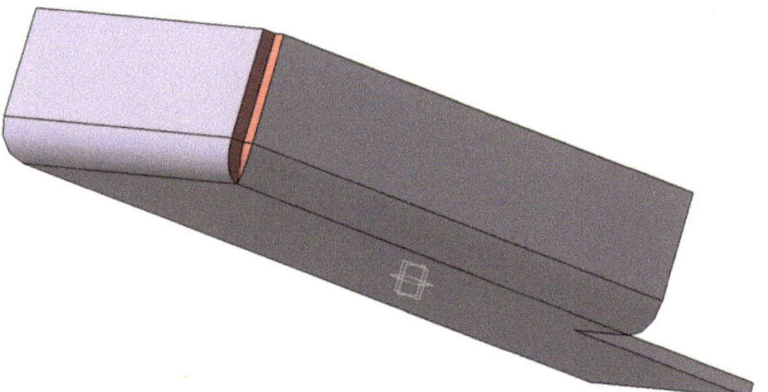

2.13.2 Konische Biegung 

Die Funktion erlaubt es eine konischen Biegung zu erzeugen. Die Funktion unterscheidet sich von der vorher beschriebenen Funktion *Biegung* nur darin, dass sie es erlaubt einen linken und rechten Biegeradius an den Biegeenden (Extremwerten) zu definieren. Der Rest ist identisch und wird daher nicht weiter beschrieben.

Definition linker und rechter Radius	*Konische Biegung*
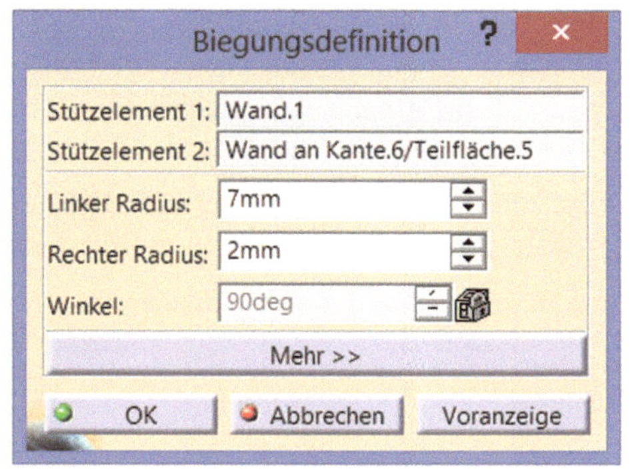	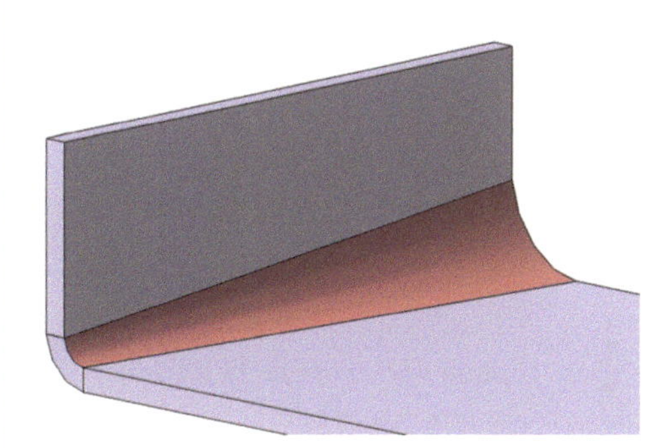

2.13.3 Biegung aus Linie 

Biegungen können nicht nur über die Definition zweier Flächen, sondern auch über die Definition einer Biegelinie erzeugt werden. Die Biegung basiert also auf einer Linie. Wie das funktioniert zeigt das folgende Unterkapitel.

Die Funktion *Biegung aus Linie* wird selektiert und das Dialogfenster *Definition der Biegung aus Linie* öffnet sich. Als erster Schnitt wird jetzt ein Profil gefordert. Das bedeutet es muss eine Skizze mit einer Linie oder mehreren für die Biegung selektiert werden.

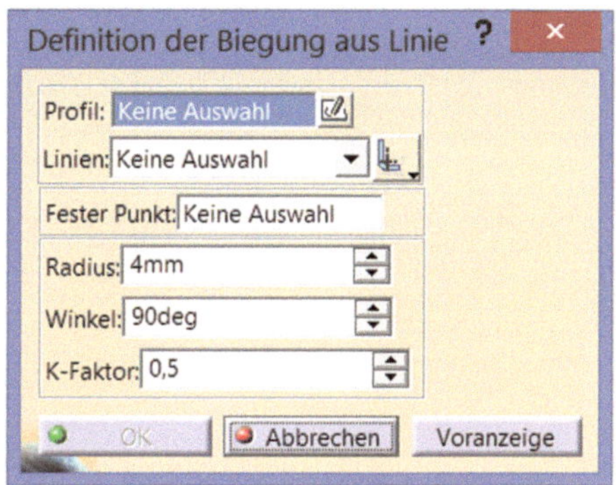

Hinweis: *Mit der Funktion Skizze im Dialogfenster könnte auch an dieser Stelle, falls noch keine Skizze vorhanden ist, eine neue erstellt werden.*

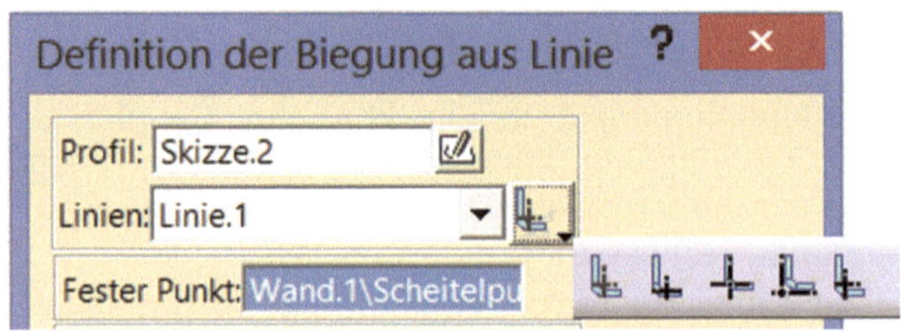

Die Linien in der Skizze werden jetzt im Dialogfenster aufgelistet. Jede Linie kann aus dem Klappmenü ausgewählt werden. Neben den Linien befindet sich die Option für die Linien-Extrapolation. Es gibt fünf verschiedene Optionen für die Extrapolation. Mit den unterschiedlichen Symbolen kann die Referenzlage der Biegung definiert werden. Je nach Referenzlage gibt es Unterschiede an der Biegegeometrie.

- Option *Achse* : Die Biegelinie wird genau auf die Biegeachse gelegt.
- Option *BTL-Basiskomponente (Bent Tangent Line)* : Die Biegelinie wird an die Grenzen der Krümmungskurve (Biegung) gelegt. Als Referenz wird in diesem Fall die Basiskomponente herangezogen.
- Option *IML (Inner Mold Line)* : Die Biegelinie wird in den Schnittpunkt der beiden inneren Wandflächen gelegt.
- Option *OML (Outer Mold Line)* : Die Biegelinie wird in den Schnittpunkt der beiden äußeren Wandflächen gelegt.
- Option *BTL-Stützelement (Bent Tangent Line)* : Die Biegelinie wird an die Grenzen der Krümmungskurve (Biegung) gelegt. Als Referenz wird in diesem Fall das Stütz-element herangezogen.

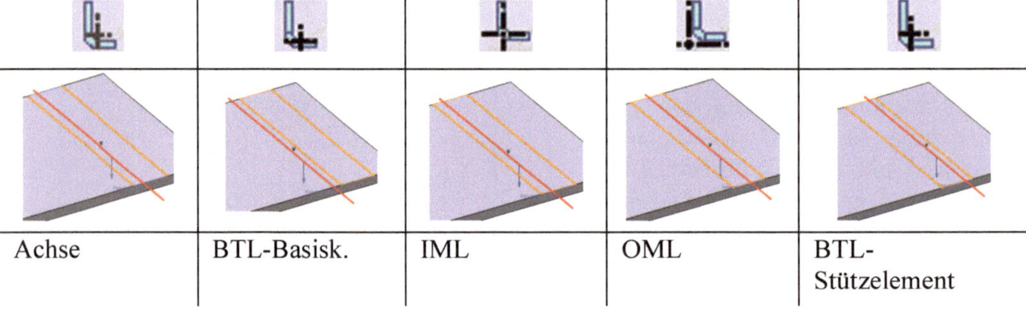

Achse	BTL-Basisk.	IML	OML	BTL-Stützelement

Hinweis: *Die rote Linie ist aus der Skizze und die zwei orangen Linien zeigen den Biegebereich. Es ist deutlich zu erkennen, dass je nach Option der Biegebereich zur Skizzenlinie wechselt.*

In der rechten Abbildung werden die Unterschiede der verschiedenen Optionen im gefaltetem Zustand dargestellt. Die verschiedenen Ergebnisse wurden in der rechten Abbildung überlagert.

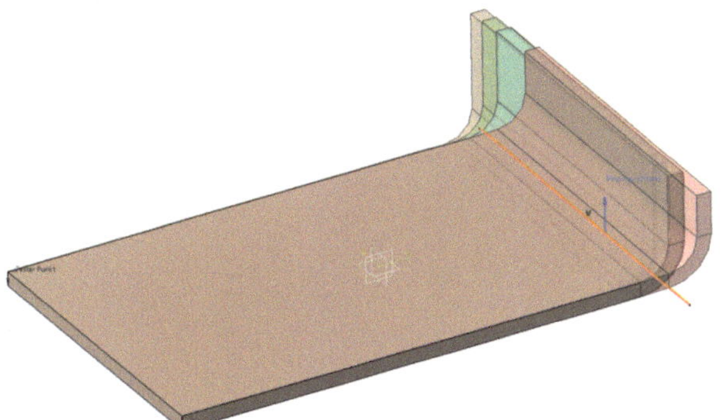

Der *Biegewinkel* wird im Dialogfenster definiert. Der *Biegeradius* und *K-Faktor* sind ausgegraut, weil diese Werte auf die Parametereinstellungen über eine Formel referenziert sind. Soll hier ein beliebiger Werte eingegeben werden, dann muss in das entsprechende Feld im Dialogfenster geklickt werden und über *Formel > Inaktivieren* die Referenz auf die Parameter inaktiv gesetzt werden.

Weiteres wird ein Fixpunkt (Fester Punkt) definiert. Die Auswahl erfolgt automatisch. Dieser Punkt bestimmt jenen Teil der Wand, der sich bei der Biegung nicht bewegt.

Hinweis: *Dieser Fester Punkt kann auch manuell ausgewählt werden. Weiteres kann auch ein neuer Punkt erzeugt werden. Dazu muss ein Klick mit der rechten Maustaste in das Aktionsfeld erfolgen.*

Bei mehreren Biegelinien können für jede Linie unterschiedliche Parameter definiert werden. Die Vorgangsweise sieht wie folgt aus. Im Dialogfenster wird die gewünschte Linie (Linie.1, Linie.2, ...) ausgewählt. Anschließend können die Parameter wie Winkel, Radius, K-Faktor, Extrapolationsoption und die Biegerichtung ausgewählt werden.

Hinweis: *Die Biegerichtung wird mit den blauen Pfeilen direkt an der Geometrie gesteuert. Die Richtung kann ebenfalls wieder für jede Biegelinie eigens definiert werden.*

Linie 1	*Linie 2*

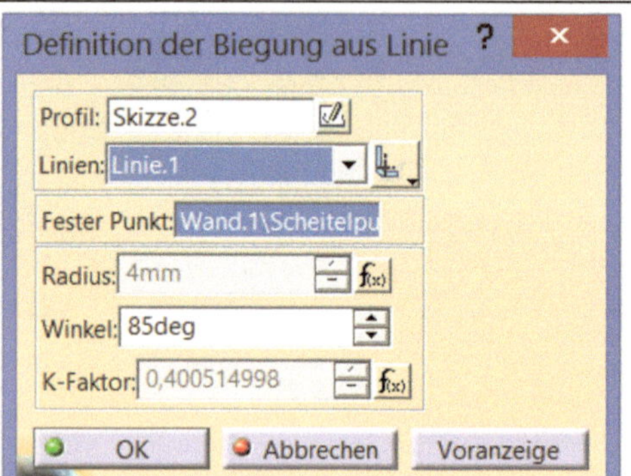

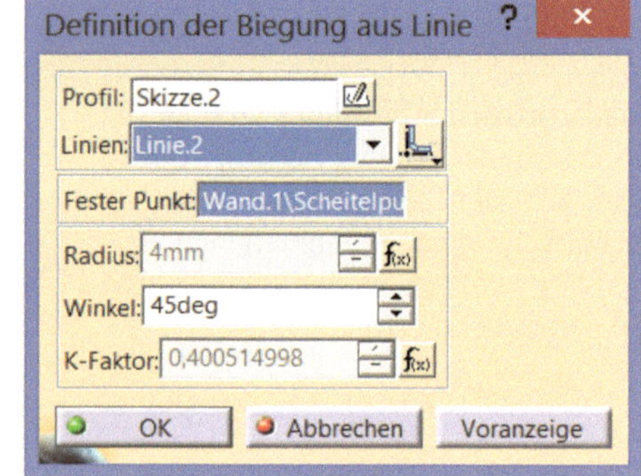

Das Resultat mit den oben definierten Biegelinien wird in der rechten Abbildung dargestellt.

Hinweis: *Im Strukturbaum wird in diesem Fall nur eine Biegung dargestellt und nicht zwei.*

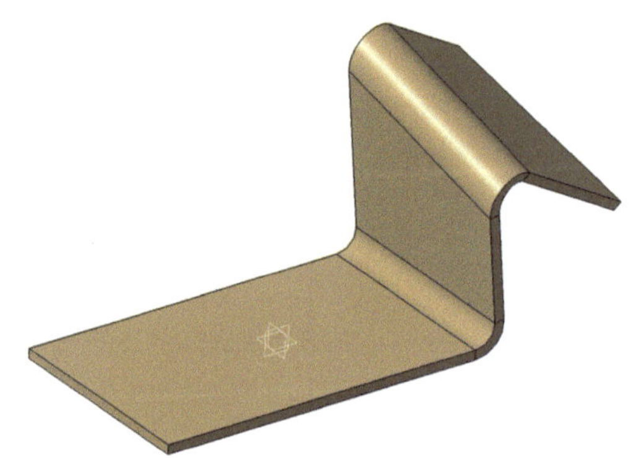

Der Vorteil liegt darin, dass mit einer Skizze mehrere Biegelinien erzeugt und für jede Linie verschiedene Parameter in einem Dialogfenster definiert werden können.

2.13.4 Abwickeln 

Mit der Funktion ist es möglich nur bestimmte Bereiche abzuwickeln. Dabei kann immer eine andere Referenz für die Abwicklung definiert werden. Das bedeutet, die Abwicklung kann um verschiedene Referenzflächen abgewickelt werden. Die Vorgangsweise ist einfach. Es wird immer eine Referenzteilfläche selektiert und diejenigen Biegeflächen welche abgewickelt werden sollen.

Definition der Abwicklung
Referenzteilfläche: Wand.1/Teilfläche
Teilflächen abwickeln: Teilfläche.1
Winkel: 95deg
Winkeltyp: Normal
Alle auswählen
Auswahl aufheben
OK
Abbrechen
Voranzeige

Hinweis: *Mit der Funktion Alles auswählen können alle Biegeflächen in einem Schritt ausgewählt werden. Mit Auswahl aufheben werden die selektierten Biegeflächen wieder gelöscht.*

Im Anschluss werden jetzt verschiedene Definitionen in der linken Spalte gezeigt. In der rechten Spalte wird die Auswirkung dargestellt.

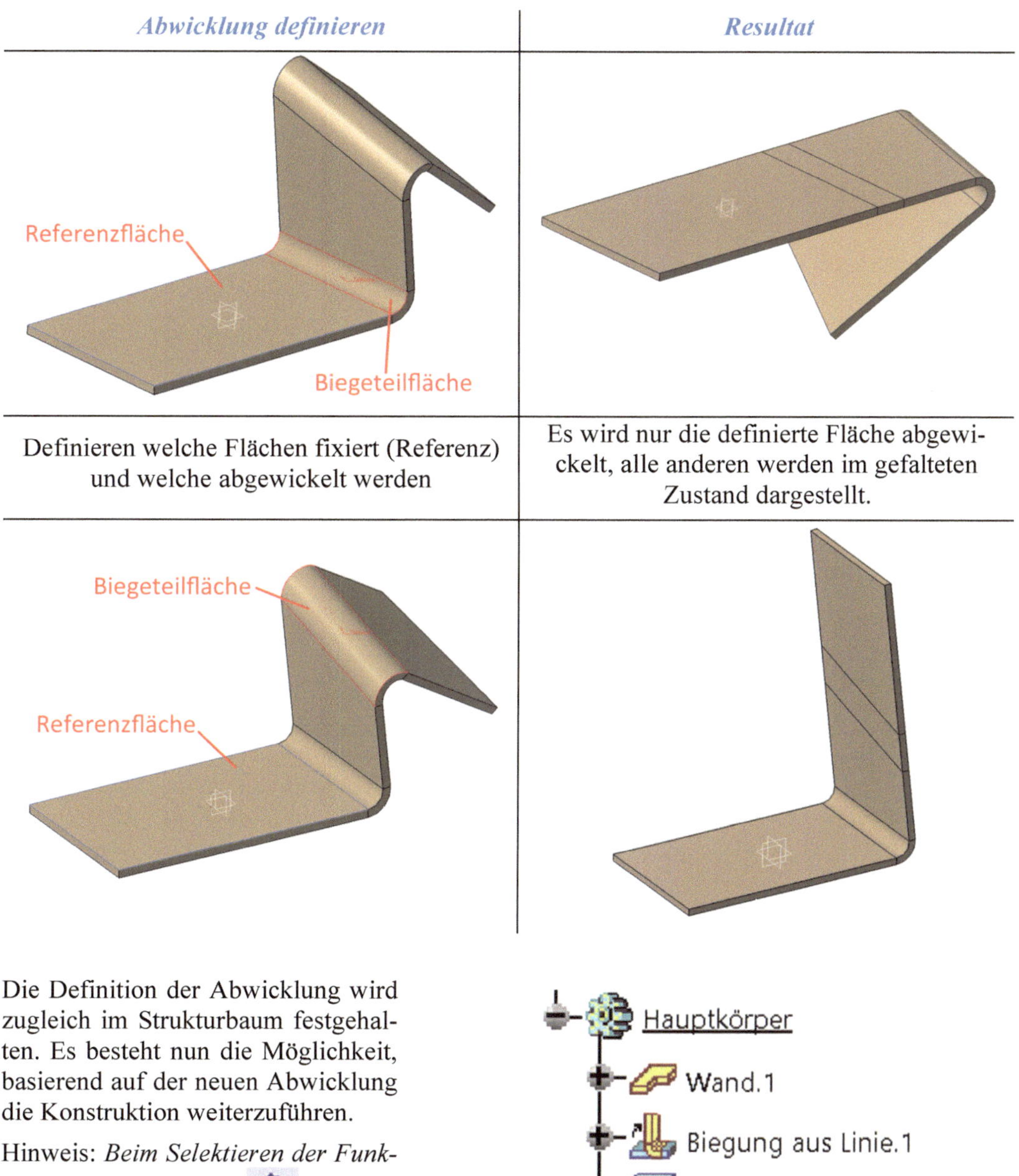

Abwicklung definieren	*Resultat*
Definieren welche Flächen fixiert (Referenz) und welche abgewickelt werden	Es wird nur die definierte Fläche abgewickelt, alle anderen werden im gefalteten Zustand dargestellt.

Die Definition der Abwicklung wird zugleich im Strukturbaum festgehalten. Es besteht nun die Möglichkeit, basierend auf der neuen Abwicklung die Konstruktion weiterzuführen.

Hinweis: *Beim Selektieren der Funktion Falten/Abwickeln* *wird die Konstruktion jetzt gemäß dieser Definition abgewickelt, also nur jene Biegungen die in der Abwicklung definiert wurden.*

Wird die Biegung durch zum Beispiel einen Ausschnitt unterbrochen, dann müssen die Teilflächen einzeln selektiert werden. Das sieht dann wie in der Abbildung rechts aus. Nur so kann eine Abwicklung erzeugt werden.

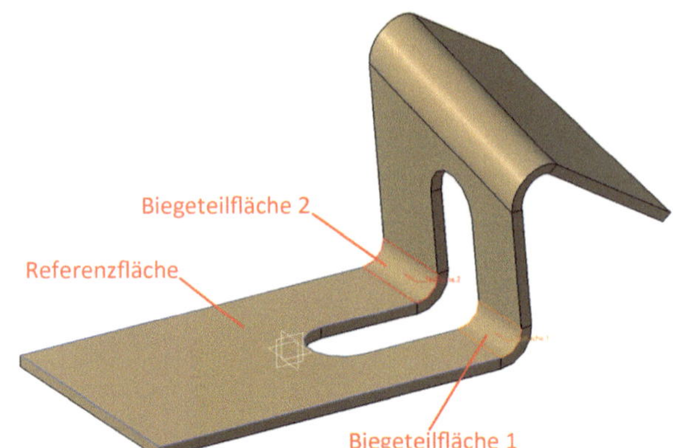

Hinweis: *Wird nur eine Biegeteilfläche in diesem Fall selektiert, dann wird das mit folgendem Fehler angezeigt. Die Meldung wird mit OK geschlossen und die zusätzlich benötigte Biegeteilfläche selektiert.*

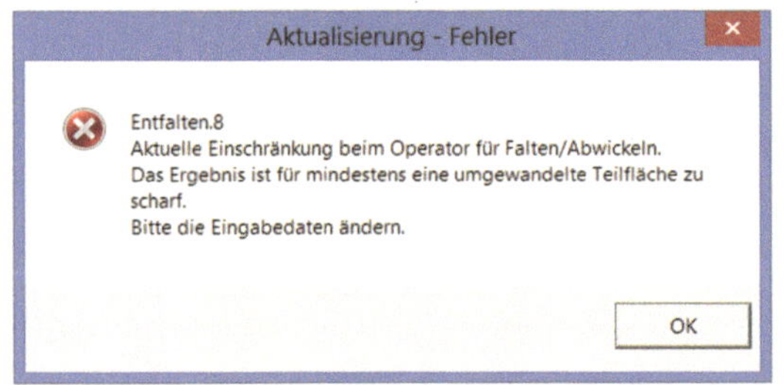

2.13.5 Falten

Die Definition und Funktionsweise ist gleich wie bei der Funktion *Abwickeln*, nur dass anstatt der Abwicklung die Konstruktion gefaltet (gebogen) wird. Einen Unterschied gibt es bei dem Winkeltyp. In diesem Fall stehen drei unterschiedliche Winkeltypen zur Auswahl:

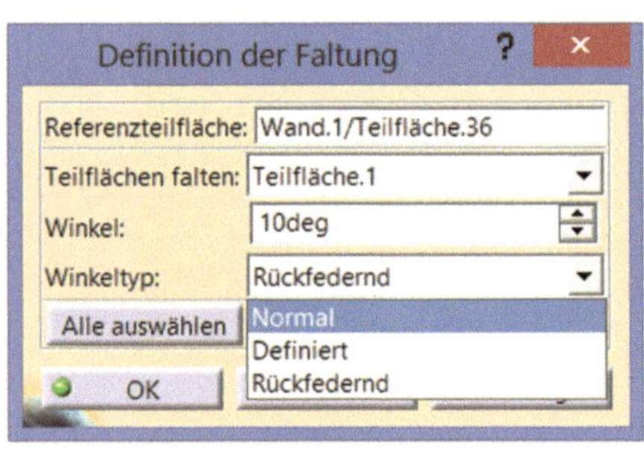

- ***Normal:*** Der Winkel entspricht jenem Wert, welcher bei der Biegung definiert wurde.
- ***Definiert:*** Der Winkel kann direkt im Dialogfenster *Definition der Faltung* gesteuert werden.
- ***Rückfedernd:*** Das entspricht dem Biegewinkel plus dem definierten Winkel im Dialogfenster Definition der Faltung.

2.14 Übung 3 - Chassis-Teil

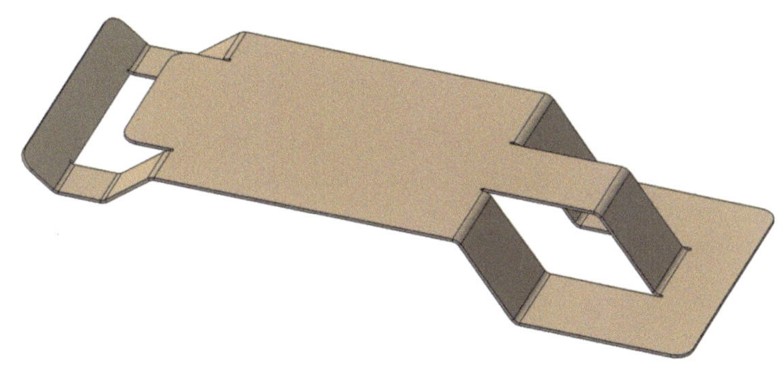

Ziel: Es soll ein Chassis-Blechteil aus einem 2 mm Blech und einem Biegeradius von 4 mm konstruiert werden. Die Übung soll die Funktion *Biegung* , *Wand* 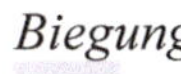 und *Wand an Kante*  noch einmal an einem Beispiel verdeutlichen.

Arbeitsumgebung öffnen und Parameter definieren

⇨ *Start > Mechanische Konstruktion > Generative Sheetmetal Design > Neues Teil öffnen.*

⇨ Eine Blechdicke mit 2 mm und einen Biegeradius mit 4 mm in den *Parametern*  definieren

Ebenen definieren

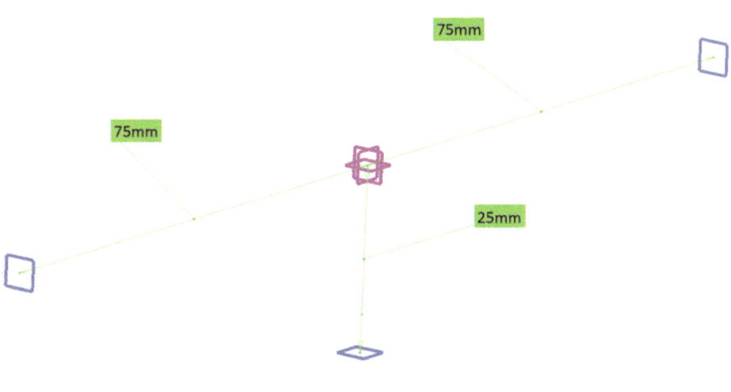

⇨ Mit den Ebenen wird ein Außenskelett für die Konstruktion erzeugt. Das bedeutet die Außenkonturen des Blechteiles referenzieren sich auf diese Ebenen. Dazu wird die Funktion *Ebene* 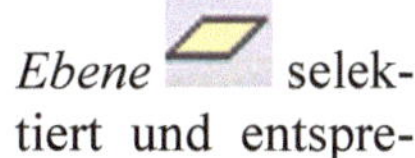 selektiert und entsprechend mit einem Offset wie in der obigen Abbildung definiert.

⇨ Für die Übung werden die drei Ebenen (blau) wie in der Abbildung dargestellt vom Ursprung (violett) aus, mit dem definierten Offset erzeugt.

Skizze für Referenzwand erzeugen

⇨ Für die erste Wand (Referenz) wird eine Skizze auf der xy-Ebene wie in der folgenden Abbildung erzeugt. Die Maße sollen aus der Abbildung entnommen werden.

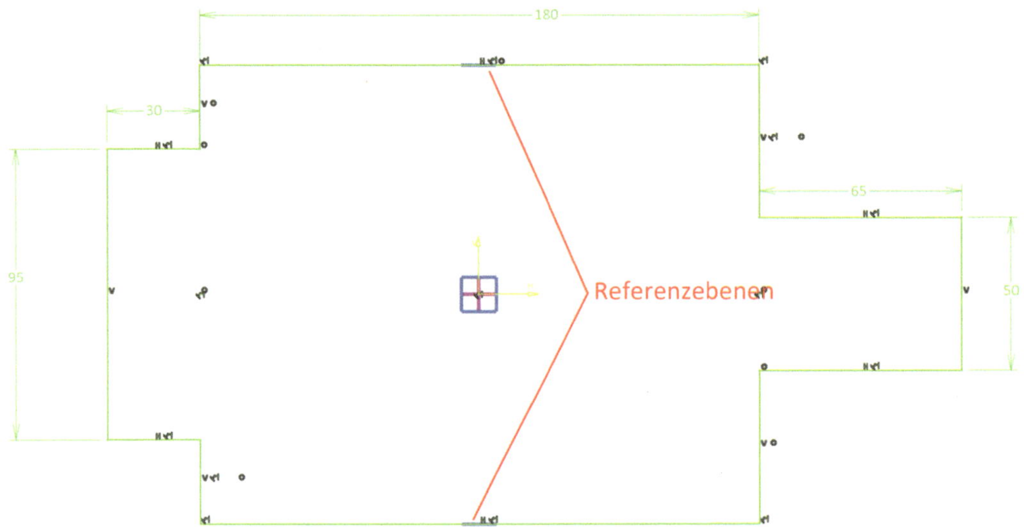

Wand 1 erzeugen

⇨ Die Skizzenumgebung wird verlassen und mit der Funktion *Wand* eine Wand erzeugt. Die Materialdicke erfolgt in negativer z-Richtung.

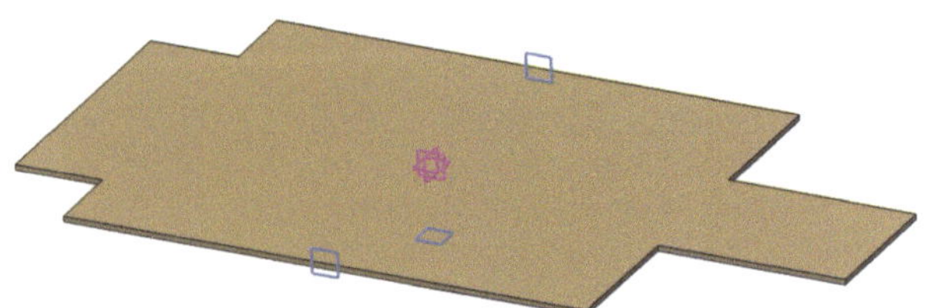

Wand an Kante 2 erzeugen

⇨ Jetzt wird die erste Biegung erzeugt. Dazu muss die Funktion *Wand an Kante* selektiert werden. Im Dialogfenster *Definition Wand an Kante* ist Folgendes zu definieren:

- Typ: Automatisch
- Höhe: 50 mm
- Winkel: 125°
- kein Sicherheitsbereich

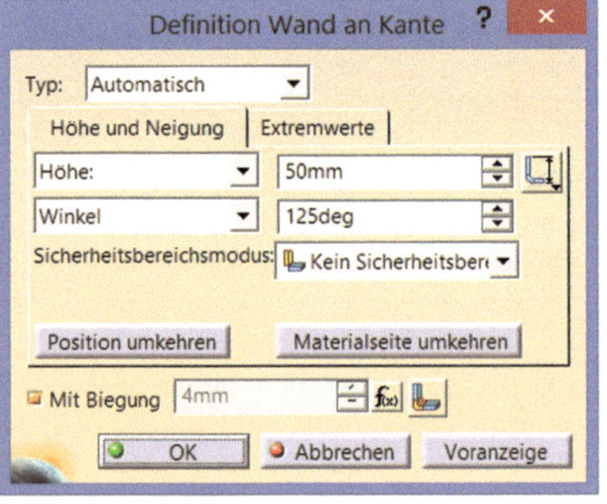

⇨ Nach den Definitionen müssen die Kanten selektiert werden. Dazu werden die in der rechten Abbildung dargestellten Kanten an der Geometrie selektiert.

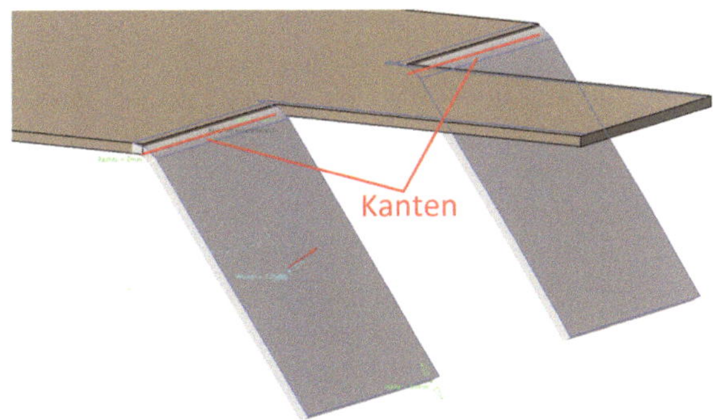

⇨ Um den linken und rechten Extremwert zu definieren, wird die Funktion *Biegeparameter*  selektiert. Als Typ wird der *runde Typ* ausgewählt. Die Parameter L1 und L2 werden standardmäßig übernommen.

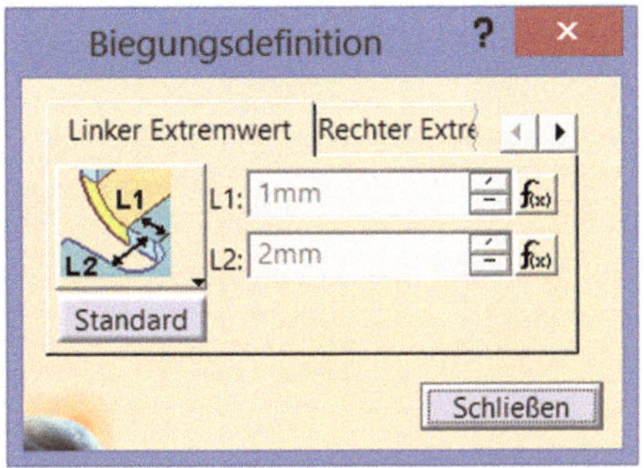

Wand an Kante 3 erzeugen

⇨ Die Funktion *Wand an Kante* wird ein weiteres Mal selektiert. Im Dialogfenster ist Folgendes zu definieren.

- Typ: Automatisch
- Höhe: 86 mm
- Winkel: 125°
- kein Sicherheitsbereich
- Materialdicke in negativer z-Richtung

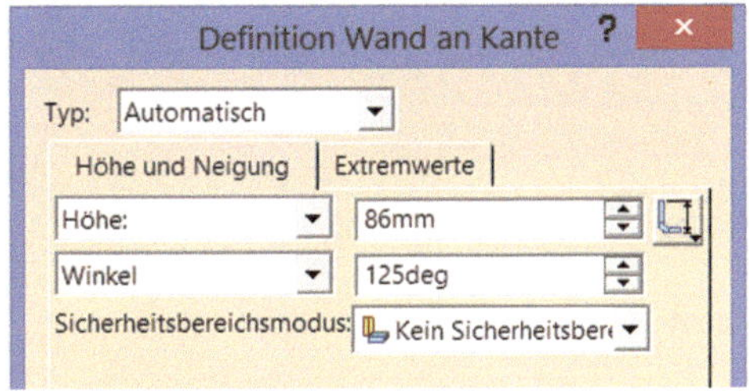

⇨ Nach den Definitionen wird die Kante wie in der rechten Abbildung selektiert. Das Dialogfenster kann geschlossen werden.

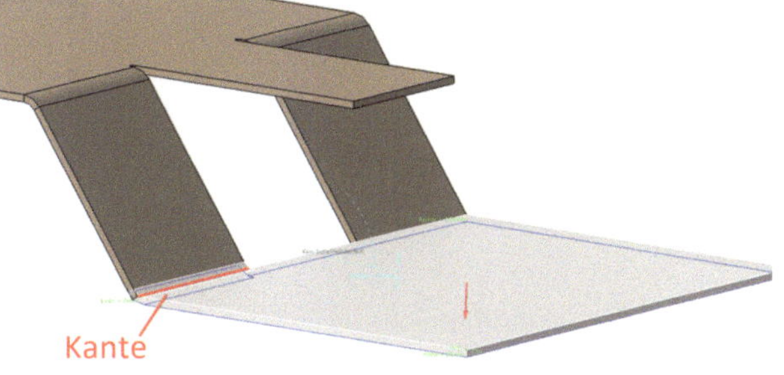

Ecke erzeugen

⇨ Die Funktion *Ecke* ist zu selektieren. Im Dialogfenster wird ein Radius mit 10 mm definiert. Anschließend werden die beiden Kanten wie in der Abbildung selektiert. Das Dialogfenster wird geschlossen und die Ecken abgerundet.

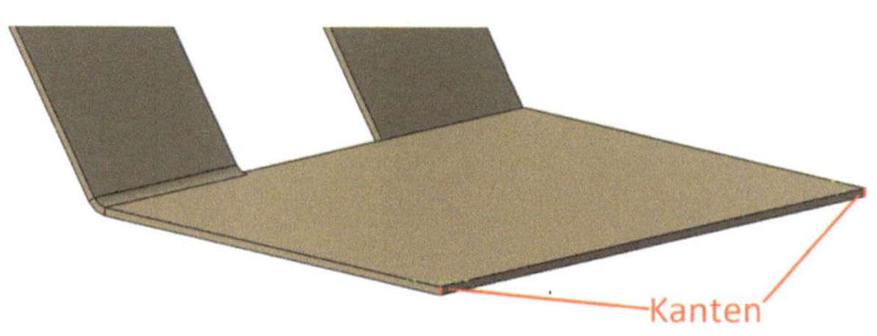

Biegung durchführen

⇨ Die Funktion *Biegung* auswählen. Im Dialogfenster *Biegungsdefinition* werden jetzt das Stützelement 1 und das Stützelement 2 definiert. Danach kann das Dialogfenster mit OK geschlossen werden und die Biegung wird ausgeführt.

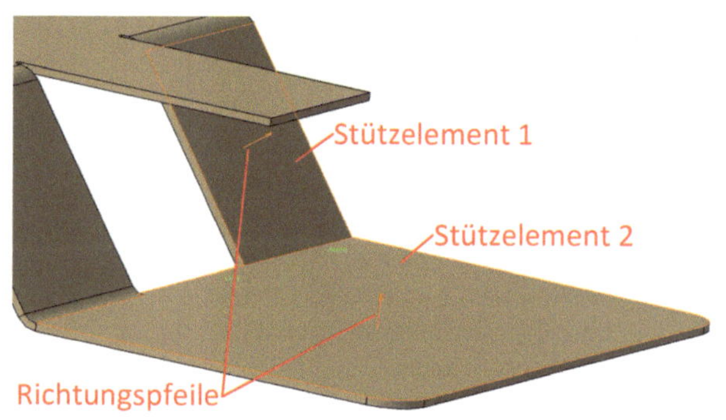

Wand an Kane 4 konstruieren

⇨ Für die dritte schräge Biegung wird wieder die Funktion *Wand an Kante* ausgewählt. Die Kante wie in der Abbildung ist zu selektieren und folgende Parameter müssen definiert werden:

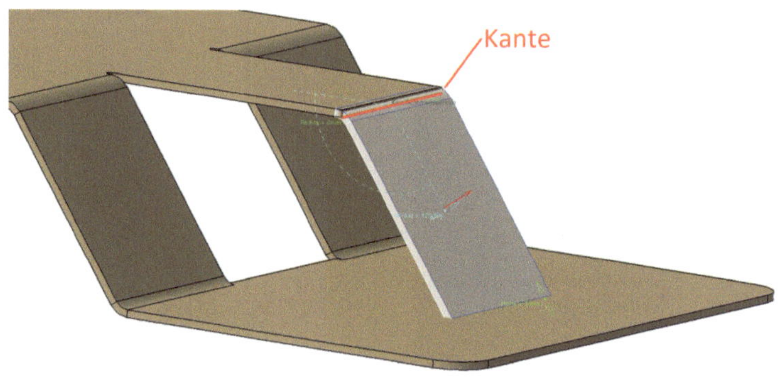

- Typ: Automatisch
- Höhe: 50 mm
- Winkel: 125°
- kein Sicherheitsbereich

Biegung erzeugen

⇨ Jetzt muss eine Biegung zwischen der schrägen und waagrechten Wand erzeugt werden. Dafür wird wieder die Funktion *Biegung* selektiert. Im Dialogfenster werden die beiden Stützelemente wie in der rechten Abbildung dargestellt definiert.

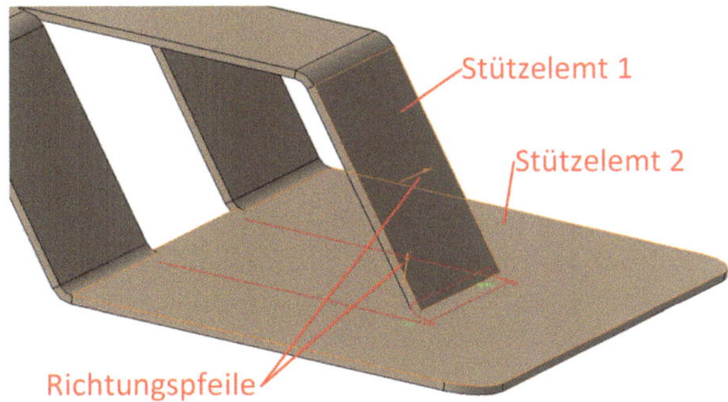

Hinweis: *Auf die Richtungspfeile muss geachtet werden, um die Biegung nicht in die falsche Richtung auszuführen.*

⇨ Mit der Option *Mehr* wird das Dialogfenster erweitert. Um einen sauberen Übergang mit den benachbarten Wänden zu haben, muss beim linken und rechten Extremwert im Dialogfenster der *runde Typ* definiert werden. Danach kann das Dialogfenster geschlossen werden.

Das Ergebnis bis jetzt sollte wie in der rechten Abbildung aussehen. Stimmt das Ergebnis überein, folgen die weiteren Konstruktionsschritte auf der gegenüberliegenden Seite des Bauteils.

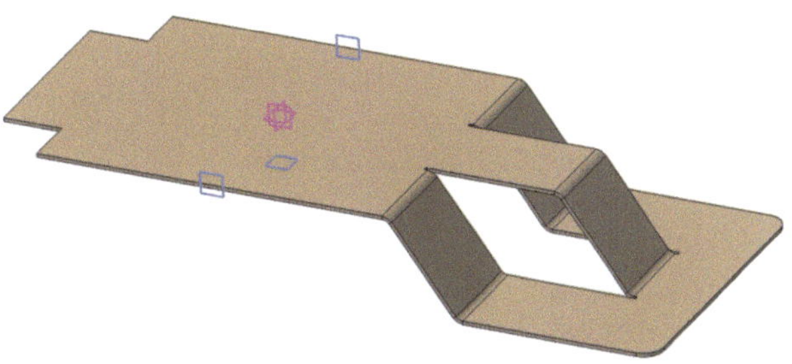

Wand an Kante 5 erzeugen

⇨ Die Funktion *Wand an Kante* wird selektiert. Im Dialogfenster werden folgende Parameter definiert:

- Typ: Automatisch
- bis Ebene/Fläche
- Offset: 0 mm
- Winkel: 140°
- kein Sicherheitsbereich

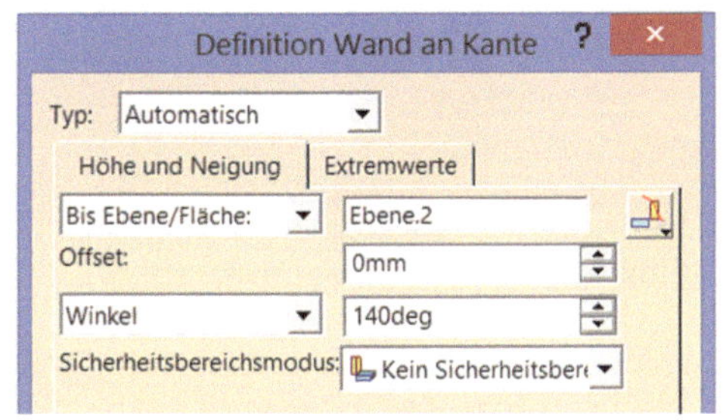

⇨ Als Referenzebene wird die in negativer z-Richtung definierte Ebene, zu Beginn der Übung, ausgewählt. Mit der Funktion *Biegeparameter* 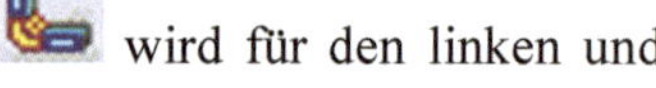 wird für den linken und rechten Extremwert der Typ *Quadratische Kontur* ausgewählt. Nach dem alle Parameter definiert sind, müssen die Referenzkanten noch definiert werden. Diese werden einfach an der Geometrie selektiert. Danach kann das Dialogfenster geschlossen werden.

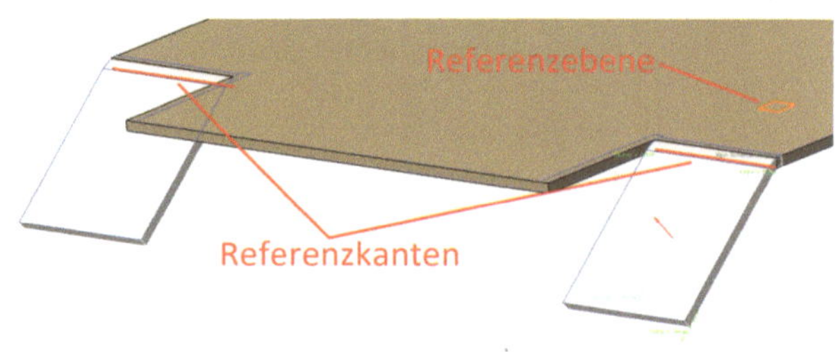

Ecke erzeugen

⇨ Mit der Funktion *Ecke* werden die Kanten wie in der rechten Abbildung mit einem Radius von 10 mm abgerundet.

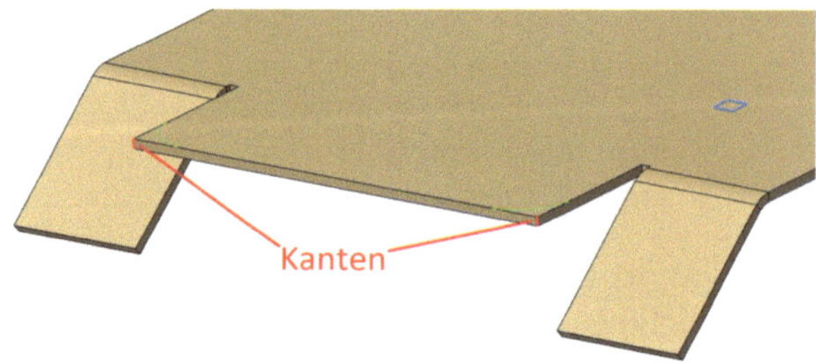

Wand erzeugen

⇨ In weiterer Folge werden die beiden waagrechten Wände erzeugt. Jede Wand wird einzeln erzeugt und nicht in einem Schritt. Im Dialogfenster *Definition Wand an Kante* wird ein Winkel mit 140° und eine Länge mit 20 mm definiert. Das Ergebnis sollte der rechten Abbildung gleichen.

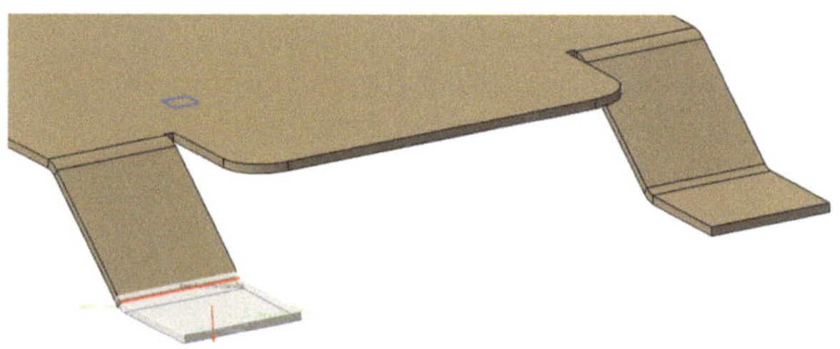

Schräge Wand erzeugen

⇨ Es wird ein weiteres Mal die Funktion *Wand an Kante* ausgeführt. Der Winkel beträgt 140°, die Länge 20 mm. Die Wand wird mit den Extremwerten über die gesamte Teilbreite erzeugt. Bei

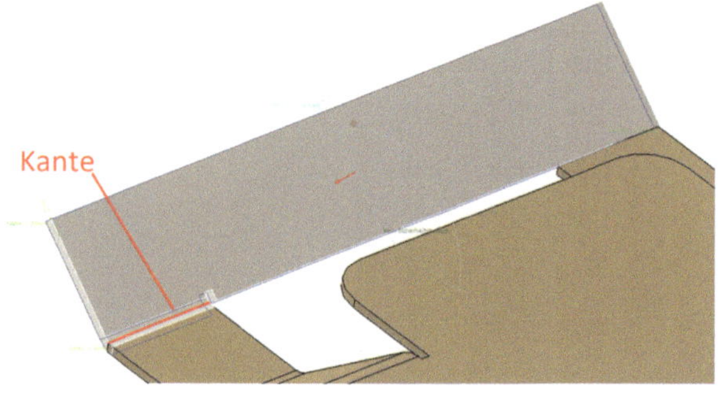

den *Biegeparametern*  wird der Typ *Quadratische Kontur* 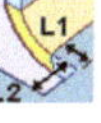 beim rechten Extremwert definiert.

Kanten abrunden

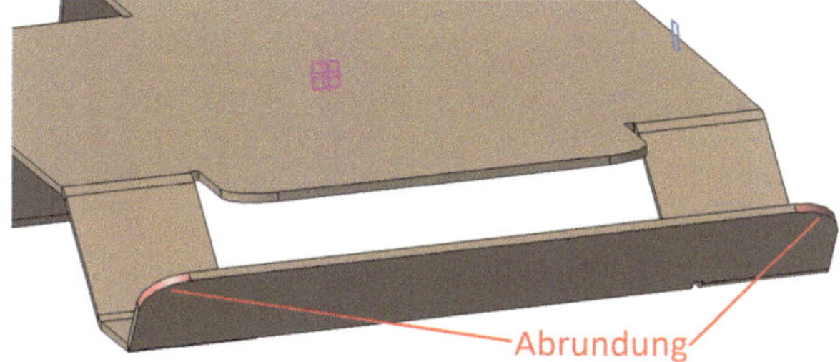

⇨ Mit der Funktion *Ecke* werden die beiden Kanten an der Wand selektiert und mit einem Radius von 10 mm abgerundet.

Biegung

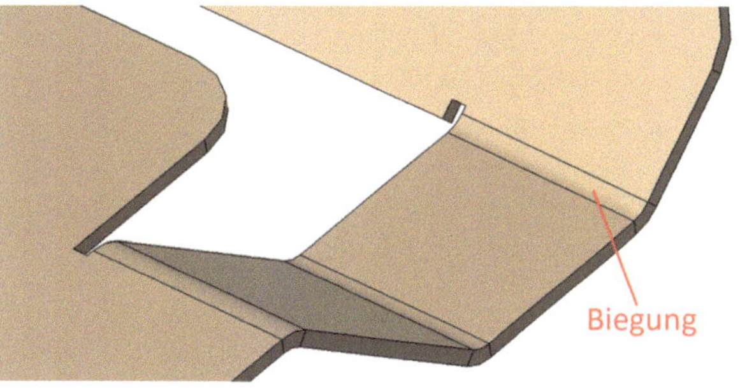

⇨ Als letzter Konstruktionsschritt werden die beiden Wände mit einer Biegung miteinander verbunden. Die Funktion *Biegung* wird selektiert und anschließend die beiden Wandflächen. Im Dialogfenster *Biegungsdefinition* wird mit *Mehr* das Fenster erweitert und der *linke Extremwert* mit dem Typ *Quadratische Kontur* definiert.

Strukturbaum

⇨ Am Ende der Übung können der Strukturbaum und die Abwicklung kontrolliert werden.

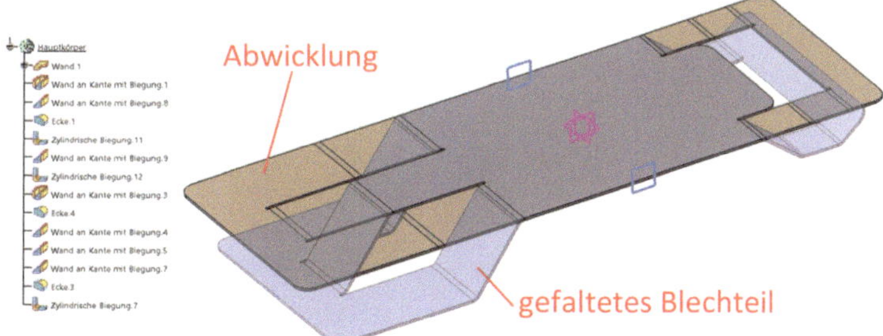

2.15 Flansch und Umschlag

In dem folgenden Unterkapitel wird gezeigt, wie ein Flansch, ein vordefinierter Umschlag oder ein benutzerdefinierter Umschlag erstellt werden können.

2.15.1 Flansch

Mit dem Selektieren der Funktion öffnet sich das Dialogfenster *Flanschdefinition*. In dem Dialogfenster gibt es zwei grundsätzliche Auswahlmöglichkeiten:

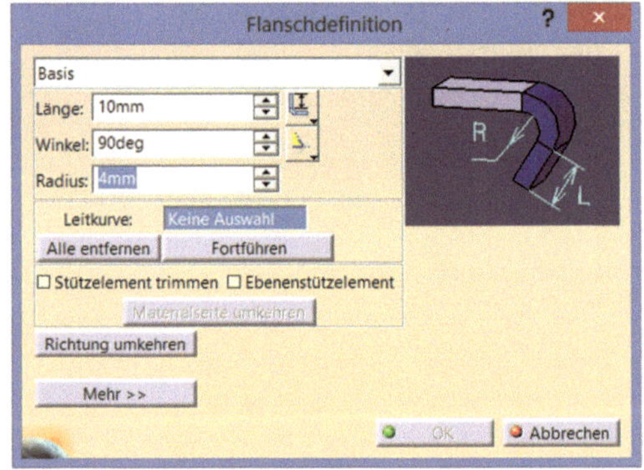

- ***Basis:*** Der Flansch erfolgt entlang der Leitkurve.
- ***Neu begrenzt:*** Für den Flansch wird eine Begrenzung 1 und eine Begrenzung 2 definiert.

Typ: Basis

In der rechten Abbildung im Dialogfenster werden die Parameter anhand einer Skizze beschrieben. Für den Flansch kann eine Länge, ein Winkel und der Radius definiert werden. Für die Längendefinition gibt es weitere vier unterschiedliche Typen.

- Der *Typ der äußeren Länge* definiert die Länge des Flansches an der Außenseite.
- Der *Typ der inneren Länge* definiert die Länge des Flansches an der Innenseite.
- Der *Standardlängentyp* definiert die Länge des Flansches von der Oberkante der Biegung.
- Der *Typ der extrapolierten Länge* definiert die Länge des Flansches von der Schnittkante der beiden Außenflächen.

Hinweis: *Die Funktionsdarstellungen sprechen für sich und werden daher auch nicht mehr weiter erläutert.*

Bei der Winkeldefinition des Flansches unterscheidet man ebenfalls zwei Typen:

- der *Typ des inneren Winkels* 
- der *Typ des äußeren Winkels* 

Um einen Flansch zu erstellen, muss eine Leitkurve definiert werden. Das bedeutet entlang welcher Kurve der Flansch erzeugt werden soll.

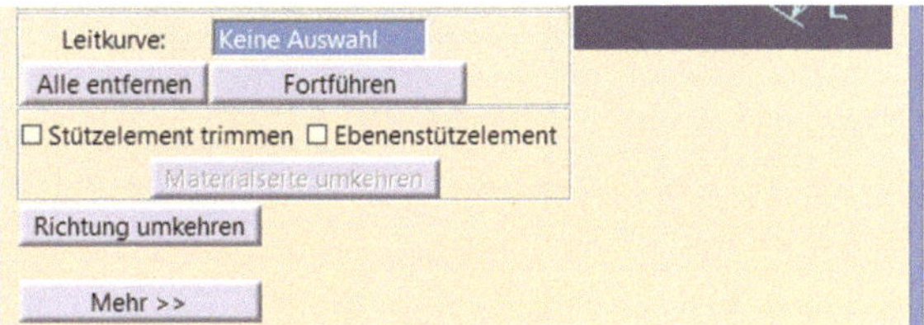

Dazu muss an der Geometrie eine Kurve bzw. Kante selektiert werden.

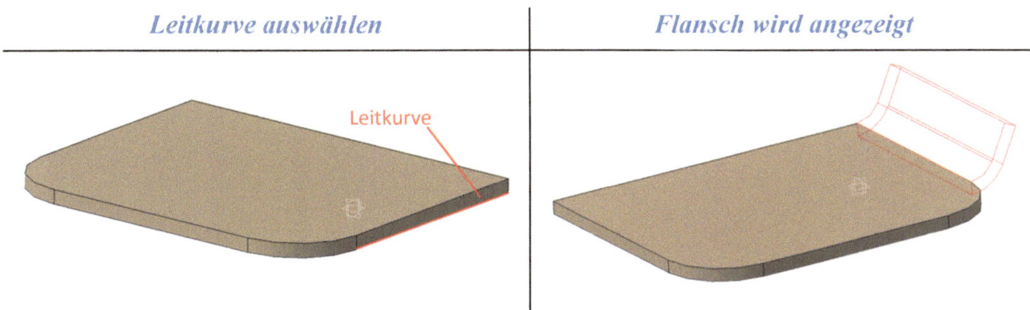

Hinweis: Mit *der Funktion Alle entfernen unterhalb der Leitkurvendefinition im Dialogfenster kann die Kurvendefinition wieder aufgehoben werden. Mit der Funktion Fortführen wird die Leitkurve an allen tangentialen angrenzenden Kurven weitergeführt, wie in der rechten Abbildung.*

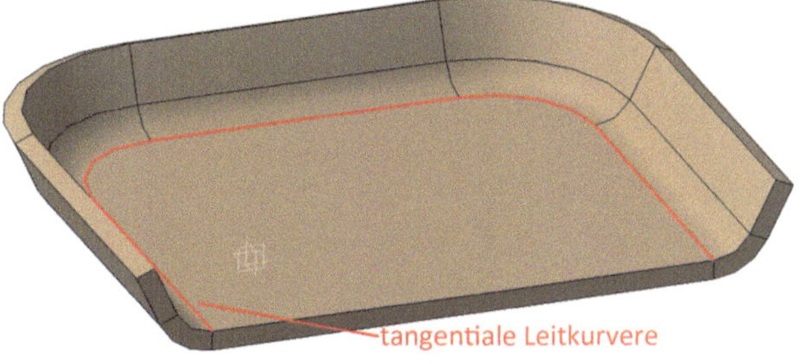

Mit der Funktion *Stützelement trimmen* wird die Außenfläche mit der Leitkurve getrimmt. Der Flansch wird also in die Wand gerückt. Der Unterschied wird in der folgenden Tabelle noch einmal gegenübergestellt.

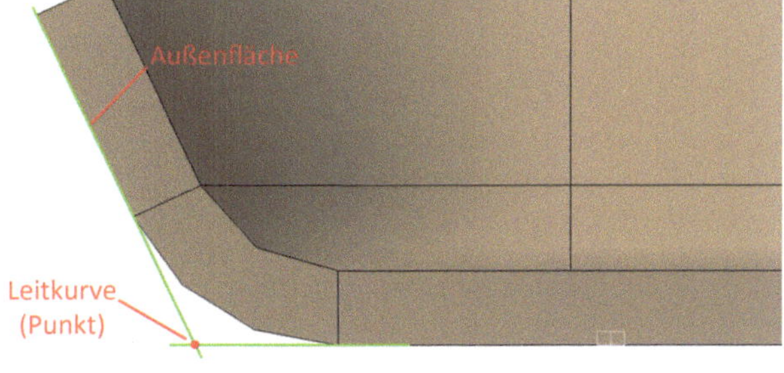

normal	*an Stützelement getrimmt*

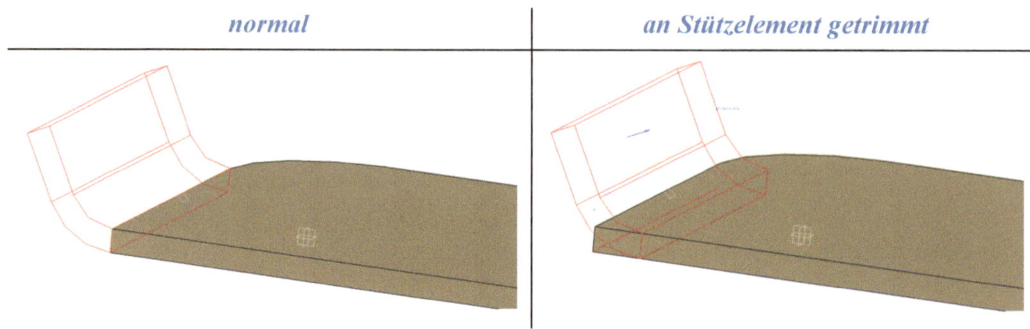

Hinweis: *Bei der Option Stützelement trimmen steht zusätzlich die Option Materialseite umkehren zur Auswahl.*

Die Option *Richtung umkehren* ermöglicht eine Umkehrung der Flanschausrichtung.

standard	*umgekehrt*

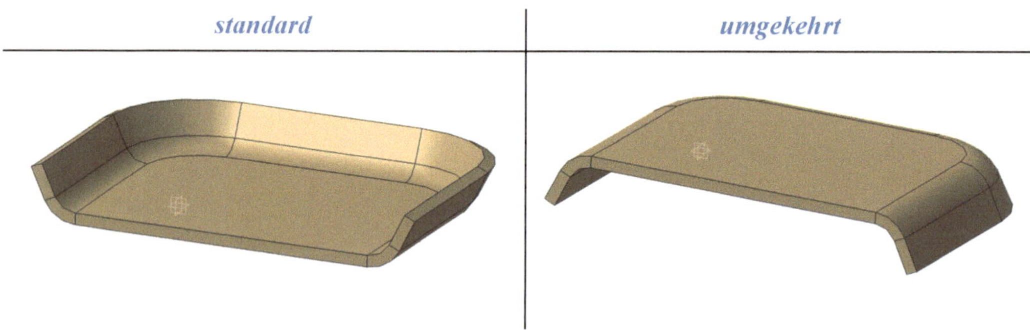

Mit der Funktion *Mehr* kann das Dialogfenster *Flanschdefinition* erweitert werden. Im erweiterten Dialogfenster wird der *K-Faktor* angezeigt bzw. kann über die *rechte Maustaste > Formel > inaktivieren* manuell verändert werden.

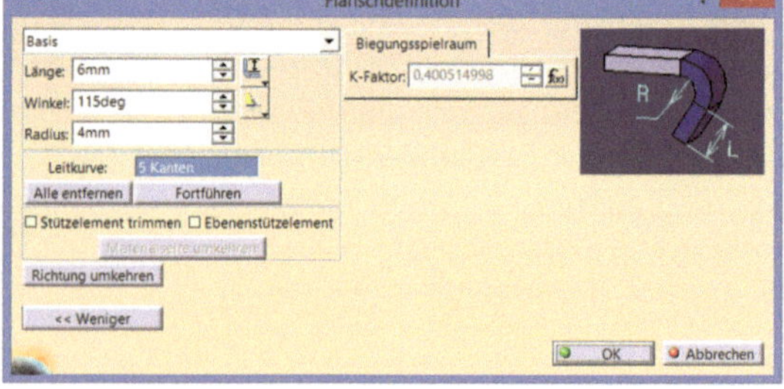

Typ: Neu begrenzt

Die Funktion unterscheidet sich von dem *Typ Basis* nur darin, dass zwei zusätzliche Begrenzungen definiert werden können.

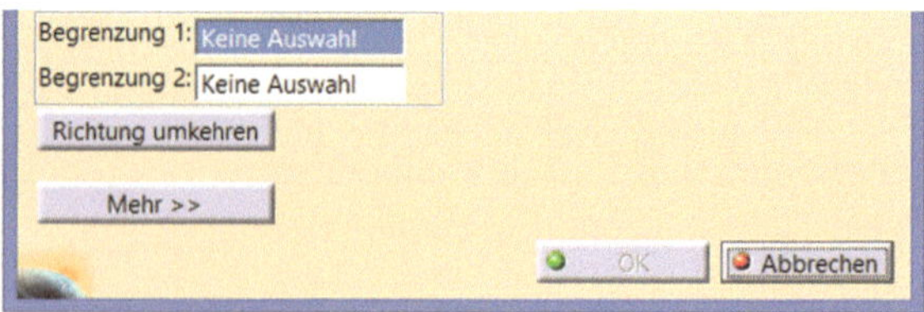

Die Länge des Flansches kann so mit Punkten, Ebenen oder Flächen begrenzt werden. Diese Elemente können direkt im Dialogfenster erzeugt werden. Dazu wird mit der *rechten Maustaste* in das jeweilige Begrenzungsfeld (Aktionsfeld) geklickt und anschließend die Punkt- oder Ebenendefinition durchgeführt. In der rechten Abbildung wird der dargestellte Flansch durch eine Fläche und einem Punkt begrenzt.

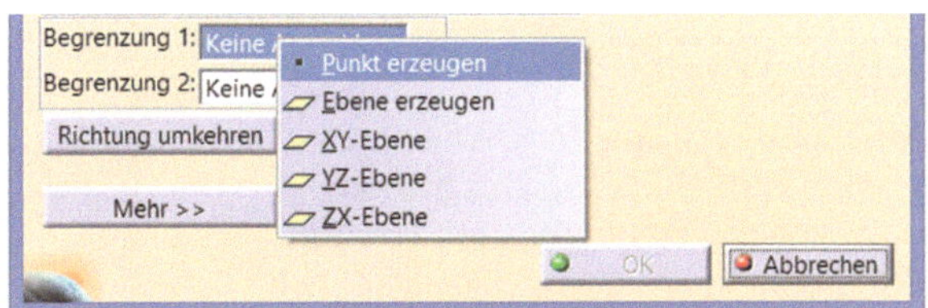

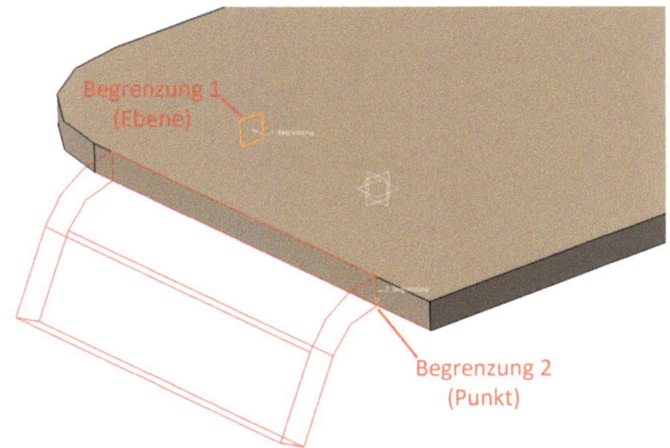

Hinweis: *Alle weiteren Funktionen und Optionen unterscheiden sich nicht vom Basistyp und werden daher nicht mehr erläutert.*

2.15.2 Umschlag

Die Funktion ist ähnlich der Funktion Flansch. Es kann jedoch kein Winkel definiert werden, da dieser mit 180° vordefiniert ist. Es können lediglich die Länge und der Radius definiert werden. Auch bei dieser Funktion *Umschlag* gibt es den Unterschied zwischen einem Basistyp und Begrenzungstyp.

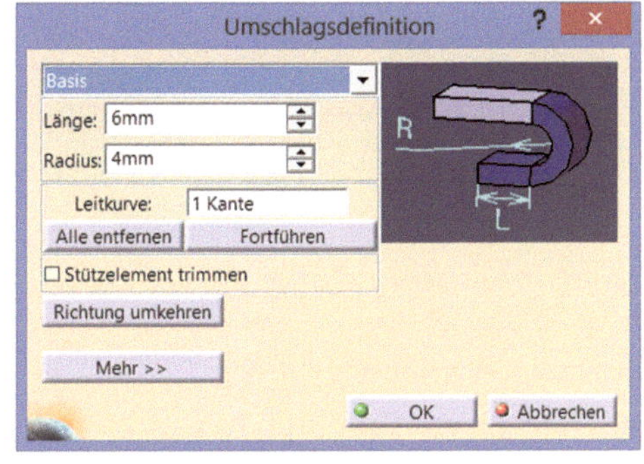

Zum Erstellen des Umschlages muss eine Kante selektiert werden. Sind alle Parameter im Dialogfenster *Umschlagsdefinition* definiert, kann das Fenster mit OK geschlossen werden und der Umschlag wird erzeugt.

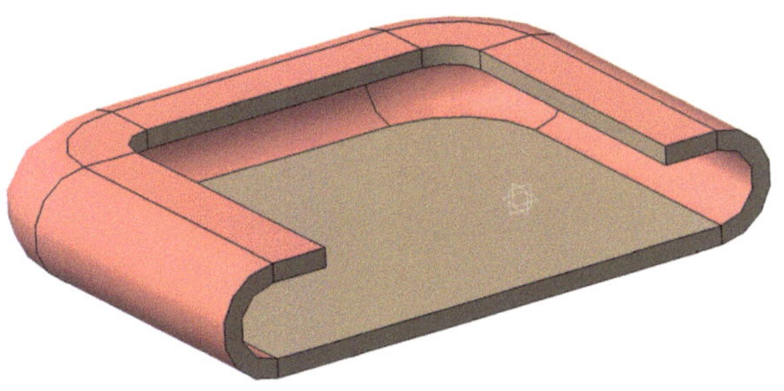

Hinweis: *Alle weiteren Funktionen werden an dieser Stelle nicht weiter erläutert, da sie sich von jenen aus der Funktion Flansch nicht unterscheiden.*

2.15.3 Tropfen

Mit der Funktion *Tropfen* kann ein tropfenförmiger Umschlag erzeugt werden. Im Dialogfenster Tropfendefinition kann die Länge und der Radius definiert werden. Die Funktion unterscheidet ebenfalls wieder zwischen den Typen:

- *Basis*
- *Neu begrenzt* (Begrenzung des tropfenförmigen Umschlages durch Punkt oder Ebene)

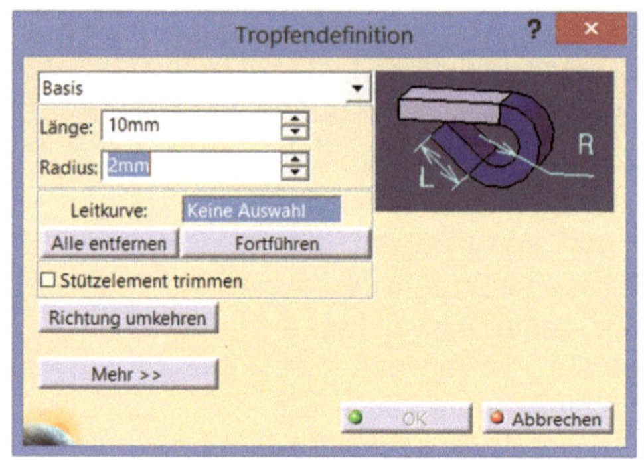

Wie bei den vorigen Funktionen muss auch in diesem Fall wieder eine Leitkurve an der Geometrie selektiert werden.

Leitkurve definieren	*Tropfenförmiger Umschlag*
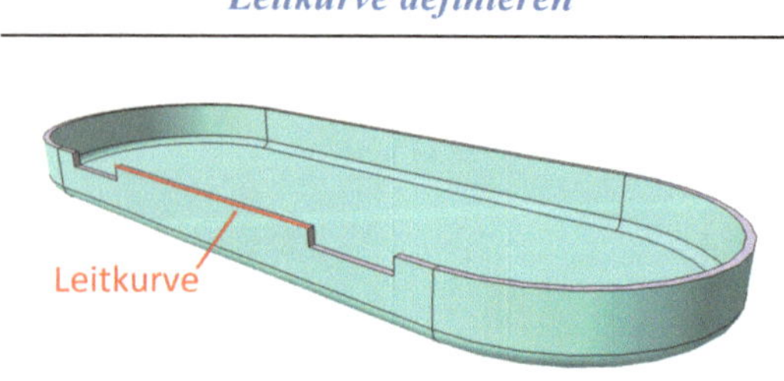	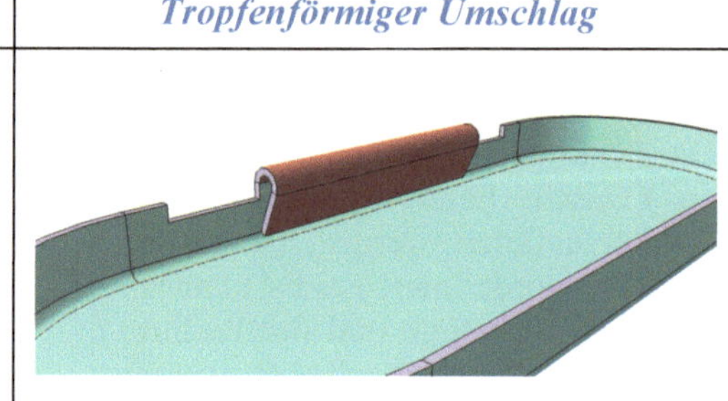

2.15.4 Benutzerdefinierter Flansch 

Mit dieser Funktion ist es möglich ein benutzerdefiniertes Flanschprofil zu erzeugen. Dazu muss die Funktion *Benutzerdefinierter Flansch* selektiert werden. Das Dialogfenster *Benutzerdefinierter Flansch* öffnet sich. Die Funktion unterscheidet ebenfalls die Typen:

- *Basis*
- *Neu begrenzt* (Begrenzung des tropfenförmigen Umschlages durch Punkt oder Ebene)

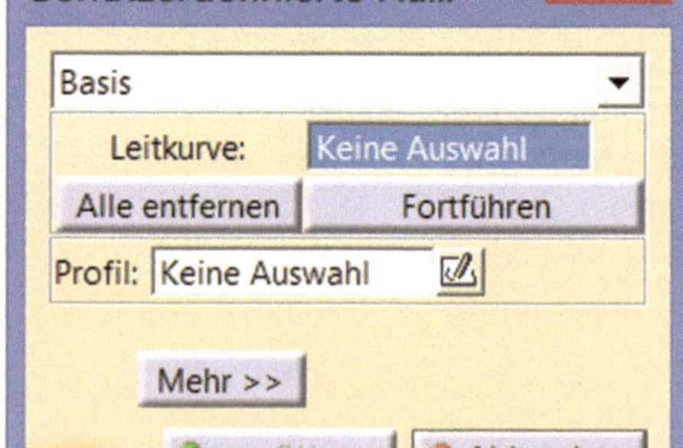

Für den Flansch müssen eine Leitkurve selektiert und eine Profilskizze erzeugt werden. Die Skizze kann direkt im Dialogfenster über die Funktion *Skizze* erstellt werden. Das Profil der Skizze muss dabei immer tangential zur Leitkurve verlaufen. Das gewünschte Querschnittprofil wird konstruiert und die Umgebung *Skizze* verlassen.

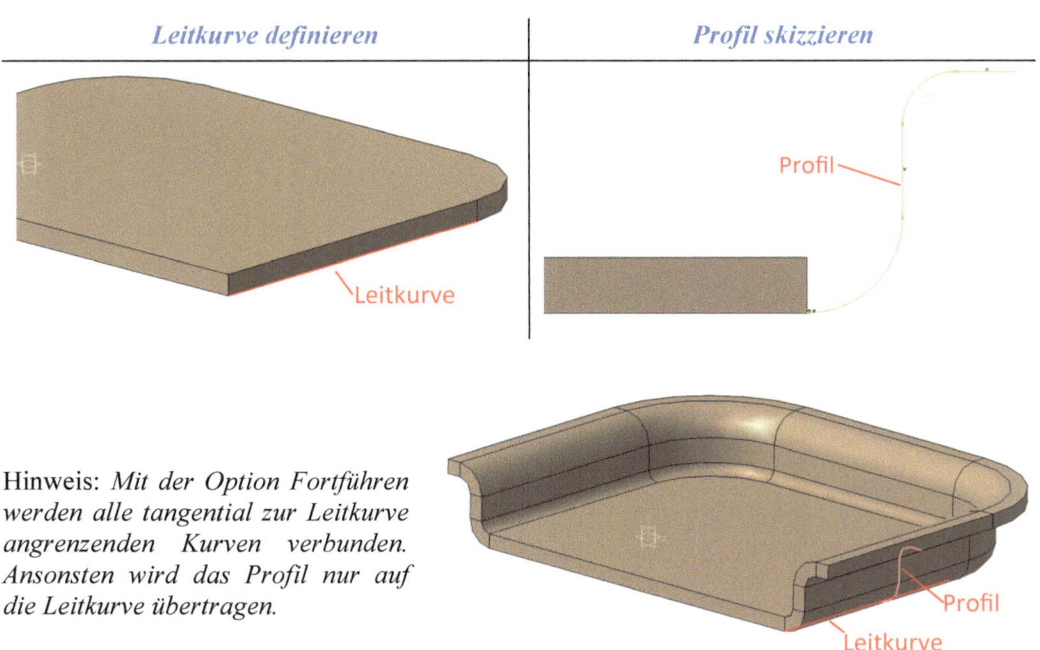

Hinweis: *Mit der Option Fortführen werden alle tangential zur Leitkurve angrenzenden Kurven verbunden. Ansonsten wird das Profil nur auf die Leitkurve übertragen.*

Soll der benutzerdefinierte Flansch begrenzt werden, dann muss der Typ *Neu begrenzt* ausgewählt werden.

In der rechten Abbildung sind jetzt noch einmal die verschiedenen Flanscharten und Umschläge dargestellt.

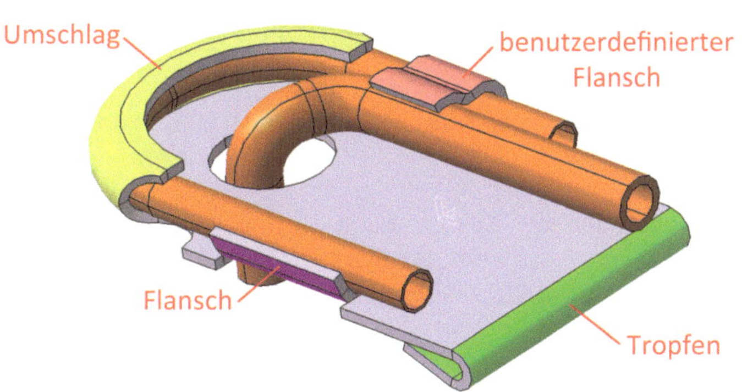

2.15.5 Übung 4 - Riemenschutzhaube

Ziel: In der folgenden Übung wird eine einfache Riemenschutzhaube konstruiert. Das folgende Beispiel zeigt einen Anwendungsfall für die Flanschfunktion. Für die Schutzhaube werden ein Blech mit 3 mm und ein Standardbiegeradius von 4 mm definiert.

Arbeitsumgebung öffnen

⇨ *Start > Mechanische Konstruktion > Generative Sheetmetal Design > Neues Teil öffnen und Parameter (Blechdicke 3 mm und Biegeradius 4 mm) definieren.*

Wand erzeugen

⇨ Auf der *xy-Ebene* wird eine Skizze erzeugt, die wie folgt aussieht. Ist die Skizze fertig wird die Umgebung *Skizze* verlassen.

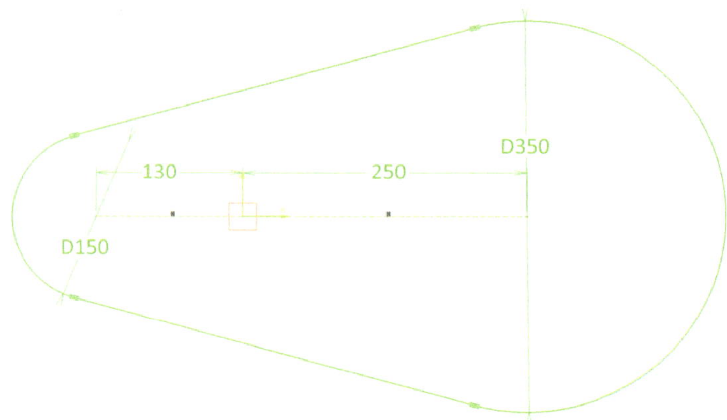

⇨ Mit der Funktion *Wand* wird die Referenzwand des Bauteils erzeugt.

⇨ Nach diesem Schritt kann jetzt der Ausschnitt an dem Blech definiert werden. Er wird wieder in einer *Skizze* konstruiert und anschließend mit der Funktion *Ausschnitt* umgesetzt.

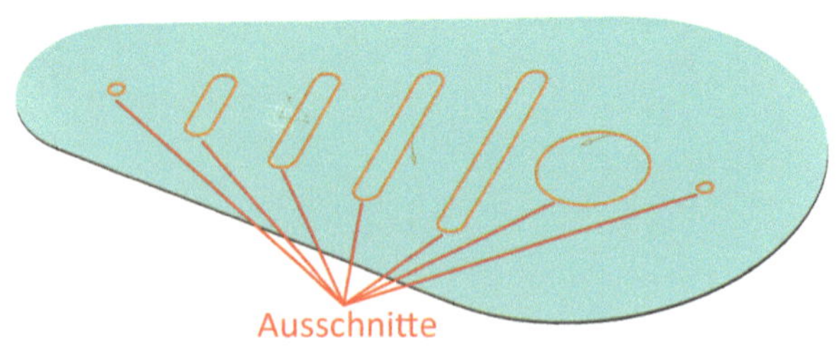

Hinweis: *Die Bemaßung der Skizze für den Ausschnitt kann nach eigenem Ermessen erfolgen.*

Flansch definieren

⇨ Jetzt wird mit der Funktion *Flansch* die aufgebogene rundum Wand (Flansch) erzeugt. Im Dialogfenster *Flanschdefinition* werden eine Länge mit 45 mm, ein Winkel mit 90° und ein Radius mit 15 mm definiert. An der Referenzwand muss eine Kante selektiert werden. Im Dialogfenster wird nach der Selektion die Option *Fortführen* ausgewählt. Nach dem die Kanten alle tangential überlaufen, wird der Flansch hier rundherum ausgeführt. Das Dialogfenster kann mit OK geschlossen werden.

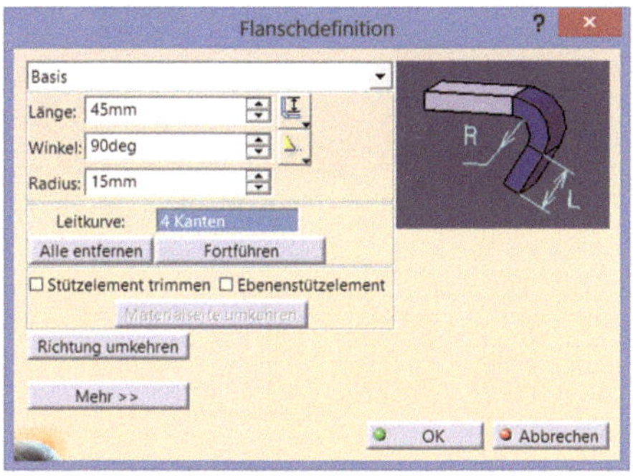

Leitkurve definieren	*erzeugter Flansch*

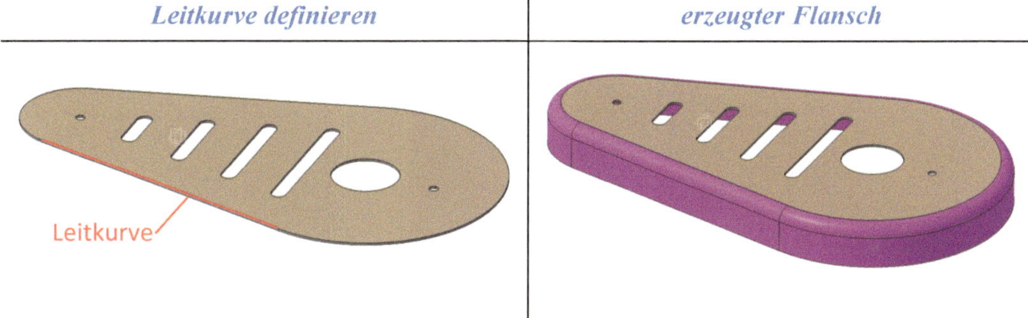

Wand an Kante

⇨ Zum Fixieren der Schutzhaube wird noch eine weitere Wand benötigt. Diese wird einfach mit der Funktion *Wand an Kante* erzeugt. Im Dialogfenster *Definition Wand an Kante* werden die Parameter wie in den folgenden zwei Abbildungen definiert.

Höhe, Winkel, Biegeradius definieren

Extremwerte definieren

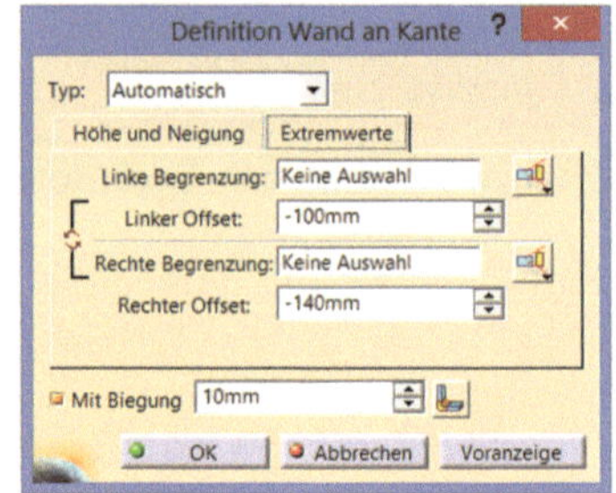

⇨ Mit der Funktion *Biegeparameter* werden im Dialogfenster noch die Biegeextremwerte definiert. Nach der Selektion wird beim linken und rechten Extremwert jeweils der Typ *runde Kontur* 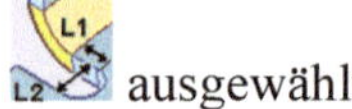 ausgewählt.

Langloch (Ausschnitt) erzeugen

⇨ An der zuletzt konstruierten Wand muss ein Langloch angebracht werden. Dazu wird auf der xy-Ebene eine Skizze erzeugt. Mit der Funktion *Tasche* wird das Dialogfenster geöffnet und die Skizze als Referenz verwendet.

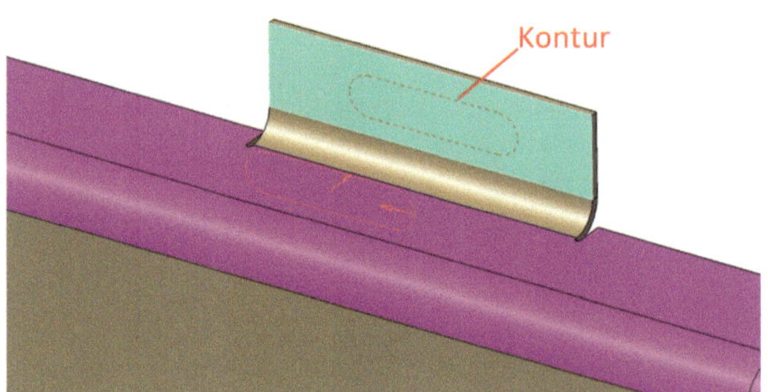

Kanten abrunden

⇨ Mit der Funktion *Ecke* werden die beiden äußeren Kanten wegen Verletzungsgefahr noch mit einem Radius von 10 mm abgerundet.

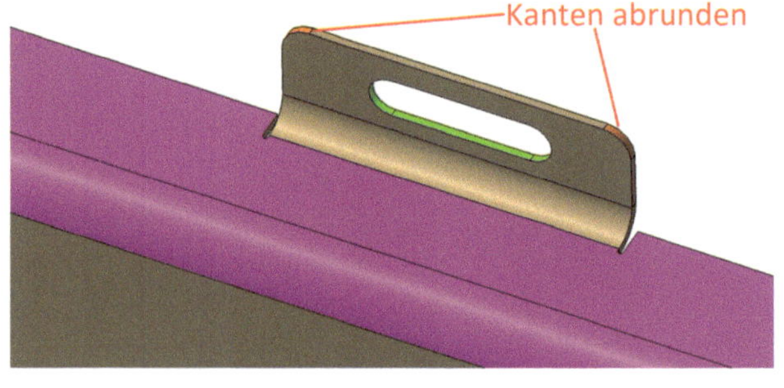

Die Übung ist an dieser Stelle abgeschlossen und das Ergebnis kann an der rechten Abbildung mit dem Strukturbaum verglichen werden.

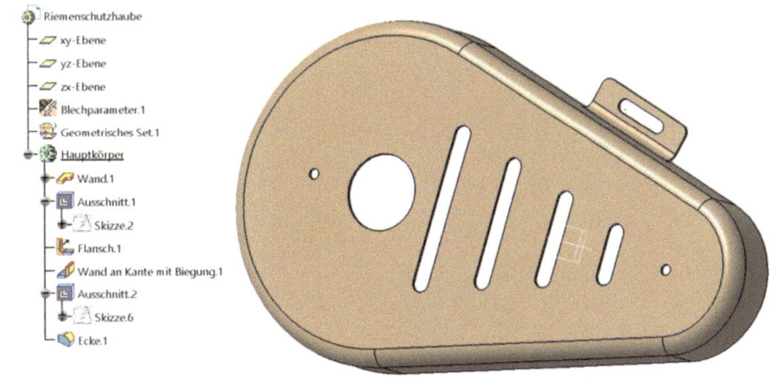

Hinweis: *Der Ausschnitt.1 könnte hier auch gleich in der Skizze der Wand.1 integriert werden. Das erspart einen Arbeitsschritt im Strukturbaum. Für einen besseren Überblick über die verschiedenen Arbeitsmethoden, wurden die Ausschnitte in diesem Fall in einem eigenen Schritt erzeugt.*

2.15.6 Übung 5 - Hebel mit Klemmnabe

Ziel: In dieser Übung wird ein Hebel mit einer Klemmnabe aus einem 4 mm dicken Blech erzeugt. An dem Hebel soll ein Rohr mit einer Schraube M8 geklemmt werden. Auf der anderen Seite des Hebels ist eine Bohrung mit einem Durchmesser von 12 mm zum Befestigen eines weiteren Mechanismus erforderlich.

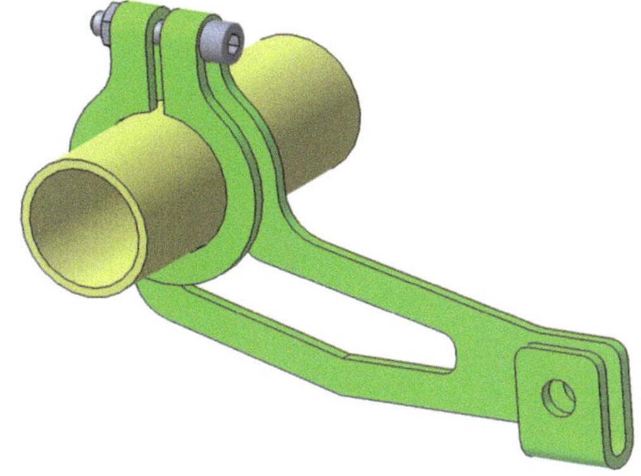

Arbeitsumgebung öffnen

⇨ *Start > Mechanische Konstruktion > Generative Sheetmetal Design > Neues Teil öffnen*

Parameter definieren

⇨ Die Parameter wie Blechdicke (4 mm) und Biegeradius (4 mm) sind zu definieren.

Skelett erstellen

⇨ Bevor mit der Konstruktion begonnen wird, ist es hilfreich ein grobes Skelett zu definiere

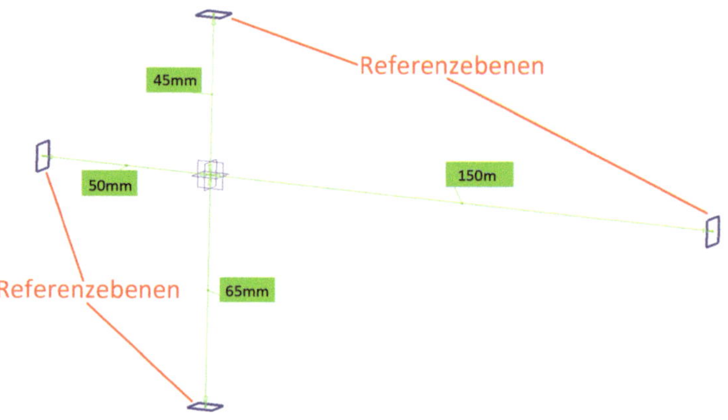

⇨ n. In diesem werden einfach die äußeren Maße des Bauteils mit Ebenen beschrieben. Während der ganzen Konstruktion werden diese Ebenen dann immer wieder als Referenz herangezogen. Es sind vier Ebenen wie in der Abbildung zu erzeugen.

Hinweis: *Durch diese Vorgangsweise verringert sich Abhängigkeit auf eine andere Geometrie (Konstruktion wird stabiler und weniger anfällig bei Änderungen) und des weiteren bietet es den Vorteil, dass die äußeren Maße des Hebels einfach durch die Ebenen gesteuert werden können, ohne dazu in die Skizze eingreifen zu müssen.*

Referenzwand erzeugen

⇨ Im nächsten Schritt wird jetzt die Referenzwand erstellt. Die Ebene *yz-Ebene* wird selektiert und anschließend wird mit der Funktion *Skizze* in den Skizzenmodus gewechselt und ein Rechteck, dessen Außenkontur kongruent zu den Skelettebenen (Referenzebenen) ist, definiert. In der Skizze werden an der rechten unteren Ecke zwei Punkte wie in der Abbildung erzeugt. Diese Punkte sind eine Hilfsgeometrie bzw. Referenz für die weitere Konstruktion und werden daher mit der Funktion *Konstruktions-/Standardelement* erzeugt und danach mit der Funktion *Ausgabekomponente* nach draußen (außerhalb der Skizze) sichtbar gemacht.

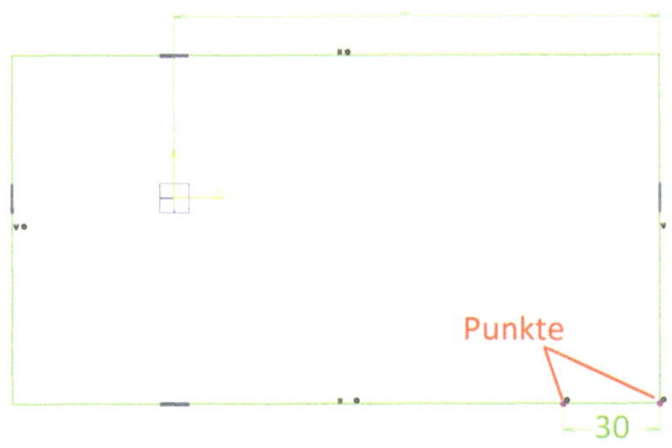

⇨ Die Umgebung wird verlassen und die Wand mit der Funktion *Wand* erzeugt.

Hinweis: *Die vorher definierten Punkte sind jetzt sichtbar und können für weitere Definitionen herangezogen werden.*

Umschlag definieren

⇨ Die Funktion *Umschlag* wird selektiert und im Dialogfenster *Umschlagsdefinition* eine Länge mit 80 mm und ein Radius von 4 mm definiert. Eine Referenzkante an der Wand muss selektiert werden.

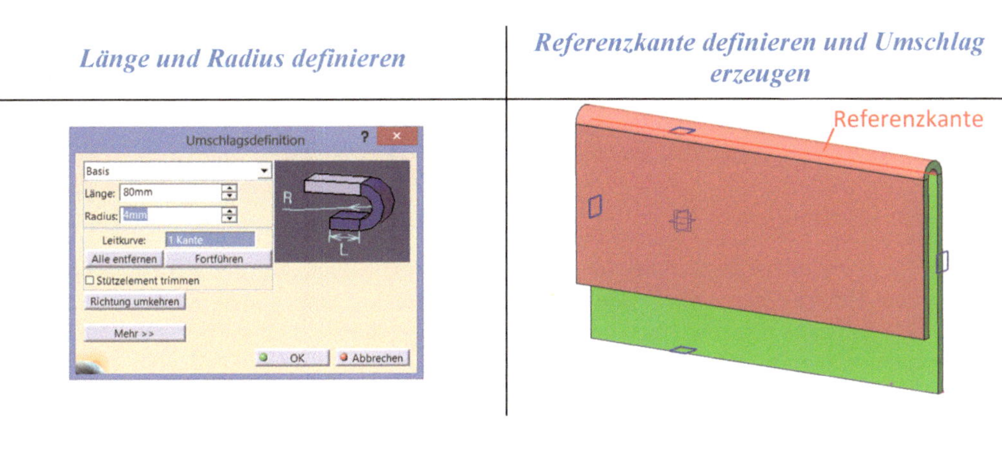

Ausschnitt für Rohr erzeugen

⇨ Auf der *yz-Ebene* wird jetzt eine Skizze für den Rohrausschnitt erstellt. Die Skizze beinhaltet einen Kreis mit einem Durchmesser von 45 mm und ein nach oben weggeführtes Rechteck mit einer Breite von 5 mm. Die Bemaßung ist auf die Referenzebenen zu beziehen.

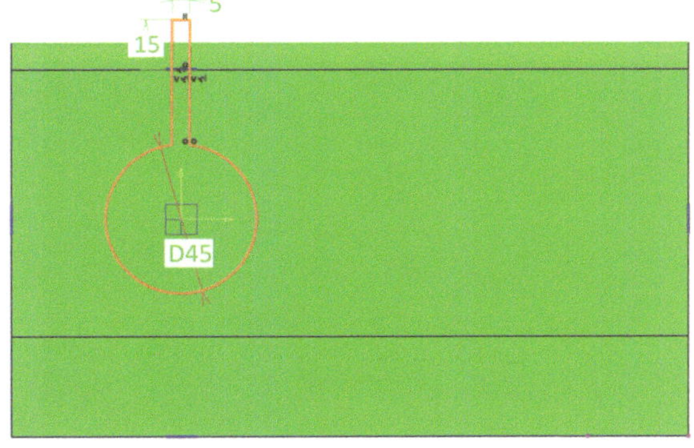

Hinweis: *Die Ausschnittkonturen werden immer einige Millimeter über die Referenzebenen oder Bauteilgeometrie hinaus gezeichnet und schließen nie genau mit dieser ab. Damit sollen Überschneidungsfehler oder Darstellungsfehler verhindert werden.*

Im Anschluss werden mit der Funktion *Ausschnitt* das Dialogfenster geöffnet, die Skizze ausgewählt, die Parameter wie unten in der linken Abbildung definiert und anschließend das Dialogfenster geschlossen.

Skizze auswählen und Parameter definieren	*Fertige Tasche*
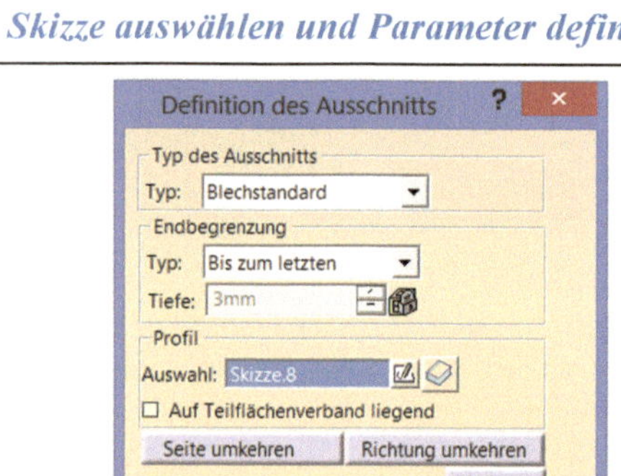	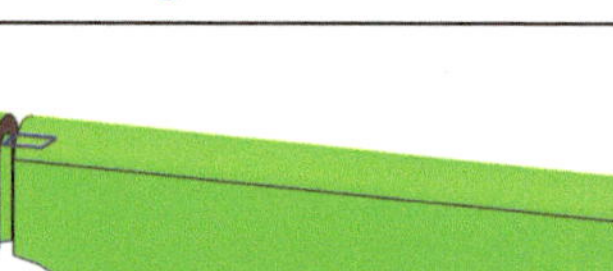

Hinweis: *Wichtig ist der Begrenzungstyp Bis zum letzten, da der Ausschnitt durch beide Wände geführt werden muss.*

Außenkontur erzeugen

⇨ Für die Außenkontur wird ebenfalls wieder eine Skizze auf der *yz-Ebene* konstruiert. Die Außenkontur schließt wie bereits früher erwähnt nicht genau mit der Geometrie des Werkstückes ab, sondern wird immer über diese hinaus konstruiert. Die Parameter für die Ausschnittdefinition sind identisch mit dem vorigen Ausschnitt für das Rohr. Die Tasche wird wieder über beide Wände erzeugt.

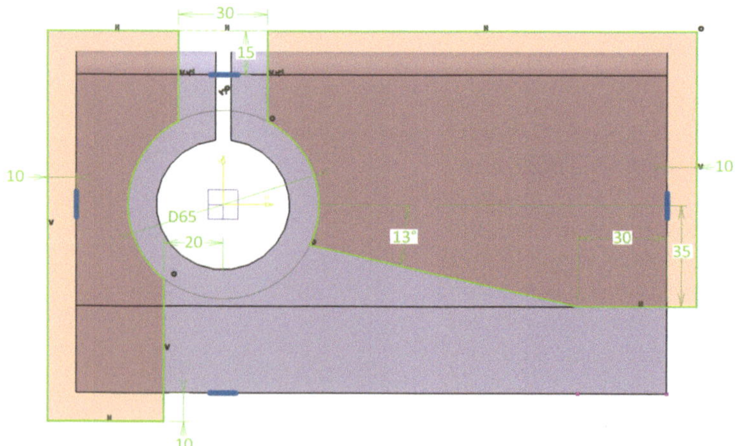

Ecken abrunden

⇨ Mit der Funktion *Ecke* werden die notwendigen Kanten abgerundet. Dazu wird im Dialogfenster ein Radius mit 15 mm definiert. Wie in der rechten Abbildung müssen die sieben Kanten selektiert werden.

Definitionen im Dialogfenster	*selektierte Kanten am Bauteil*
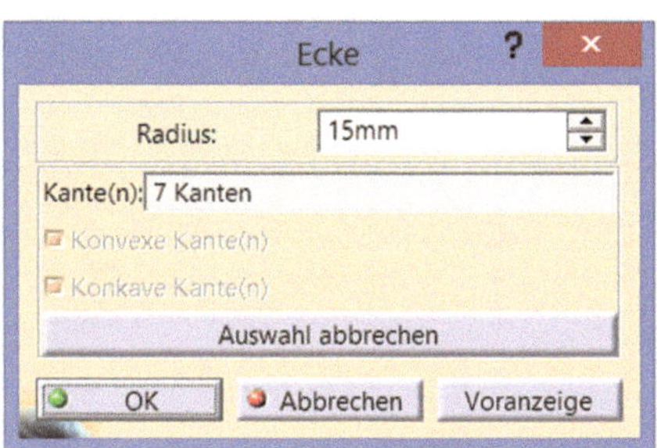	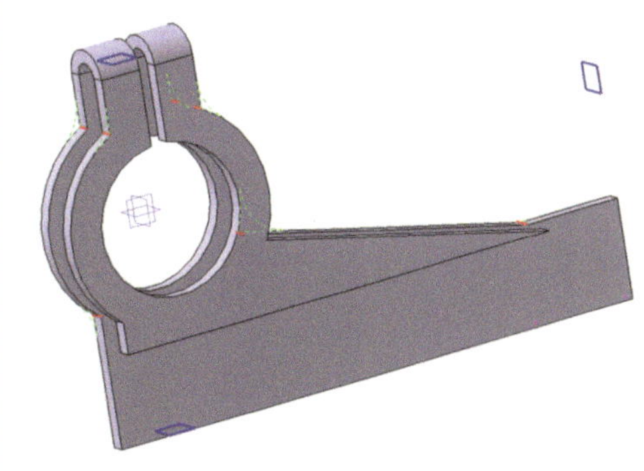

Fase erzeugen

⇨ Mit der Funktion *Fase* wird die Kante an der Unterseite mit 15° und einer Länge von 70 mm abgeschrägt.

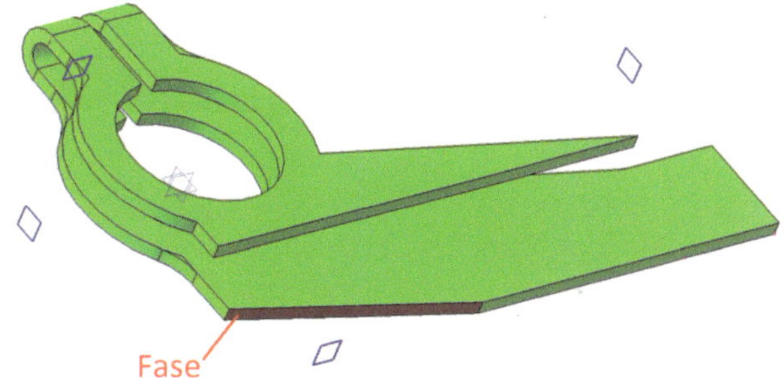

Ecke

⇨ Die Fase wird noch etwas abgerundet, um einen stetigen Verlauf zu erhalten. Der Radius ist 15 mm.

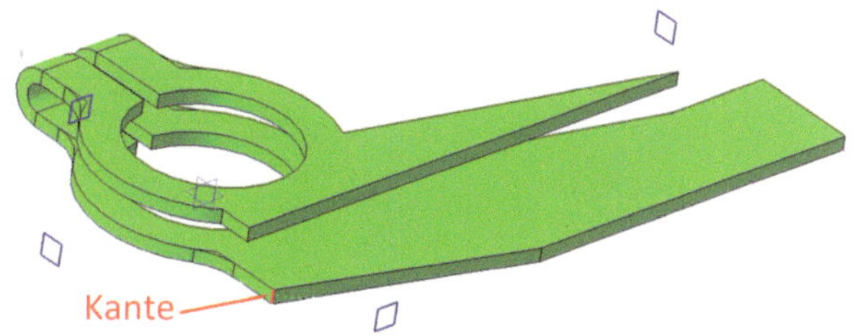

Ausschnitt erzeugen

⇨ Um das Bauteilgewicht zu minimieren, wird noch etwas Material entfernt. Dazu wird wieder auf der *yz-Ebene* eine Skizze wie in der folgenden Abbildung erstellt. Die Skizze bezieht sich teilweise auf die Außenkontur des Hebels. Dazu wird mit der Funktion *3D-Element projizieren* die Kontur als Hilfsgeometrie in die Skizze projiziert und anschließend darauf referenziert.

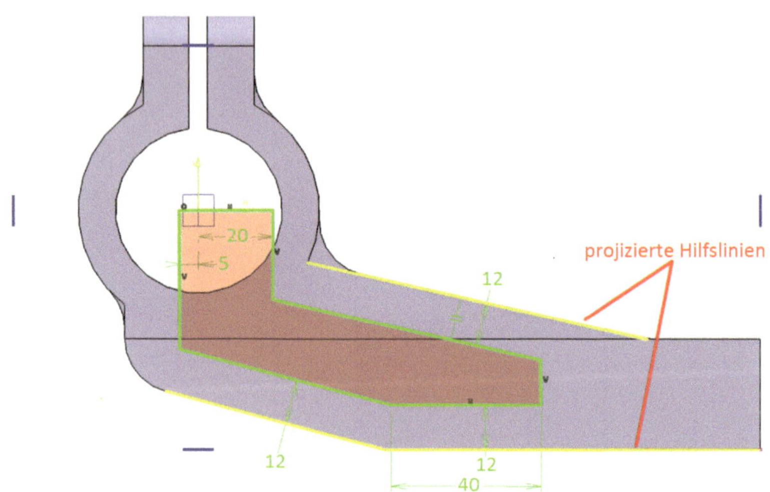

Hinweis: *Projizierte Linien werden immer mit einer gelben Linienfarbe dargestellt.*

⇨ Mit der Funktion *Ausschnitt* wird das Material entfernt. Der Ausschnitt erfolgt diesmal nur auf der Referenzwand und daher wird bei Endbegrenzung der Typ *Bis zum nächsten* ausgewählt.

Kanten abrunden

⇨ Die fünf Kanten im Ausschnitt werden mit einem Radius von 5 mm abgerundet. Das erfolgt mit der Funktion *Ecke* .

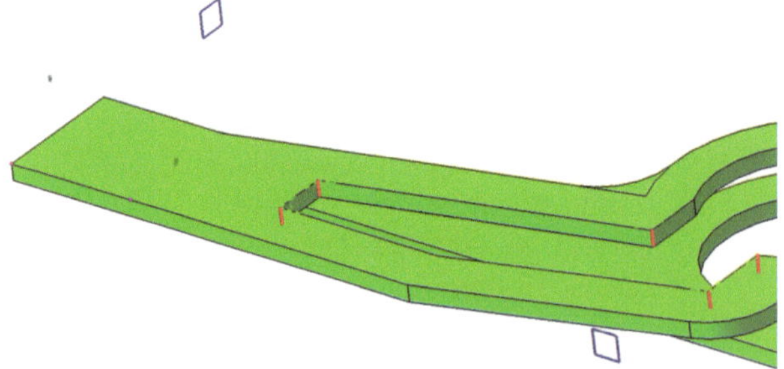

Außenkontur am Umschlag vervollständigen

⇨ Um die Außenkontur am Flansch fertig zu stellen, muss noch ein *Ausschnitt* erzeugt werden. Dazu wird eine Skizze auf der Außenfläche des Umschlages erzeugt. Die Skizze sollte wie in der Abbildung auf der nächsten Seite konstruiert werden.

Hinweis. *Die Referenzebene für den Ausschnitt ist nicht die yz-Ebene, sondern die Außenfläche des Umschlages!*

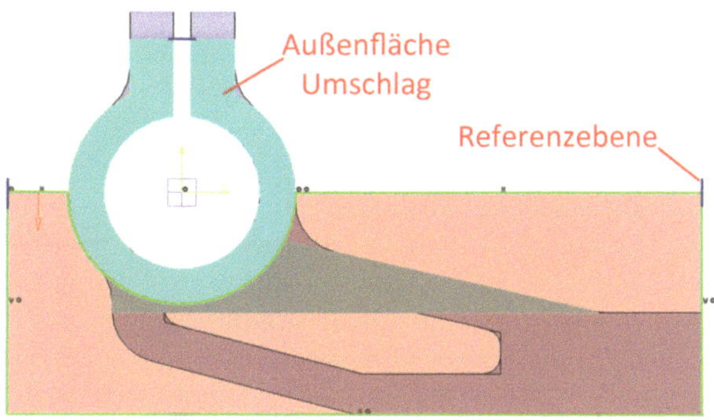

⇨ Die äußere Kontur des Ausschnittes in der Skizze wird auf die Referenzebenen (Skelett) referenziert. Der Ausschnitt bezieht sich nur auf den Umschlag und nicht auf die Referenzwand.

Umschlag erstellen

⇨ Mit der Funktion *Umschlag* wird das Dialogfenster *Umschlagsdefinition* geöffnet. In diesem Fall wird ein Umschlag mit definierten Begrenzungen benötigt. Daher muss der Typ *Neu begrenzt* im Dialogfenster ausgewählt werden. Anschließend wird eine Länge mit 30 mm und ein Radius von 4 mm definiert. An der Geometrie muss die Referenzkante wie in der rechen Abbildung selektiert werden. Als Begrenzungspunkte werden jetzt die zwei Punkte welche am Beginn der Übung in der Skizze für die Referenzwand erstellt wurden, ausgewählt.

Definitionen im Dialogfenster	*Referenzen selektieren*

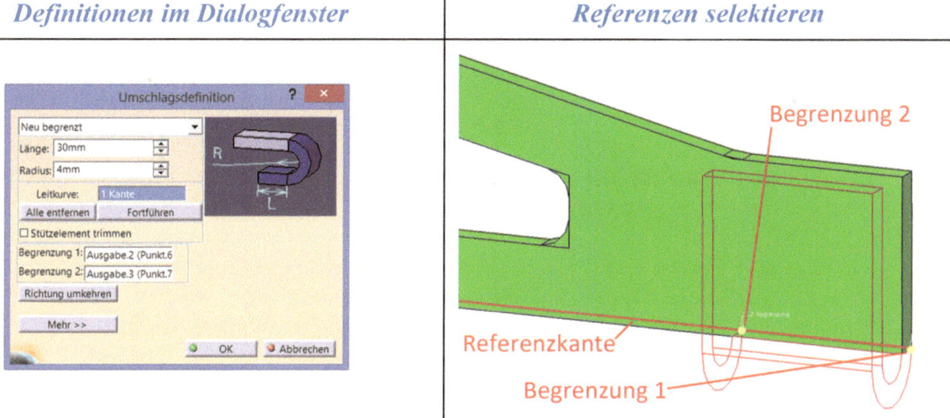

Eckenfreistellung

⇨ An dem letzten Umschlag muss jetzt noch eine Eckenfreistellung konstruiert werden. Dazu wird die Konstruktion mit der Funktion *Falten/Abwickeln* abgewickelt. Anschließend wird die Funktion *Eckenfreistellung* ausgewählt.

⇨ Im Dialogfenster *Eckenfreistellungsdefinition* werden jetzt die zwei Teilflächen selektiert. Anschließend wird durch das Selektieren der Zeile 1 im Dialogfenster und einem *rechten Mausklick* in der Spalte Mittelpunkte ein Kontextmenü geöffnet. In diesem kann die Option *Mittelpunkt hinzufügen* ausgewählt werden. Anschließend wird der zu Beginn der Übung erstellte Referenzpunkt als Mittelpunkt für die Freistellung definiert. Der Radius beträgt 4 mm.

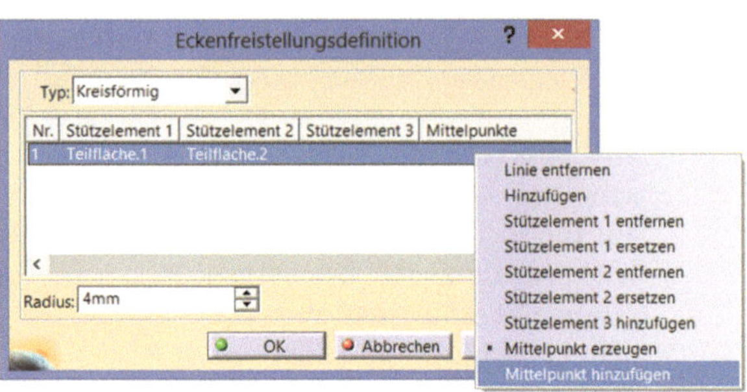

Definitionen im Dialogfenster	*Referenzen selektieren*
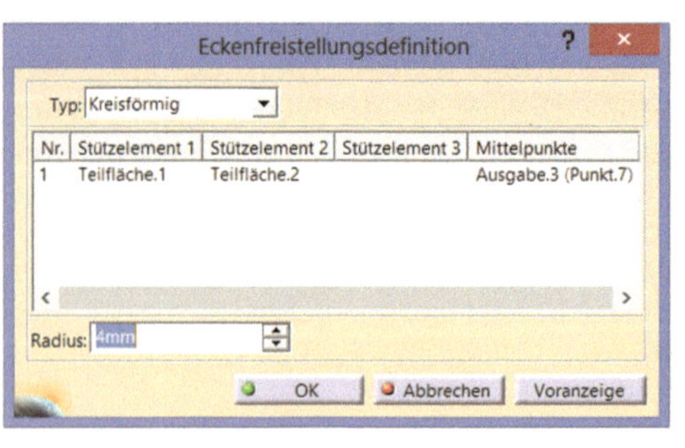	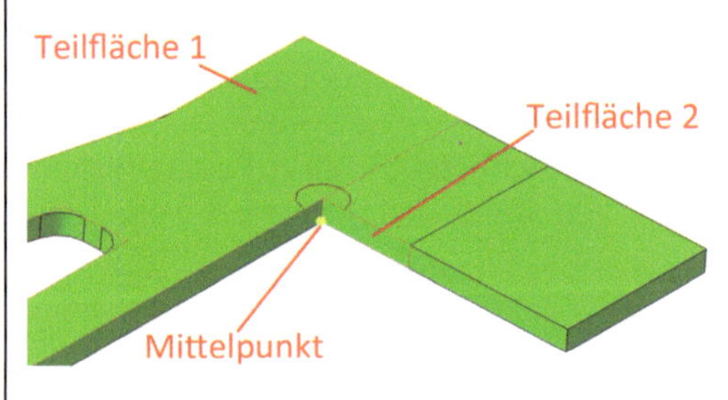

⇨ Nach dem Definieren der Flächen, des Mittelpunktes und des Radius kann das Dialogfenster mit OK geschlossen werden.

Ecken

⇨ Am Umschlag und der Referenzwand werden jetzt noch die letzten Ecken mit einem Radius von 5 mm abgerundet.

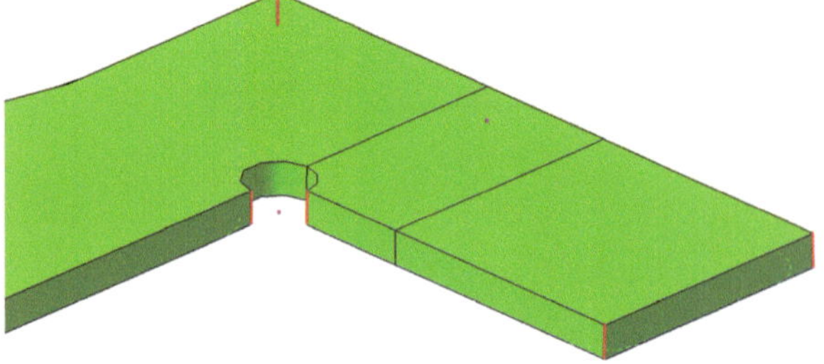

Bohrung definieren

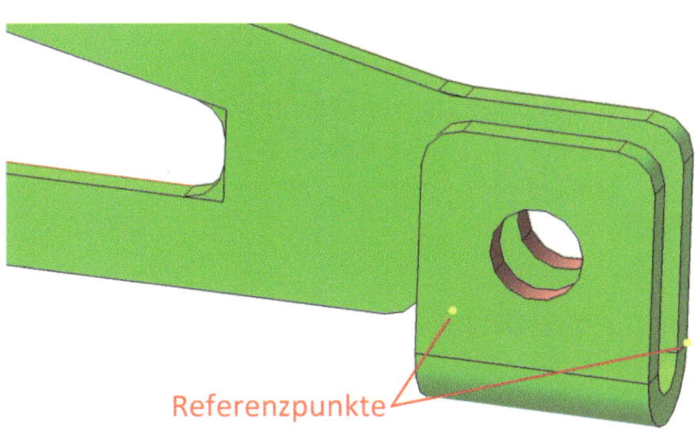

⇨ Die Konstruktion wird mit der Funktion *Falten/Abwickeln* wieder gefaltet. Anschließend ist die Funktion *Bohrung* auszuwählen. Der Mittelpunkt für die Bohrung wird genau in die Mitte der beiden Referenzpunkte und in vertikaler Richtung um 15 mm verschoben, platziert. Als Referenz für die Mittelpunktskizze wird die *yz-Ebene* verwendet. Beim Bohrtyp im Dialogfenster wird *Bis zum letzten* ausgewählt, weil durch die Referenzwand und dem Umschlag gebohrt werden soll.

Mit der folgenden Abbildung kann die Konstruktion und deren Strukturbaum noch einmal kontrolliert werden.

2.16 Gerollte Wand 

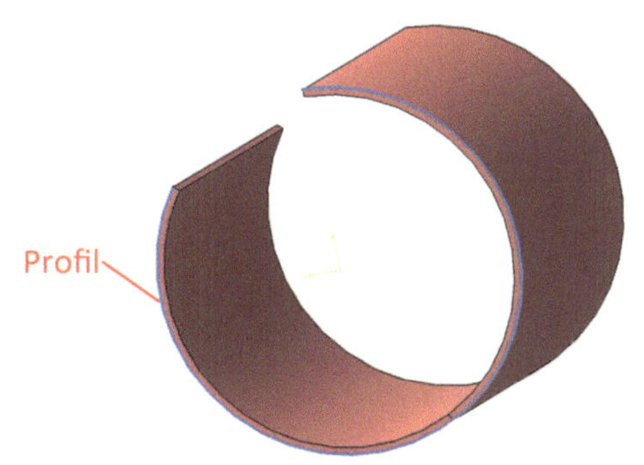

Dieses Unterkapitel beschreibt die Konstruktion von gerollten Blechen, wie zum Beispiel ein Rohr oder eine Schelle. Mit der Funktion *Gerollte Wand* ist es möglich solche Anwendungen im Sheetmal Design zu konstruieren. Wird die Funktion selektiert, öffnet sich das Dialogfenster *Definition der gerollten Wand.* Im Dialogfenster wird ein Profil des gerollten Bleches benötigt. Dazu wird einfach in einer Skizze mit der

Kreisfunktion das Profil des gerollten Bleches konstruiert.

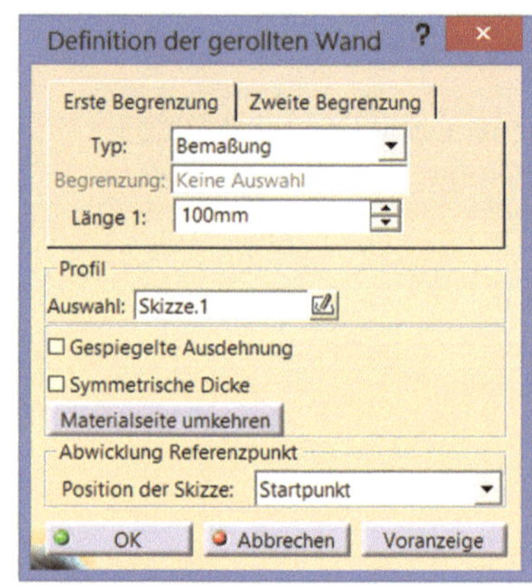

Im Dialogfenster gibt es zwei Begrenzungsmöglichkeiten. Das bedeutet ausgehend von dem Skizzenprofil kann in beide Richtungen eine beliebige Translation (Länge) definiert werden.

Beim Typ wird zwischen folgenden Möglichkeiten unterschieden:

- *Bemaßung* (Die Begrenzung wird durch ein Maß definiert.)
- *Bis Ebene* (Die Begrenzung erfolgt durch eine Ebene.)
- *Bis Fläche* (Die Begrenzung erfolgt durch eine Fläche.)

Bei dem Typ Bemaßung erfolgt die Begrenzung durch die Länge in Millimeter. Bei der Begrenzung durch eine Ebene oder eine Fläche ist das Eingabefeld Länge ausgegraut und im Feld Begrenzung muss die Ebene oder Fläche definiert werden. Die rechte Abbildung zeigt eine gerollte Wand mit zwei Begrenzungen. Ausgehend vom Profil wird für die Begrenzung 1 eine Bemaßung mit 100 mm und für die zweite Begrenzung eine Ebene (grün) definiert.

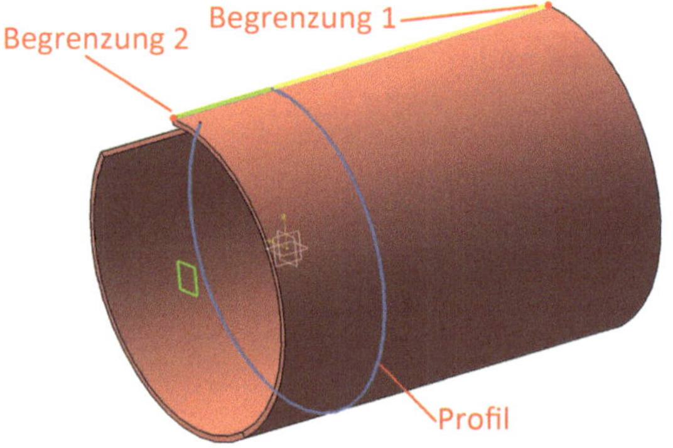

Mit der Option *gespiegelte Ausdehnung* kann die gerollte Wand ausgehend von der Profilebene gespiegelt werden.

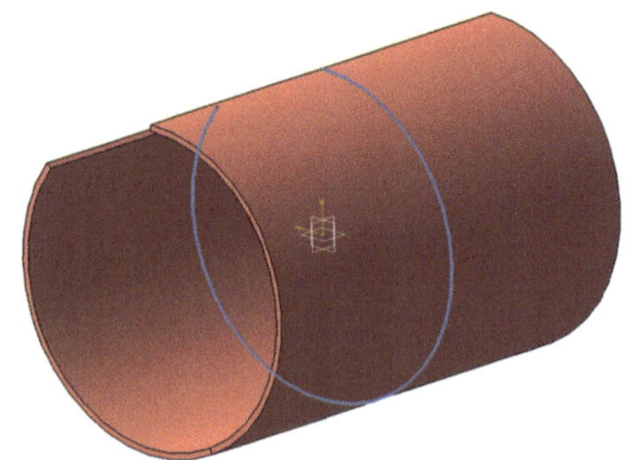

Hinweis: *Die Option ist jedoch nur bei dem Begrenzungstyp Bemaßung verfügbar.*

Die Option *Symmetrische Dicke* ermöglicht es, ausgehend von dem Profil die definierte Blechdicke symmetrisch aufzutragen. Das Profil entspricht dann der neutralen Faser.

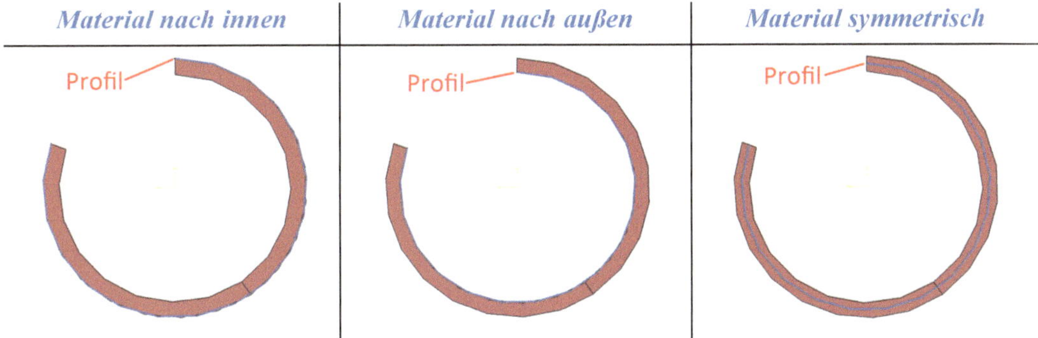

Mit der Option *Abwicklung Referenzpunkt* kann der Referenzpunkt für die Abwicklung definiert werden, das heißt welcher Punkt bleibt fix und welcher wird abgerollt. Je nach Wunsch kann hier zwischen dem Startpunkt, dem Mittelpunkt und dem Endpunkt des Profils ausgewählt werden.

2.17 Extrusion 

Die Funktion *Extrusion* ist vielleicht auch aus dem Flächendesign bekannt. Damit kann ein Profil rechtwinklig zur Skizzenebene extrudiert werden. Im Dialogfenster *Definition der Extrusion* muss ein Profil definiert werden. Weiterhin können zwei Begrenzungen ausgewählt werden. Als Begrenzungstyp stehen folgende Typen zur Auswahl:

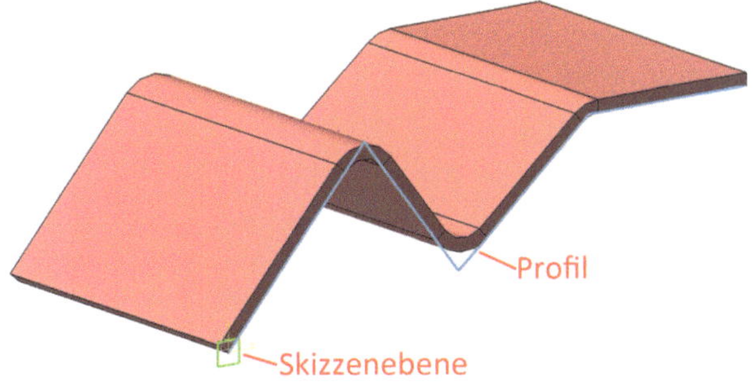

- ***Bemaßung von Begrenzung*** (Die Begrenzung wird durch ein Maß definiert.)
- ***Begrenzung bis Ebene*** (Die Begrenzung erfolgt durch eine Ebene.)
- ***Begrenzung bis Fläche*** (Die Begrenzung erfolgt durch eine Fläche.)

Mit den beiden Funktionen kann die Richtung des Materials definiert werden. Mit der Option *Gespiegelte Ausdehnung* kann die Extrusion ausgehend von der Skizzenebene gespiegelt werden.

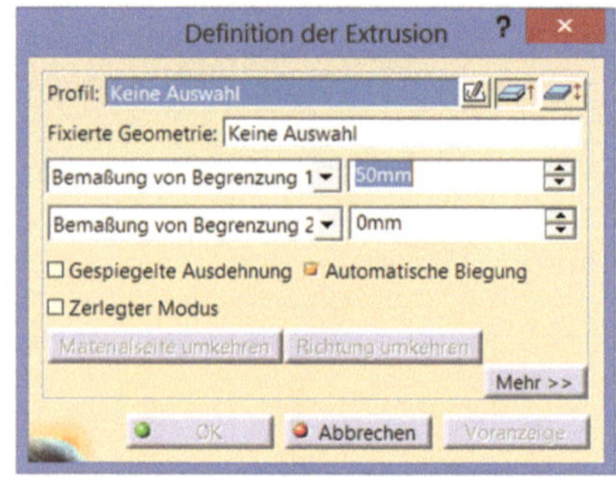

Die Option *Automatische Biegung* fügt automatisch bei einem kantigen Profil eine Biegung hinzu. In der folgenden Tabelle wird der Unterschied zwischen deaktivierter und aktivierter Option gezeigt.

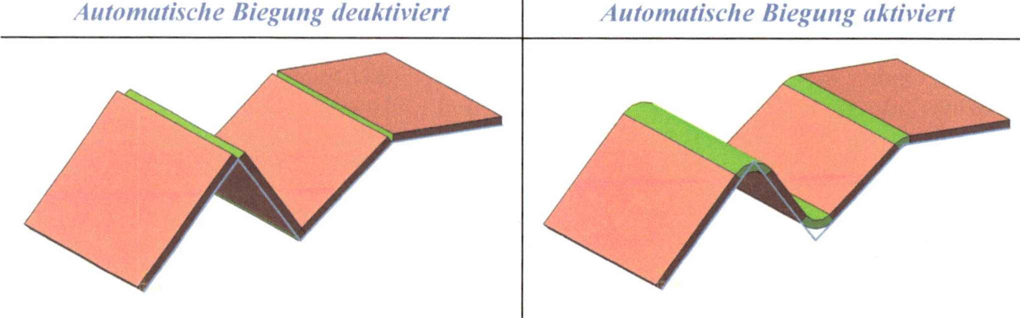

Hinweis: *Als Biegeradius für die Automatische Biegung wird der in den Parametern definierte Radius verwendet.*

Im Normalfall wird die Extrusion im Strukturbaum als ein Element dargestellt. Mit der Option *Zerlegter Modus* wird die Extrusion in einzelne Elemente zerlegt. Diese zerlegten Elemente werden dann im Strukturbaum angezeigt. Die folgende Tabelle zeigt an der gleichen Konstruktion (siehe rechte Abbildung) die Auswirkung der Option *Zerlegter Modus*.

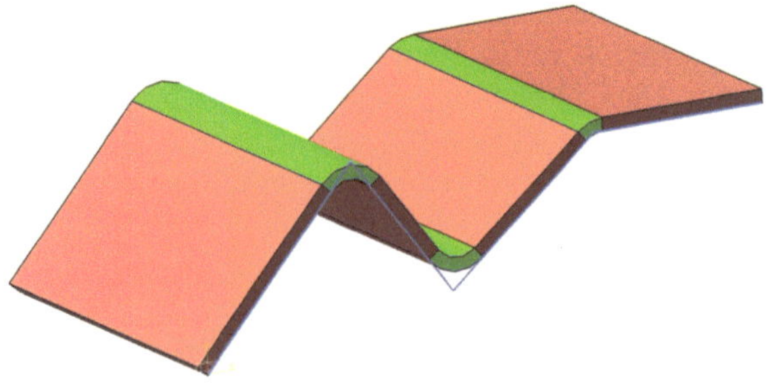

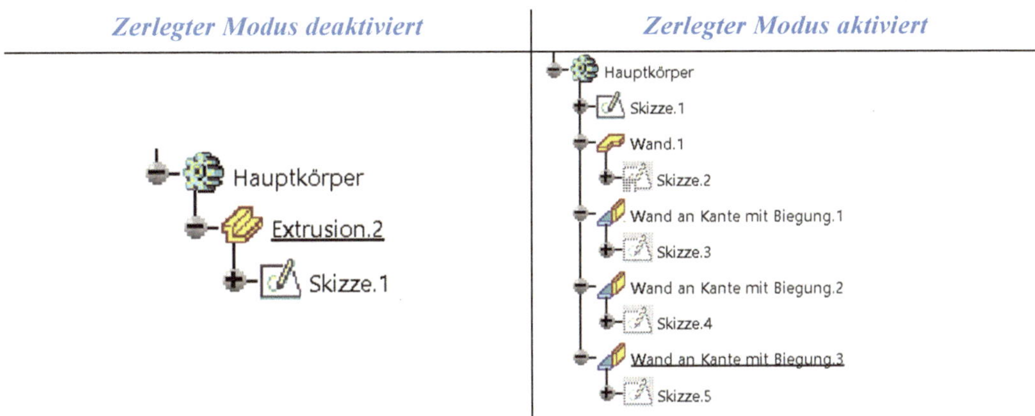

Die Gegenüberstellung in der obigen Tabelle zeigt deutlich, dass die gesamte Extrusion in verschiedene Elemente (in diesem Fall *Wand* und *Wand an Kante*) zerlegt wurde.

Hinweis: *Eine Extrusion wird immer automatisch mit der Biegegeometrie bzw. den angrenzenden Biegeelemente verbunden. Es gibt dazu keine zusätzliche Funktion. Die Extrusion kann nur dann nicht mit der angrenzenden Geometrie verbunden werden, wenn eine Überschneidung oder unstetiger Verlauf vorliegt.*

In der folgenden Tabelle ist das grün dargestellte Zwischenelement eine Extrusion, einmal mit einem tangentialen Übergang an die angrenzenden Elemente und einmal ohne. Dort wo kein stetiger Übergang herrscht oder eine Überschneidung vorliegt, kann die Extrusion nicht mit der angrenzenden Wand verbunden werden. Daraus folgt, dass wenn die Konstruktion abgewickelt oder gefaltet werden soll, dies auf Grund nicht verbundener Elemente nicht möglich ist.

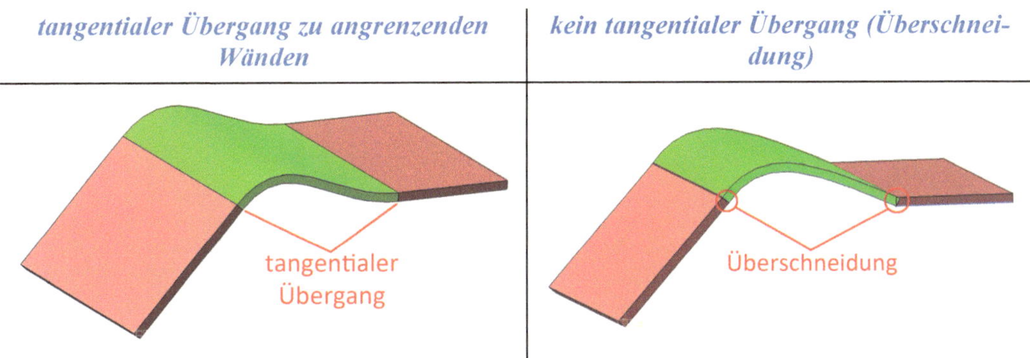

2.17.1 Übung 6 - Schelle

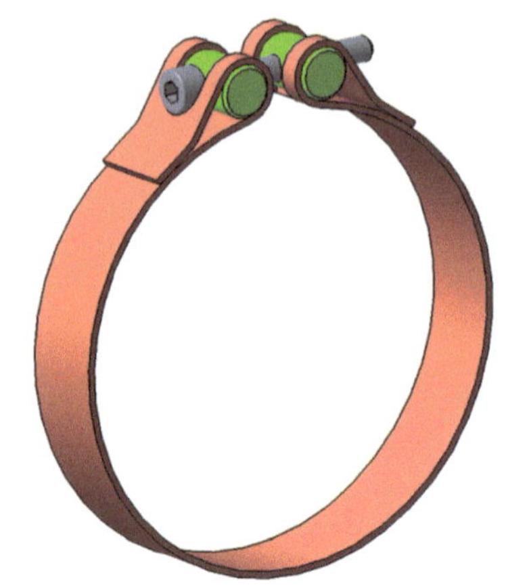

Ziel: In der folgenden Übung wird eine Schelle konstruiert. Diese Übung ist die praktische Arbeit zum Unterkapitel *Gerollte Wand* und *Extrusion*. Die Schelle besteht aus einem 26 mm breiten und 2 mm dicken gerollten Blechstreifen. Der Mindestbiegeradius beträgt 4 mm. Für die beiden Laschen an der Oberseite der Schelle werden in der Übung zwei verschiedenen Konstruktionsmöglichkeiten gezeigt.

Arbeitsumgebung öffnen

⇨ *Start > Mechanische Konstruktion > Generative Sheetmetal Design > Neues Teil öffnen.*

Parameter definieren

⇨ In den Parametern wird die Blechdicke mit 2 mm und einem Biegeradius von 4 mm definiert.

Skizze für gerollte Wand erzeugen

⇨ Im nächsten Schritt wird jetzt das Profil des gerollten Bleches auf die yz-Ebene konstruiert. In diesem Fall handelt es sich um einen offenen Kreis mit einem Durchmesser von 140 mm und einem symmetrischen Öffnungswinkel von jeweils 10°.

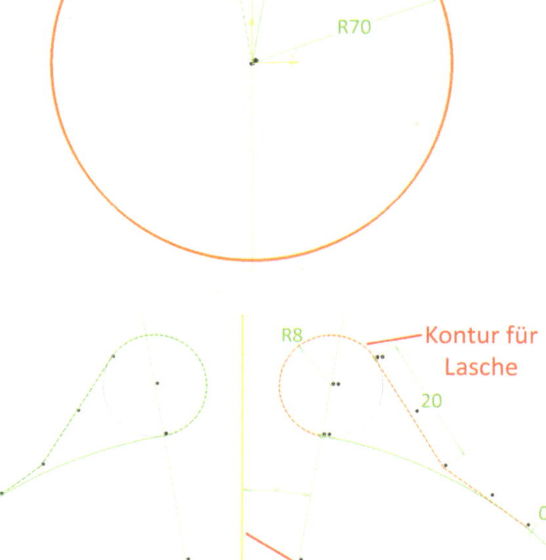

⇨ Nachdem die beiden Laschen an der Oberseite der Schelle an dem offenen Kreis anschließen, werden diese ebenfalls gleich in dieser Skizze erzeugt. Sie werden jedoch nur als Hilfsgeometrie konstruiert. In der Skizzenumgebung muss dazu die Funktion *Konstruktions-/Standardelement* selektiert werden. Im Anschluss kann die Kontur für die beiden Laschen direkt an dem offenen Kreis fortgesetzt werden. Die Maße dazu sind aus der vorigen rechten Abbildung zu entnehmen. Die Kontur wird einmal gezeichnet (in diesem Fall rechts) und anschließend um die Symmetrielinie gespiegelt. Damit die Hilfskontur nach außen sichtbar wird, muss diese mit der Funktion *Ausgabekomponente* noch ausgegeben werden.

Hinweis: *Durch diesen Vorgang ist jetzt bereits die nötige Kontur für die Laschen als Hilfskonstruktion erstellt und ausgegeben worden. Nach dem es sich um eine Hilfskonstruktion handelt, wird diese für die gerollte Wand nicht herangezogen, sondern lediglich der Kreis. Der Vorteil liegt darin, dass sich die gesamte Profilkonstruktion der Schelle in einer Skizze befindet.*

⇨ Ist die Skizze fertiggestellt, wird die Skizzenumgebung verlassen und die Funktion *Gerollte Wand* selektiert. Darauf wird die Skizze selektiert und die Parameter werden wie in der folgenden Tabelle im Dialogfenster definiert. Die Konstruktion wird symmetrisch aufgebaut und daher muss die Option *Gespiegelte Ausdehnung* im Dialogfenster aktiv gesetzt werden.

Gerollte Wand erzeugen	*Parameter für gerollte Wand definieren*

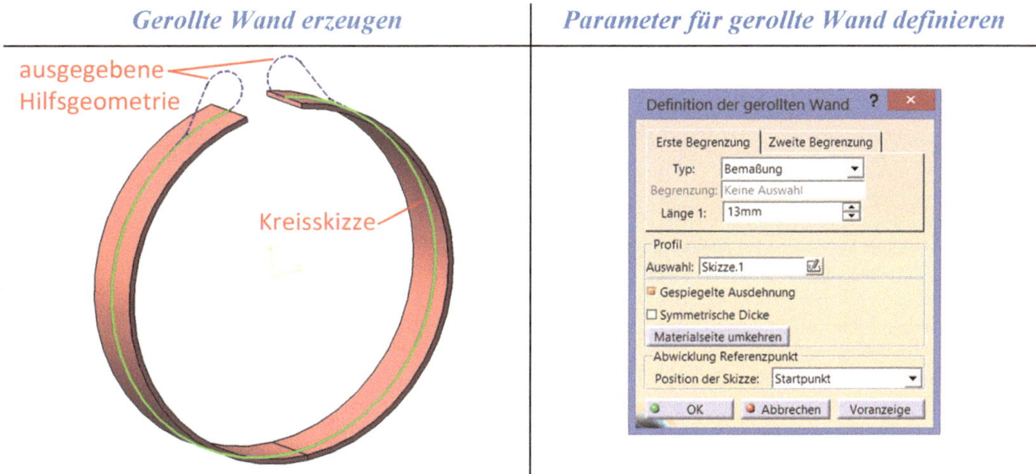

Hinweis: *Für die beiden Laschen an der Oberseite der Schelle gibt es zwei verschiedene Lösungswege. Daher unterscheidet sich die Vorgangsweise (Funktion) an der rechten Lasche von der linken. Das Ergebnis ist am Ende jedoch das gleiche.*

Rechte Lasche erzeugen

⇨ Diese Lasche wird mit der Funktion *Benutzerdefinierter Flansch* erstellt. Im Dialogfenster wird jetzt die Funktion *Skizze* ausgewählt und anschließend die *yz-Ebene* selektiert. Jetzt wird die früher ausgegebene Hilfsgeometrie der rechten Lasche selektiert. Es müssen alle drei Elemente (Kreis und zwei Linien) selektiert werden. Anschließend ist die Funktion *3D-Elemente projizieren* zu selektieren. Die selektierte Geometrie wird in die Skizze projiziert und ist assoziativ zur Hilfskonstruktion. Die beiden Linien werden in ihrem Schnittpunkt mit einem Radius von 10 mm abgerundet.

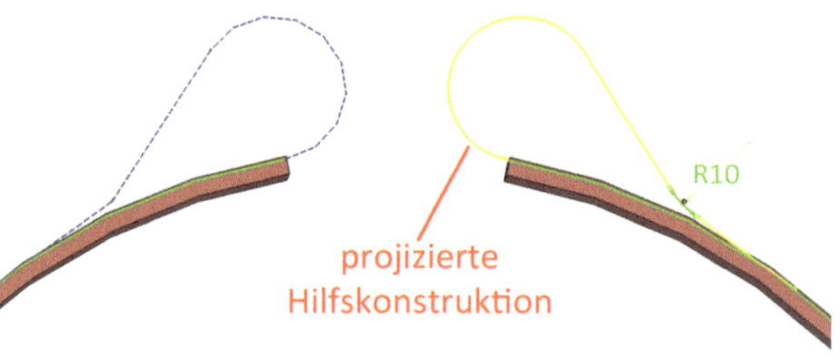

Hinweis: *Die Abrundung ist in diesem Fall erforderlich, um einen stetigen Verlauf zu erzeugen. Ansonsten könnte man die Funktion Benutzerdefinierter Flansch nicht ausführen.*

Leitkurve und Profil auswählen	*Dialogfenster Benutzerdefinierter Flansch*

⇨ Das Dialogfenster wird mit OK geschlossen und der Flansch erzeugt.

Zweite Lasche erzeugen

⇨ Der zweite Lösungsweg für die Lasche ist die Funktion *Extrusion*. Mit dem Selektieren der Funktion öffnet sich das Dialogfenster *Definition der Extrusion*. Im Dialogfenster wird mit der Funktion *Skizze* die Umgebung gewechselt. Als Referenzebene für die Skizze wird ebenfalls wieder die *yz-Ebene* selektiert. Wie früher schon beschrieben, muss die Hilfsgeometrie mit der Funktion *3D-Elemente projizieren* in die Skizze projiziert werden. In diesem Fall wird jedoch kein Radius im Schnittpunkt der beiden Linien benötigt.

Hinweis: *Im Gegensatz zur Funktion Benutzerdefinierter Flansch muss der Verlauf bei der Extrusion nicht stetig sein. Die Extrusion rundet Ecken automatisch mit dem in den Parametern definierten Biegeradius ab.*

⇨ Die Skizzenumgebung wird verlassen und im Dialogfenster werden noch die Begrenzungen definiert. In diesem Fall wird die Extrusion gespiegelt und mit *dem Modus Automatische Biegung* erzeugt. Die Begrenzung für die Extrusion beträgt 13 mm. Das ergibt im gespiegelten Modus eine Breite von 26 mm.

Profil projizieren

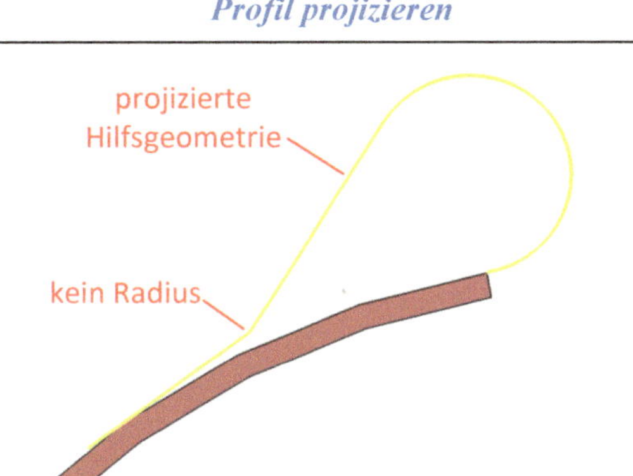

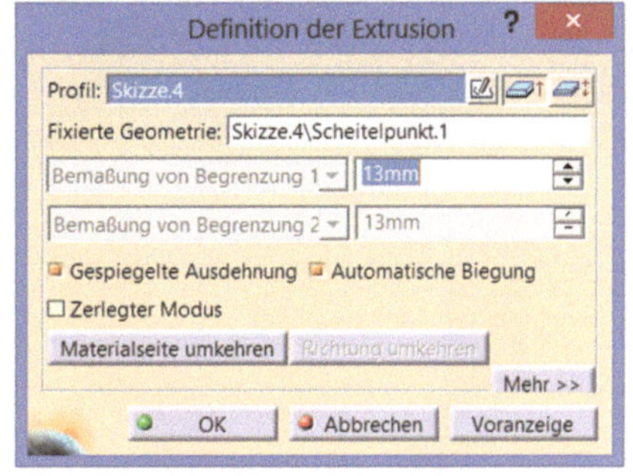

⇨ Nach den Definitionen im Dialogfenster kann dieses mit OK geschlossen werden. Die Extrusion wird erzeugt. Das Ergebnis ist identisch. Nur der Biegeradius unterscheidet sich in diesem Fall mit 4 mm, weil die Extrusion auf den definierten Radius in den Parameter zurückgreift und beim benutzerdefinierten Flansch ein Radius mit 10 mm in der Skizze konstruiert wurde.

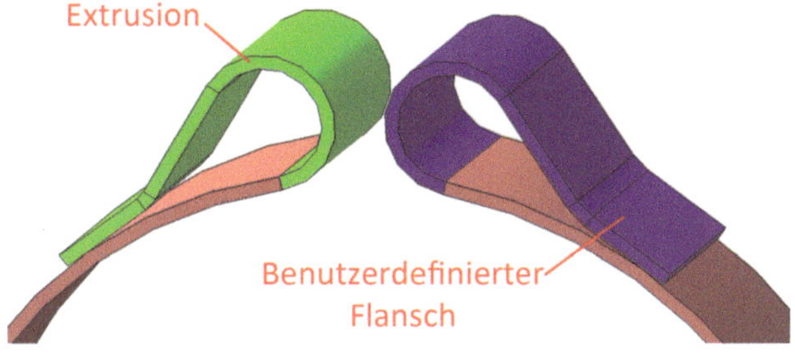

Ausschnitt erzeugen

⇨ An den beiden Laschen muss noch ein Ausschnitt erzeugt werden. Die Skizze für den Ausschnitt wird auf der xy-Ebene wie in der rechten Abbildung definiert.

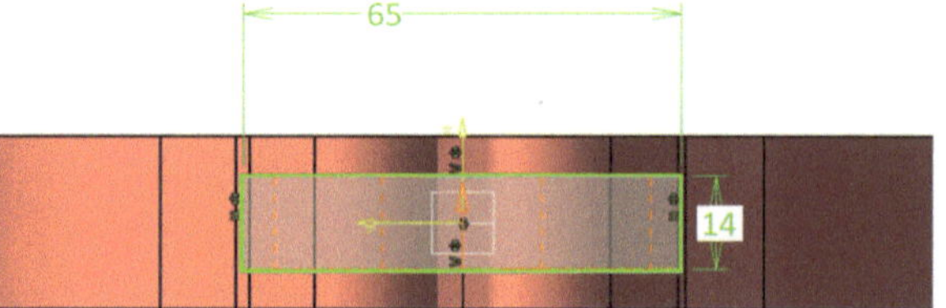

⇨ Mit der Funktion *Ausschnitt* wird der Ausschnitt erzeugt. Die Skizze und die Parameter im Dialogfenster werden wie in der folgenden Tabelle definiert.

Ausschnitt erzeugen	*Parameter für Ausschnitt definieren*
Ausschnitt Skizze	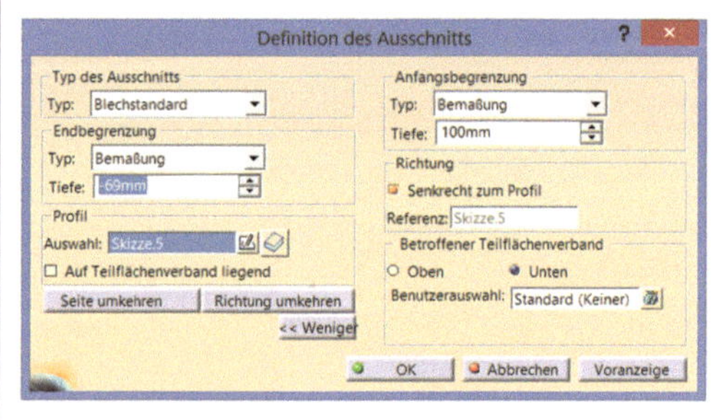

Kanten abrunden

⇨ Zum Schluss wird die Konstruktion mit der Funktion *Falten/Abwickeln* abgewickelt und der zuvor definierte Ausschnitt an der Außenseite abgerundet. Mit der Funktion *Ecke* wird ein Radius mit 7 mm definiert. Das erfolgt an beiden Seiten der Schelle. Die Übung ist an dieser Stelle beendet.

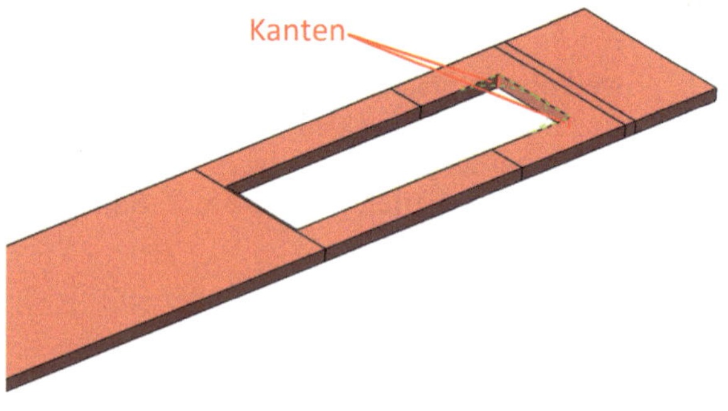

2.18 Trichter 

Dieses Unterkapitel zeigt wie flächenförmige und normale Trichterformen mit zwei Skizzen im Sheetmetal erzeugt werden können. Mit dem Selektieren der Funktion *Trichter* öffnet sich das Dialogfenster *Trichter*. Für die Erstellung eines Trichters gibt es zwei unterschiedliche Typen:

- ***Flächentrichtert***
- ***Kanonischer Trichter***

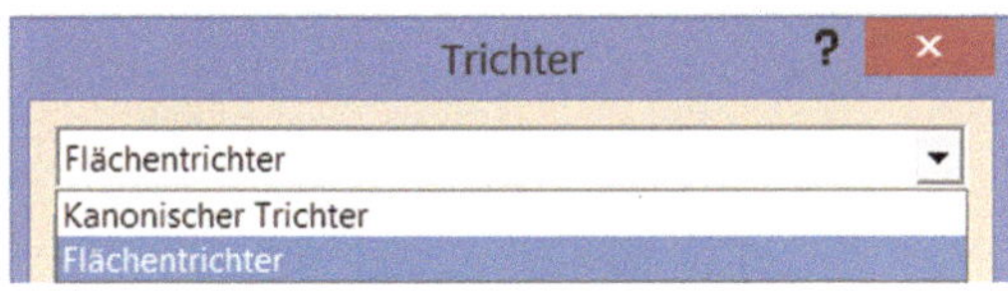

2.18.1 Flächentrichter

Der Flächentrichter wird über eine Fläche definiert. Diese Fläche kann zum Beispiel im Flächendesign oder direkt mit der Funktion *Flächen mit Mehrfachschnitten erzeugen* erstellt werden. Dazu wird im Dialogfenster bei Auswahl mit der *rechten Maustaste* in das Aktionsfeld geklickt. Mit dem Selektieren der Funktion *Flächen mit Mehrfachschnitten erzeugen* öffnet sich das Dialogfenster *Definition von Flächen mit Mehrfachschnitten.* Die beiden Skizzenformen werden jetzt selektiert und anschließend das Dialogfenster wieder beendet.

Skizzen auswählen	***Dialogfenster***

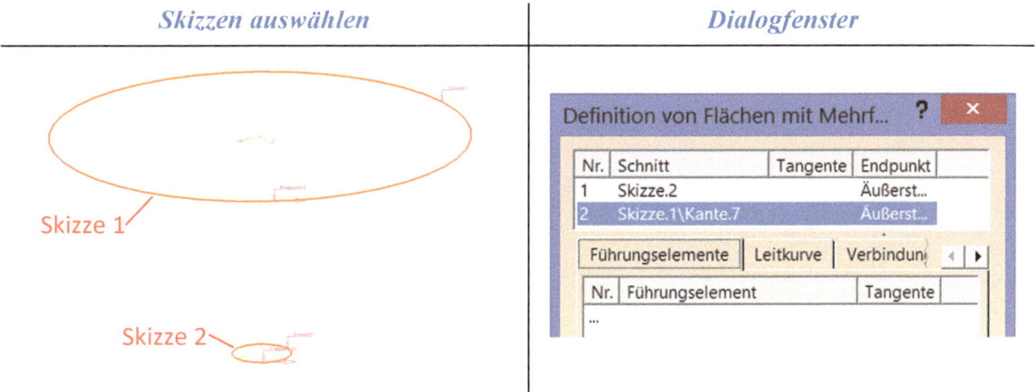

Für die Abwicklung ist es notwendig noch ein Drahtelement und einen Fixpunkt zu definieren. Dazu werden bei diesem Trichter die obere Skizze und ein in der Skizze definierter Punkt selektiert. Mit Voranzeige werden der Trichter und die definierte Abwicklung angezeigt.

Drahtelement und Punkt definieren	*Position für Abwicklung festlegen*

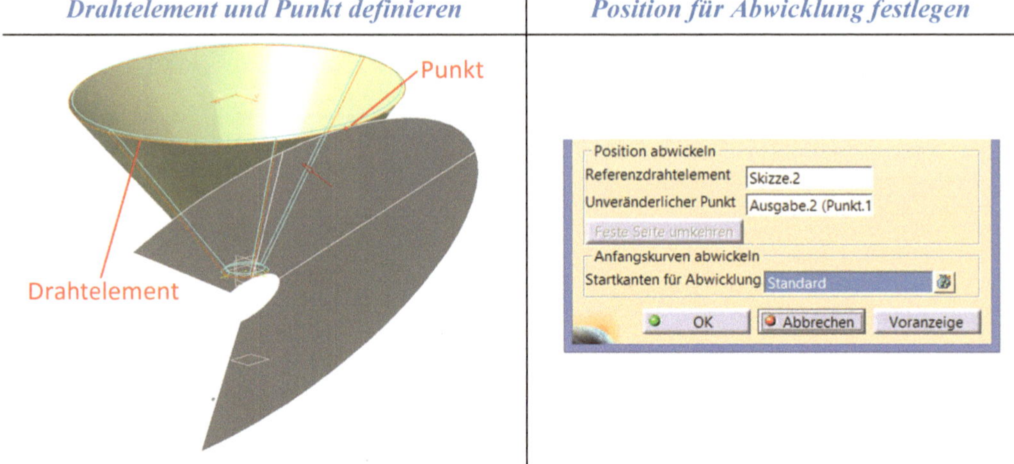

Hinweis: *Der Punkt kann gleich beim Konstruieren einer Skizze integriert werden. In diesem Fall wurde ein Punkt als Hilfsgeometrie erstellt und anschließen mit der Funktion Ausgabe-komponente*  *ausgegeben.*

Nach dem Schließen des Dialogfensters mit OK wird die Konstruktion dargestellt. Der Trichter wurde also basierend auf einem Flächenmodell erzeugt. Im nächsten Abschnitt wird eine weitere Konstruktionsmöglichkeit gezeigt.

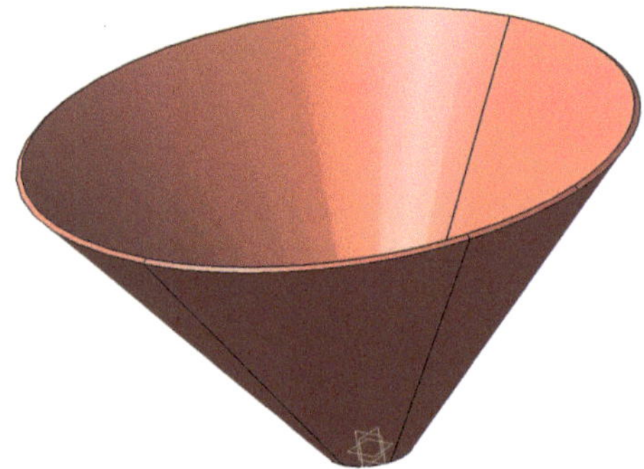

Hinweis: *Mit der Option Offset im Dialogfenster kann der Trichter um einen definierten Wert (Offset) vergrößert oder verkleinert werden.*

2.18.2 Kanonischer Trichter

In diesem Fall basiert die Konstruktion nicht auf einer Fläche, sondern es werden direkt im Dialogfenster die beiden Profile (Skizzen) selektiert. Zusätzlich müssen zwei Punkte, die auf den beiden Profilen liegen, definiert werden. Durch die beiden Punkte wird die Anfangslinie der Konstruktion und für die Abwicklung definiert.

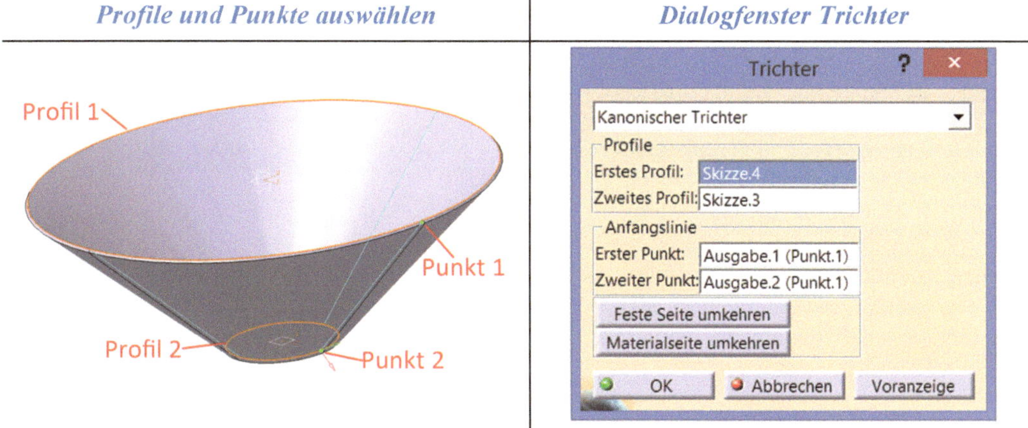

Mit der Option *Feste Seite umkehren* kann die Richtung der Abwicklung umgekehrt werden. Die Richtung wird auch an der Geometrie mit einem grünen Pfeil dargestellt. Mit der Option *Materialseite umkehren* kann die Materialrichtung definiert werden. Diese wird durch einen roten Pfeil an der Geometrie dargestellt.

Hinweis: *Ein Kanonischer Trichter kann konisch, zylindrisch oder plan ausgeführt werden. Die beiden Profile müssen nicht kreisförmig sein, sie können verschiedene Formen haben.*

2.19 Punkt- oder Kurvenzuordnung 

Die Funktion ermöglicht dem Konstrukteur, verschiedene Konstruktionselemente im gefalteten Zustand in die Abwicklung zu projizieren.

Elemente gefaltetem Zustand | *Element in die Abwicklung projiziert*

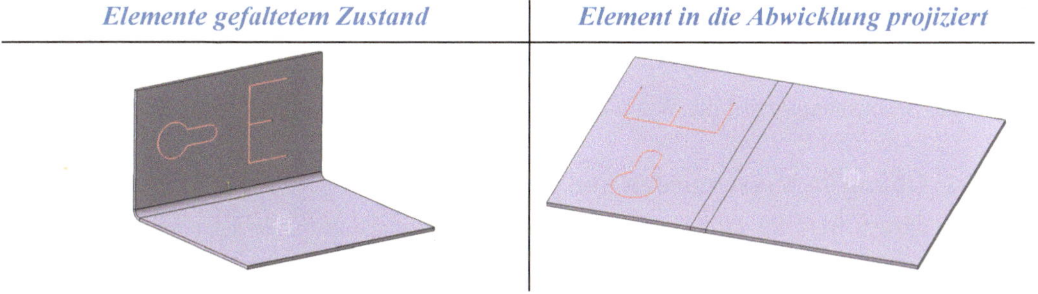

Diese Anwendung kann zum Beispiel hilfreich sein beim

- Erzeugen von Logos,
- Erzeugen von Ausschnitten, um zum Beispiel Überlappungen bei Wänden zu lösen,
- Erzeugen von speziellen Elementen für die Laserbearbeitung,
- Definieren von Flächen für ein chemisches Abtragen.

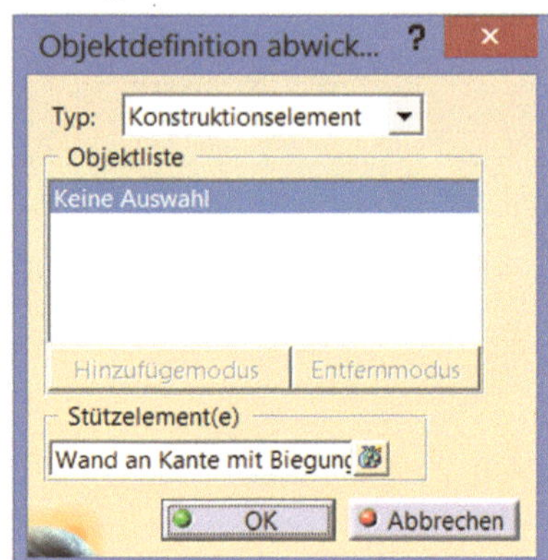

Beim Selektieren der Funktion *Punkt- oder Kurvenzuordnung* öffnet sich das Dialogfenster *Objektdefinition abwickeln.* Im Dialogfenster gibt es jetzt vier verschiedene Typen. Mit dem Typ wird definiert, um welche Art von Element es sich handelt und wozu sie in weitere Folge verwendet werden.

- *Konstruktionselement:* Mit dieser Option können Elemente (Kurven oder Punkte) für eine Zwischenkonstruktion projiziert werden. Diese Elemente werden nicht im Drawing bei der Abwicklung dargestellt.
- *Charakteristisches Element:* In diesem Fall handelt es sich um Elemente die im Drawing zum Messen aber nicht für die Laserbearbeitung benötigt werden. Diese Elemente werden im Drawing angezeigt.
- *Markierung:* Elemente die zum Bearbeiten für den Laserprozess benötigt werden. Diese Elemente werden im Drawing bei der Abwicklung dargestellt.
- *Gravierung:* Elemente die zum Bearbeiten für den Laserprozess oder Gravierprozess benötigt werden. Die Elemente werden im Drawing bei der Abwicklung dargestellt.

Mit dem *Hinzufügemodus* können Elemente in der Objektliste durch das Selektieren der Geometrie oder im Strukturbaum hinzugefügt werden.

Mit dem *Entfernmodus* werden Elemente aus der Objektliste wieder gelöscht. Sie müssen im Strukturbaum selektiert werden.

Mit dem *Stützelement* wird die Wand definiert, an welcher die Projektion stattfinden soll.

2.19.1 Übung 7 - Verschneiden und Projizieren

Ziel: In diesem Beispiel wird eine Anwendung für die Funktion *Punkt- oder Kurvenzuordnung* gezeigt. Ein Blechprofil soll an die Kontur eines anderen Bleches angepasst werden, damit diese später dann verschweißt werden können. Die Konstruktion wird aus einer Baugruppe heraus durchgeführt. Des Weiteren wird kurz in die Arbeitsumgebung *Wireframe and Surface Design* für eine Hilfskonstruktion gewechselt. Die Baugruppe ist soweit vorbereitet, dass gleich mit dem Verschneiden und Projizieren fortgefahren werden kann.

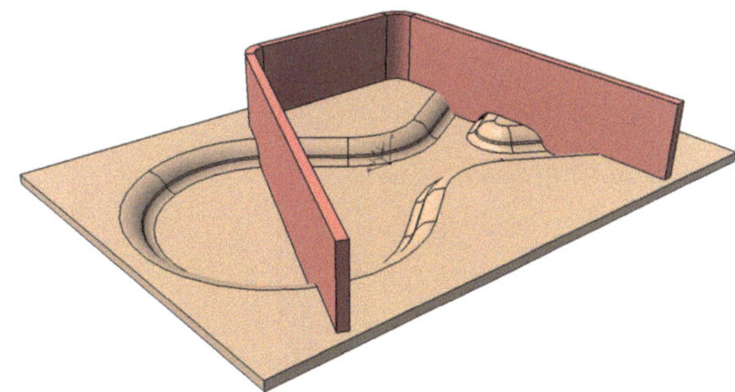

Arbeitsumgebung öffnen

⇨ *Start > Mechanische Konstruktion > Generative Sheetmetal Design > Übung 7 öffnen* und in die Arbeitsumgebung *Wireframe and Surface Design* wechseln.

Bauteile verschneiden

⇨ Die Funktion *Verschneidung* wird selektiert. Im Dialogfenster *Definition der Verschneidung* müssen beide Elemente, an welchen eine Verschneidung stattfinden soll, definiert werden. Dazu wird der *Hauptkörper* und anschließend der *Körper Pressteil* selektiert. Das Dialogfenster wird mit OK geschlossen und die Verschneidung erzeugt.

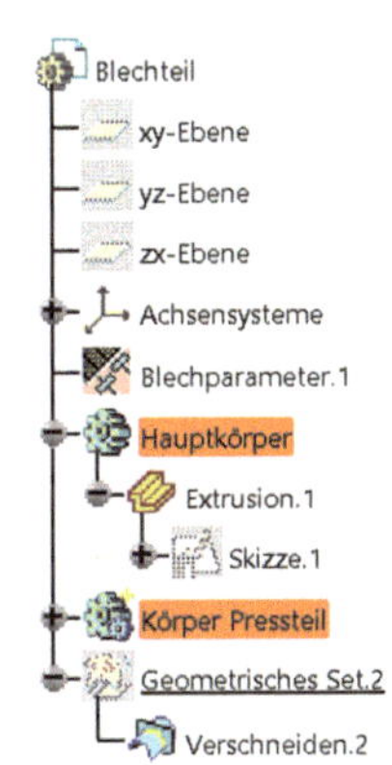

Elemente für Verschneidung definieren	*Schnittkontur*
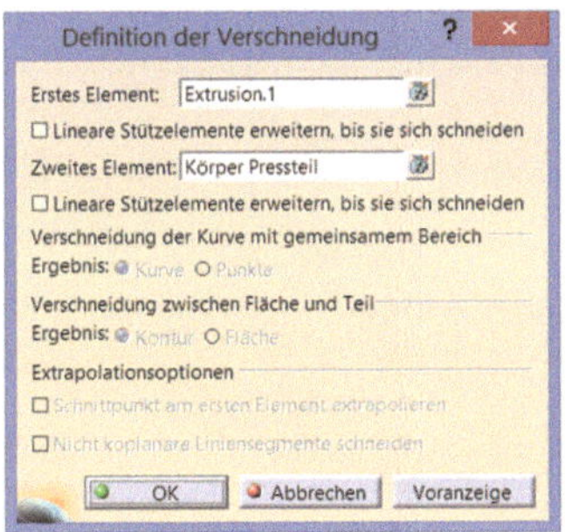	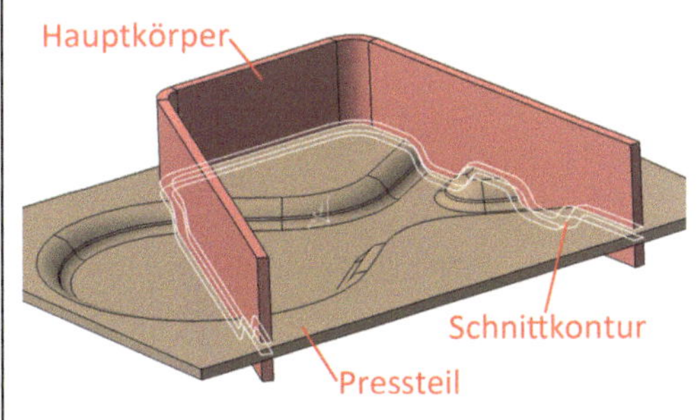

Hinweis: *Der Körper Pressteil wurde aus einer Baugruppe als totes Volumen in das Bauteil Blechteil kopiert. Das ist notwendig, um die Verschneidung erzeugen zu können.*

Arbeitsumgebung wechseln

⇨ *Start > Mechanische Konstruktion > Generative Sheetmetal Design.*

Schnittkontur projizieren

⇨ Der Hauptkörper wird mit der *rechten Maustaste* *in Bearbeitung* gesetzt.

⇨ Die Funktion *Punkt- oder Kurvenzuordnung* selektieren. Im Dialogfenster wird der Typ *Konstruktionselement* definiert und anschließend die Schnittkontur selektiert. Die Eingaben werden mit OK bestätigt und das Dialogfenster geschlossen. Die Schnittkontur wird wie in der rechten Abbildung auf die Abwicklung projiziert.

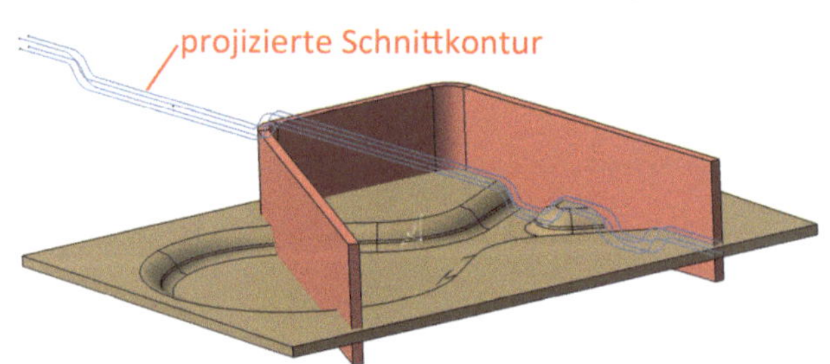

Ausschnitt erzeugen

⇨ Den Hauptkörper wieder *in Bearbeitung* setzen.

⇨ Eine Skizze auf der Abwicklung erzeugen. Mit der Funktion *3D-Elemente projizieren* werden jetzt die einzelnen Elemente der Schnittkontur selektiert und in die Skizze mit übernommen. Im ersten Abschnitt wird jeweils die hinten (in Materialrichtung) liegende Schnittkontur selektiert. Im zweiten Abschnitt ist es die vordere Kontur. Die Projektion wird in der Skizze gelb hervorgehoben.

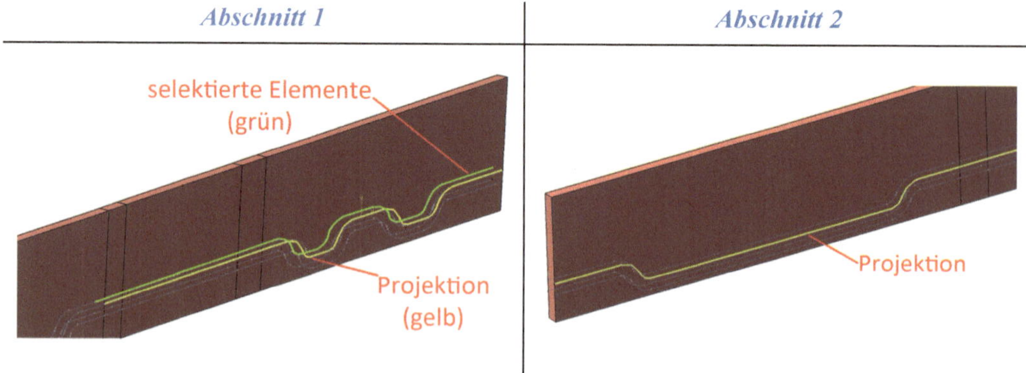

Hinweis: *An dieser Stelle ist es sehr wichtig, sich genau zu überlegen welche Konturelemente zu selektieren sind. Am Ende muss die Kontur so aussehen, dass es zu keiner Überschneidung mit dem anderen Bauteil kommt.*

⇨ Nach dem die Skizze fertiggestellt ist, wird die Skizzenumgebung verlassen und die Funktion *Ausschnitt* selektiert. Die Skizze wird ausgewählt und das Dialogfenster wieder geschlossen. Die Kontur wurde jetzt auf das Blechteil übertragen.

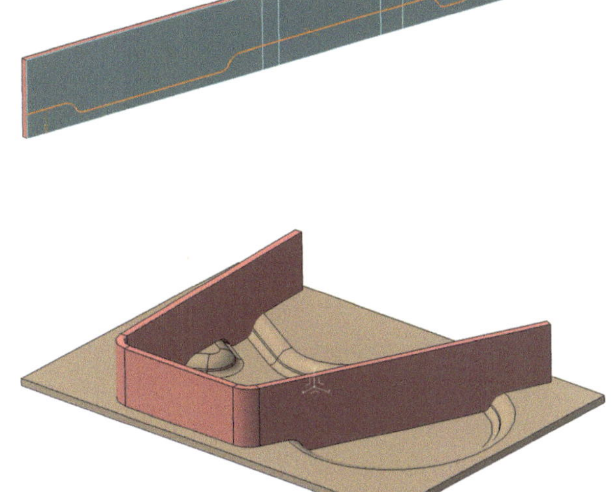

⇨ Am Ende der Übung wird in den gefalteten Modus gewechselt und die Schnittkontur kontrolliert. Wenn keine Überschneidungen zu erkennen sind, ist die Übung erfolgreich beendet.

2.20 Erkennen 

Diese Funktion erkennt bestehende Konstruktionen die zum Beispiel im Part Design konstruiert wurden oder auch CATIA V4 Konstruktionen und wandelt diese in ein Sheetmetal-Teil um. Das Bauteil kann anschließend abgewickelt werden und die verschiedenen Sheetmetal-Funktionen genutzt werden.

Hinweis: B*evor ein Bauteil mit der Funktion Erkennen umgewandelt wird, empfiehlt es sich das Bauteil zu kopieren und mit Einfügen Spezial > Als Ergebnis in ein neues Teil (Part) einzufügen.*

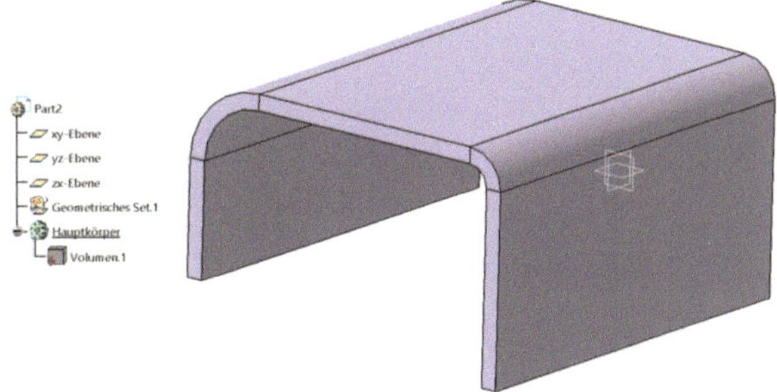

Zum Öffnen des Dialogfensters *Definition der Erkennungen* wird die Funktion *Erkennen* selektiert. Eine Referenzfläche muss selektiert werden.

Hinweis: *Die Referenzfläche ist die Referenz für die Abwicklung und die Definition der Blechbiegeparameter. Das bedeutet die Parameter basieren auf dieser Fläche.*

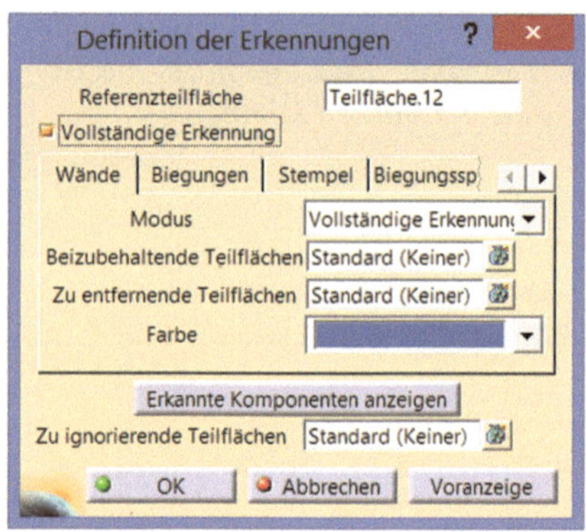

Die Option *Vollständige Erkennung* kann je nach Anwendung aktiv oder deaktiviert werden.

Hinweis: *Die Vollständige Erkennung ist standardmäßig aktiv.*

Im Modus kann zwischen Automatismus und manueller Selektion gewählt werden.

Vollständige Erkennung: Dabei werden so viele Elemente (Wand, Biegung, Stempel) wie möglich automatisch erkannt.

Teilweise Erkennung: Die Elemente werden manuell durch Selektieren ausgewählt.

Im Eingabefeld *Zu entfernende Teilflächen* können Flächen selektiert werden, welche im Sheetmetal nicht weiter benötigt werden. Diese Teilflächen werden nach dem *Erkennen* nicht mehr dargestellt. Das Eingabefeld ist nur bei der Vollständigen Erkennung verfügbar.

Sind alle Eingaben erledigt, kann mit der Option *Erkannte Komponenten anzeigen* eine Vorschau gestartet werden. Dabei werden alle erkannten Elemente mit den im Dialogfenster definierten Farben dargestellt.

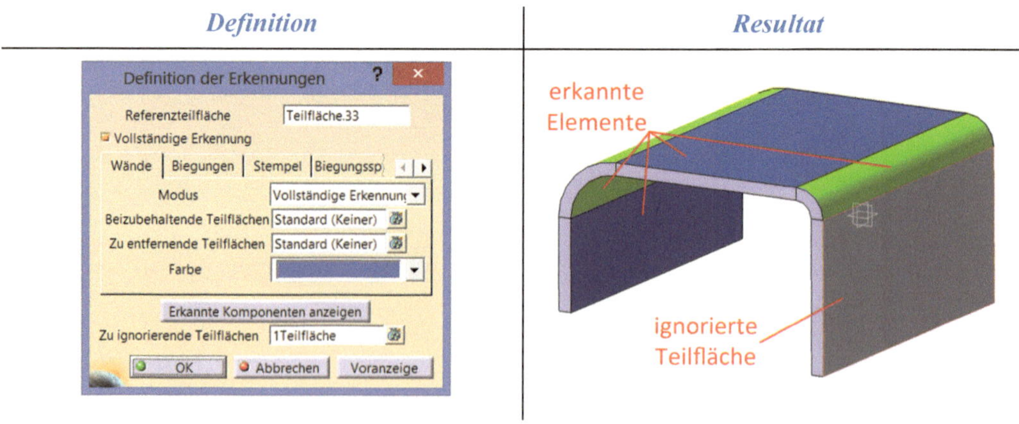

Im Aktionsfeld *Zu ignorierende Teilflächen* können wie der Name schon beschreibt, Teilflächen wie im vorigen Beispiel ignoriert werden. Dazu müssen das Feld und anschließend die gewünschten Teilflächen selektiert werden. Nach dem Schließen des Dialogfensters wird die Erkennung im Strukturbaum wie in der rechten Abbildung dargestellt. Aufbauend auf der *Erkennung*  kann jetzt die Konstruktion im Sheetmetal weiter modifiziert werden.

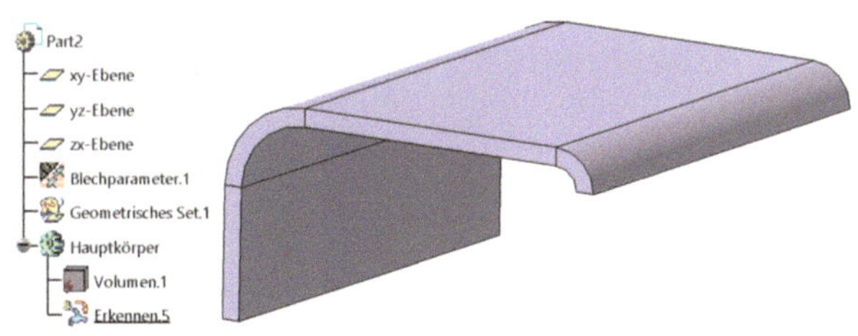

Die weiteren Fenster (*Biegung* und *Stempel*) im Dialogfenster sind identisch mit dem Fenster *Wände* und werden daher auch nicht weiter erläutert. Im Fenster *Biegungsspielraum* ist der K-Faktor definiert.

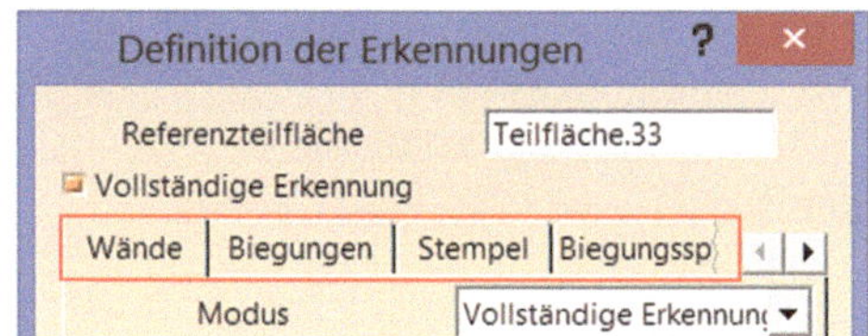

Als weitere Anregung wird noch gezeigt wie die kistenförmige Konstruktion aus dem *Part Design* in ein Blechbiegeteil umgewandelt werden kann.

Konstruktion aus Part Design 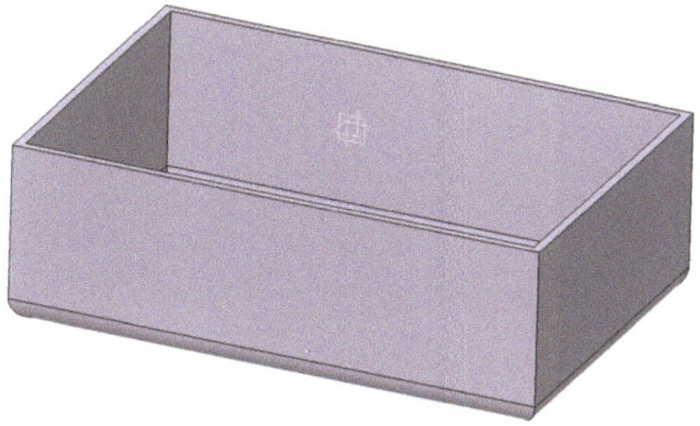	***Resultat nach Erkennung*** 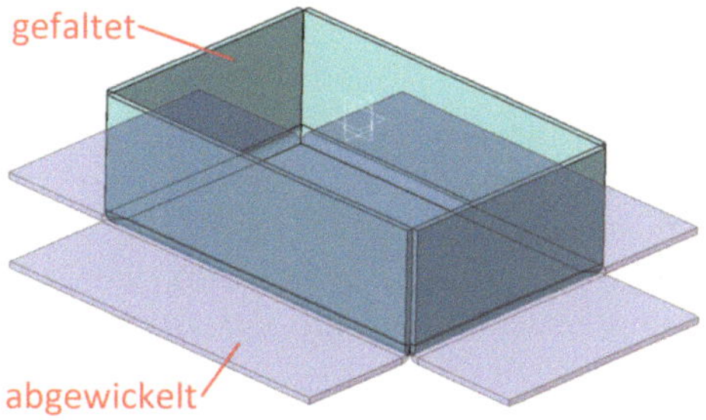

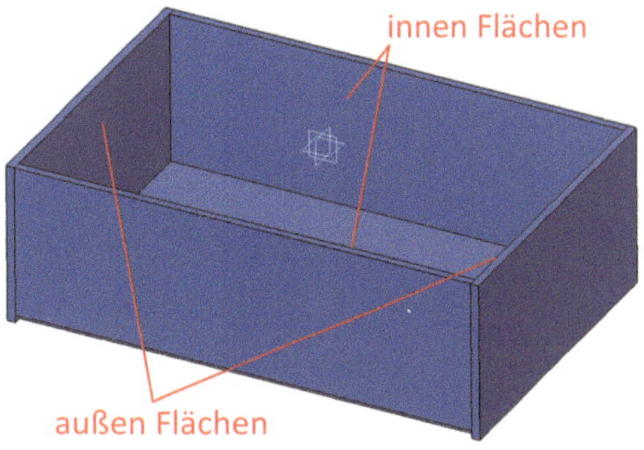

Hinweis: *Wird die Kiste ohne Radien ausgeführt und es werden zwei gegenüberliegende Innenflächen und anschließend die anderen zwei gegenüberliegenden Außenflächen selektiert, dann wird das Blechteil mit einer Überlappung dargestellt. Ist keine Überlappung gewünscht, müssen alle Innenflächen selektiert werden*

2.21 Überlappung prüfen 

Mit dieser Funktion kann die Konstruktion auf Überlappungen geprüft werden. Gibt es am Bauteil Überschneidungen, dann erkennt die Funktion diese und gibt das Überschneidungsprofil in einer Skizze aus. Die Blechbiegeteile werden meistens direkt im 3D konstruiert und nicht zuerst die Abwicklung und anschließend gefaltet. Dadurch können sich in der Abwicklung Überschneidungen ergeben, die im gefalteten Zustand nicht auftreten. Die Halterkonstruktion in der rechten Abbildung zeigt keine Überschneidung.

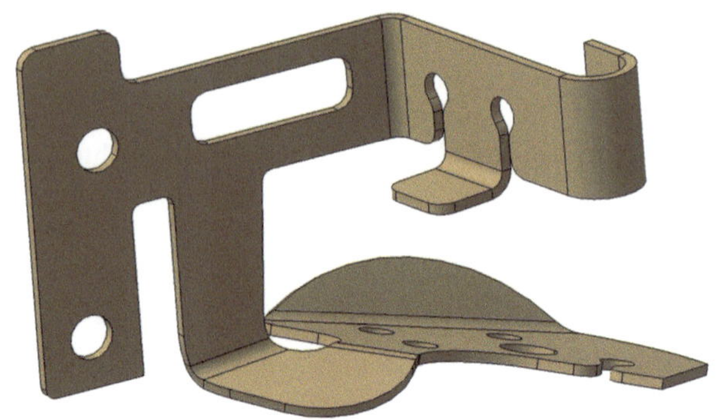

Um die Überlappung in der Abwicklung zu prüfen, wird diese zuerst mit der Funktion *Falten/Abwickeln* abgewickelt. Danach wird die Funktion *Überlappung prüfen* selektiert. Das Dialogfenster *Feststellung ein...* öffnet sich und zeigt je nach Prüfung folgende Meldung an:

- Keine Überlappung festgestellt
- Überlappung festgestellt

Wie man an der rechten Abbildung erkennen kann, kommt es in der Abwicklung zu einer Überschneidung. Die Analyse beschreibt im Dialogfenster die Anzahl der Überschneidungen und erzeugt zusätzlich ein *Geometrisches Set* mit dem Überlappungsprofil. Dieses Profil kann für Ausschnitte verwendet werden, um eine Überlappung zu verhindern.

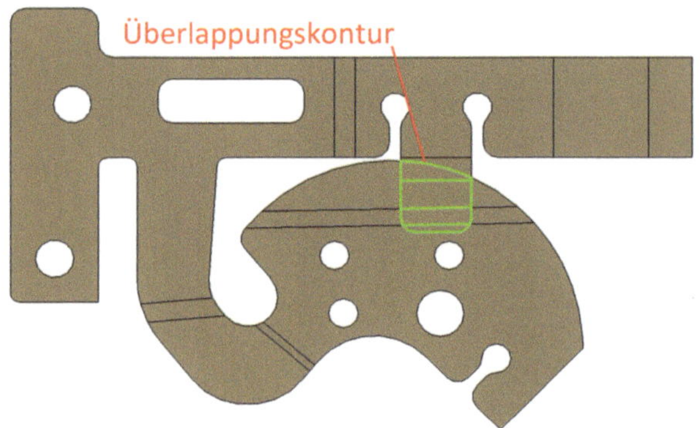

Hinweis: *Keine Überlappung im gebogenen Zustand bedeutet nicht, dass es keine Überlappung in der Abwicklung gibt.*

2.22 Freiformfläche

Die Funktion *Freiformfläche* ermöglicht es, Flächenkonstruktionen in die Sheetmetalkonstruktion zu integrieren. Es kann eine Blechwand mit einer Fläche aus dem Flächendesign vereint werden. Dazu muss im Dialogfenster lediglich das Flächendesign selektiert werden.

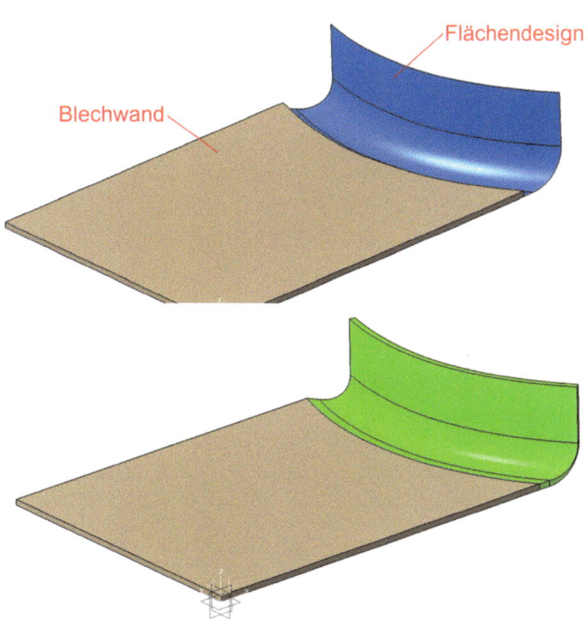

Nach der Definition der Fläche im Dialogfenster, wird die Fläche in eine Blechwand umgewandelt.

Weiteres bietet die Funktion, die Möglichkeit komplett freigeformte Flächen aus dem Flächendesign abzuwickeln.

Freiformfläche	*Abwicklung*

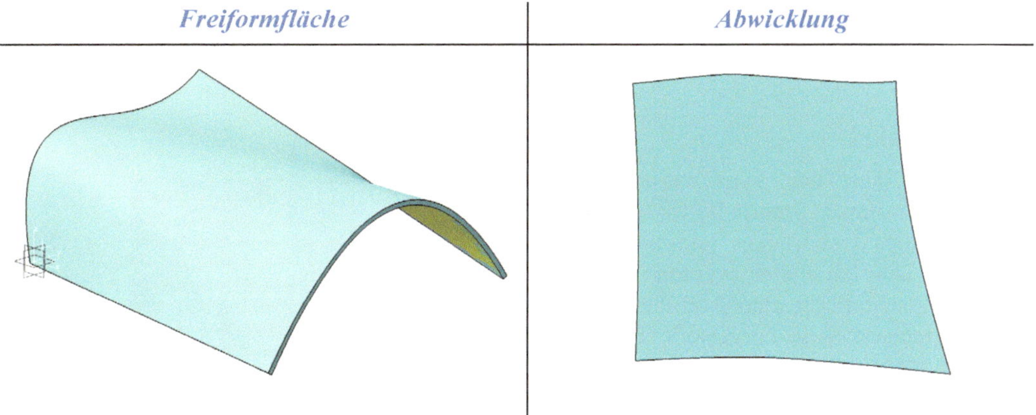

3 Arbeiten mit Stempel

In diesem Kapitel werden Konstruktionen mit verschiedenen Stempelformen erläutert. Das bedeutet, es handelt sich um Konstruktionen an denen mit einem Stanzer oder einer Matrize bestimmte Stempelabdrücke erzeugt werden. Dabei stehen verschiedene Stempelformen zur Auswahl. Es gibt jedoch genauso die Möglichkeit eine Stempel- oder eine Matrizenform selbst zu konstruieren. Diese Stempelform kann dann in der Blechkonstruktion abgedrückt werden. Wie diese verschiedenen Funktionen genau arbeiten wird in den weiteren Unterkapiteln gezeigt.

3.1 Flächenstempel

Mit der Selektion der Funktion *Flächenstempel* 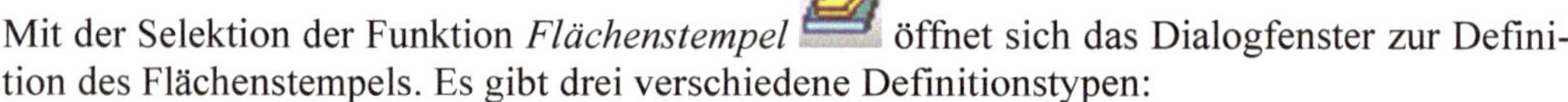 öffnet sich das Dialogfenster zur Definition des Flächenstempels. Es gibt drei verschiedene Definitionstypen:

- *Winkel*
- *Stanzer und Matrize*
- *Zwei Profile*

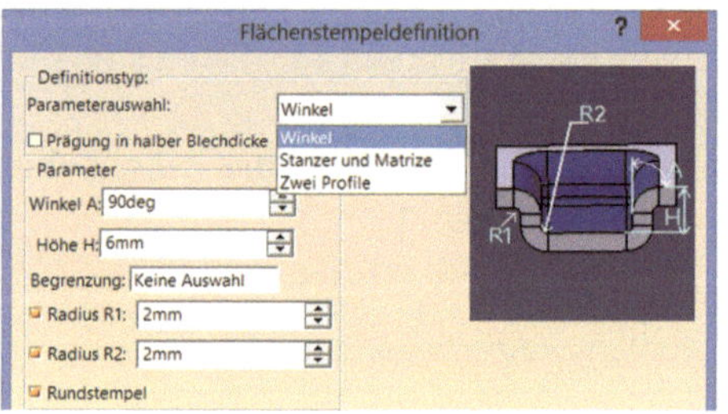

Je nach Definitionstyp gibt es unterschiedliche Parameter zum Definieren. Die drei Typen werden jetzt Schritt für Schritt beschrieben.

3.1.1 Winkel

Wie der Name des Typs aussagt, kann bei dieser Stempelform ein Winkel des Abdruckes definiert werden. Die Parameter werden im Dialogfenster durch eine Abbildung an der rechten Seite dargestellt. Sie werden nicht weiter erklärt, da diese durch die Abbildung selbsterklärend sind.

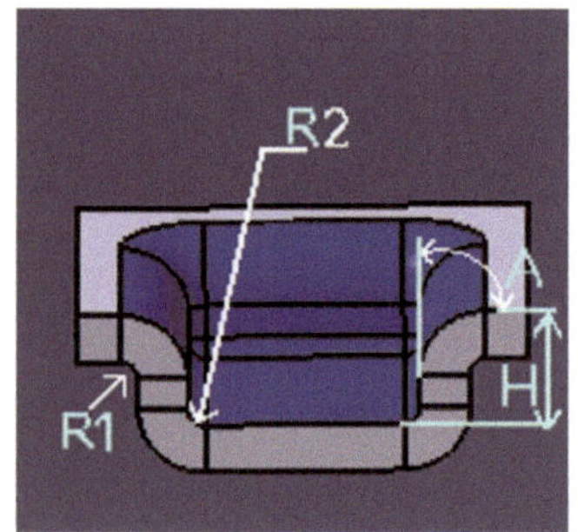

Mit der Option *Rundstempel* kann der Abdruck rund oder eckig ausgeführt werden. Den Unterschied zeigen die folgenden zwei Abbildungen.

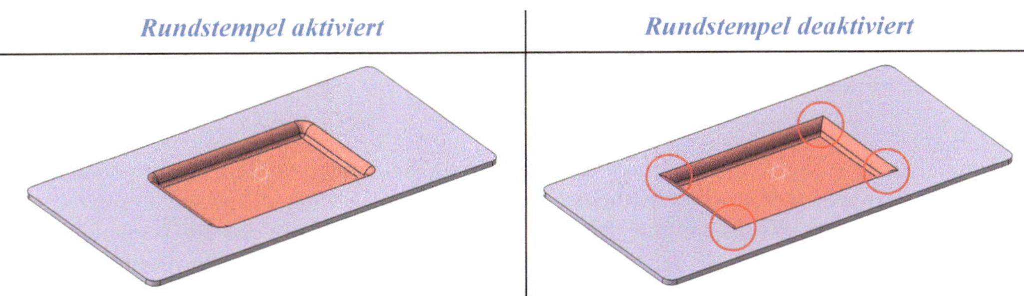

Soll der Stempel ohne Radien ausgeführt werden, dann können diese im Dialogfenster einfach deaktiviert werden. Das Ergebnis sieht dann wie folgt aus.

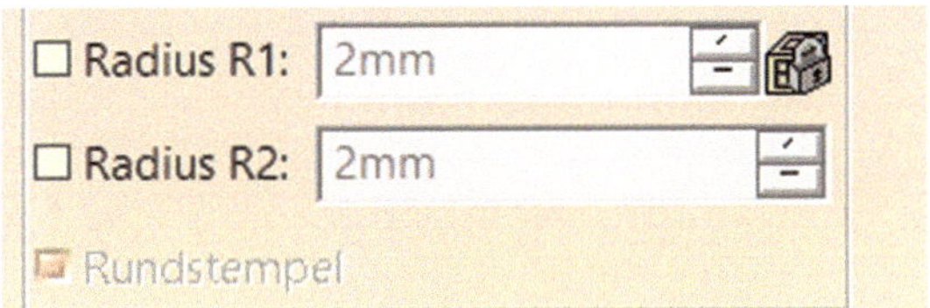

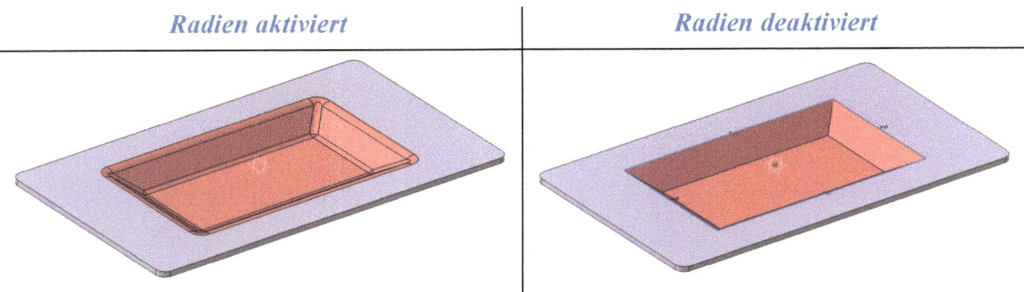

Für die Definition der Höhe gibt es zwei Möglichkeiten. Sie kann direkt im Feld *Höhe* in Millimeter definiert werden oder es wird im Feld *Begrenzung* eine Ebene oder Fläche als Höhenbegrenzung definiert. Wird die Begrenzung durch eine Ebene bestimmt, dann ist das Eingabefeld *Höhe* ausgegraut (inaktiv)

Hinweis: *Für die Definition einer Ebene muss mit der rechten Maustaste in das Aktionsfeld Begrenzung geklickt und anschließend im Kontextmenü die Funktion Ebene erzeugen selektiert werden.*

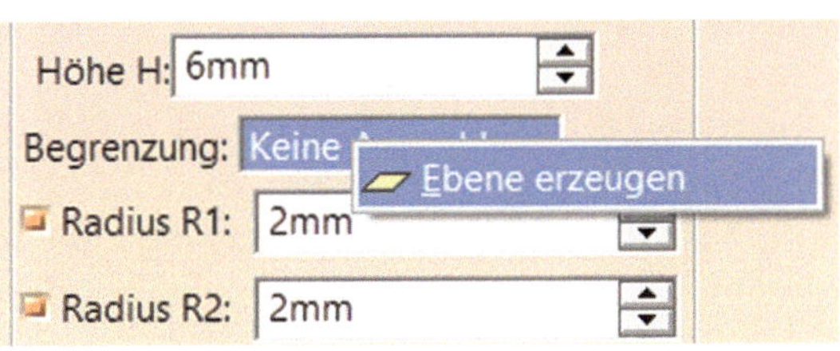

Weiterhin ist eine Skizze mit einem Profil für den Stempel notwendig. Dazu wird eine bereits erstellte Skizze selektiert oder über die Funktion *Skizze* im Dialogfenster eine neue Skizze gezeichnet.

Hinweis: *Mit der Funktion Katalog ist es möglich, vordefinierte Skizzen für Stempelprofile aus einem Katalog auszuwählen.*

Beim Skizzenprofil gibt es noch zwei verschiedene Definitionstypen. Je nachdem ob das Skizzenprofil aufwärts oder abwärts betrachtet wird, ergeben sich unterschiedliche Größen für den Stempel. Ein Unterschied kann nur dann wahrgenommen werden, wenn ein Winkel der nicht gleich 90° ist, definiert ist. In der folgenden Darstellung werden die beiden Ausführungsarten gegenübergestellt, um den Unterschied deutlicher zu zeigen.

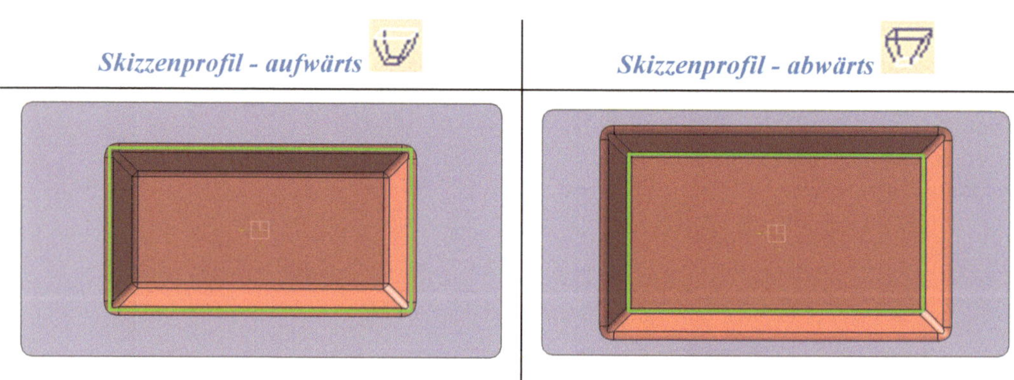

Das Profil orientiert sich also einmal auf der oberen und einmal an der unteren Fläche des Stempels.

Mit der Option *Öffnungskanten* kann der Stempel an definierten Kanten offen bleiben. Dazu muss das Feld *Öffnungskanten* selektiert werden und anschließend sind die zu öffnenden Kanten an der Profilskizze zu definieren. Mit Voranzeige im Dialogfenster kann das Ergebnis überprüft werden.

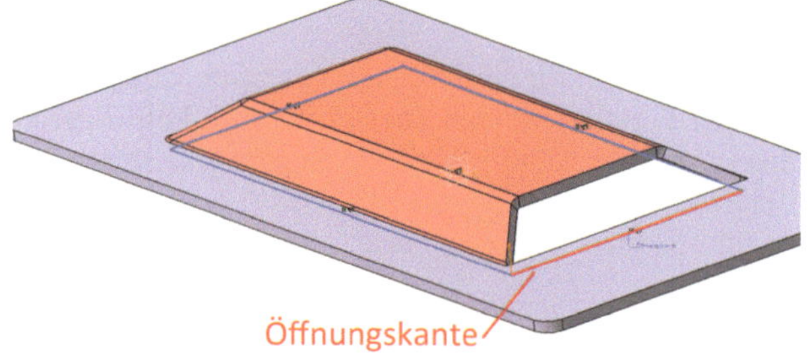

Mit der Funktion öffnet sich ein Fenster in dem alle definierten Kanten zusammengefasst sind.

Hinweis: *Es ist möglich mit der Option Standarddateien vordefinierte Parameter aus Excellisten zu laden.*

Für eine Prägung in halber Blechdicke muss die Option *Prägung in halber Blechdicke* aktiviert werden.

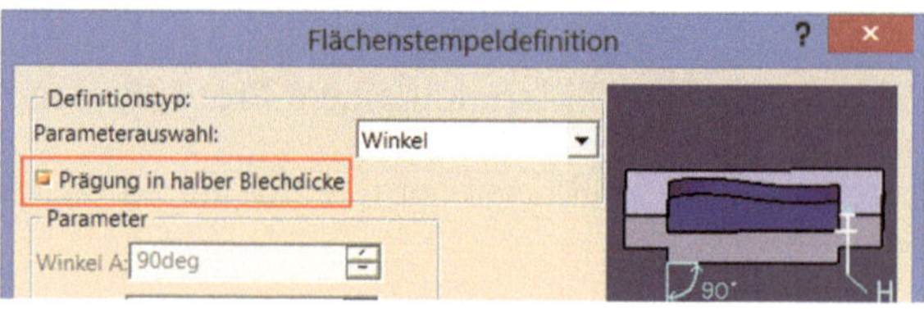

Bei der Skizzenkonstruktion können auch mehrere Konturen in einer Skizze integriert werden. Ein Beispiel dazu zeigt das rechte Bild.

Hinweis: *Bei komplexen Konturen stößt die Funktion gelegentlich an ihre Grenzen.*

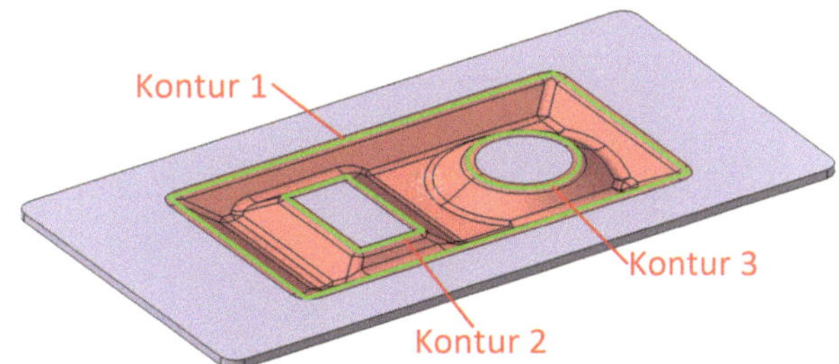

3.1.2 Stanzer

Für diesen Typ wird eine Skizze mit zwei Konturen benötigt. Die Parameter sind ähnlich wie beim Typ *Winkel*. In diesem Fall wird jedoch kein Winkel, sondern es werden zwei Konturen und eine Höhe definiert. Aus diesen Parametern wird dann der Stempel erzeugt.

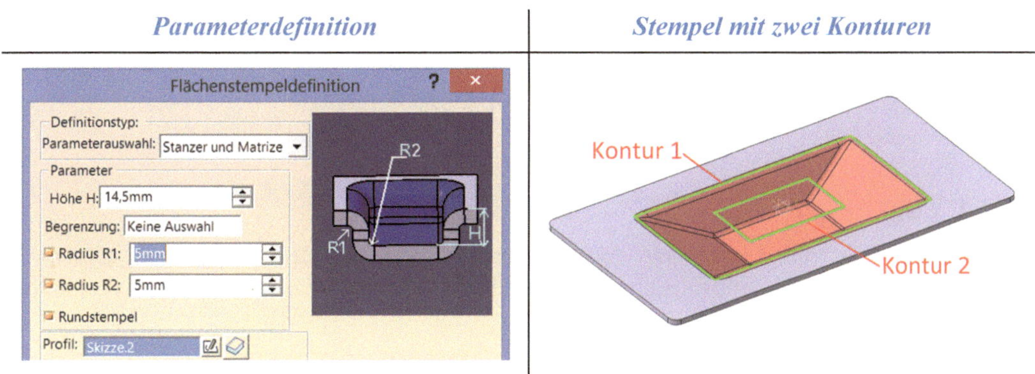

Hinweis: *Alle Kanten des Stanzwerkzeuges und der Matrize müssen parallel zueinander sein. Sind die Kanten nicht parallel, kann die Funktion nicht ausgeführt werden.*

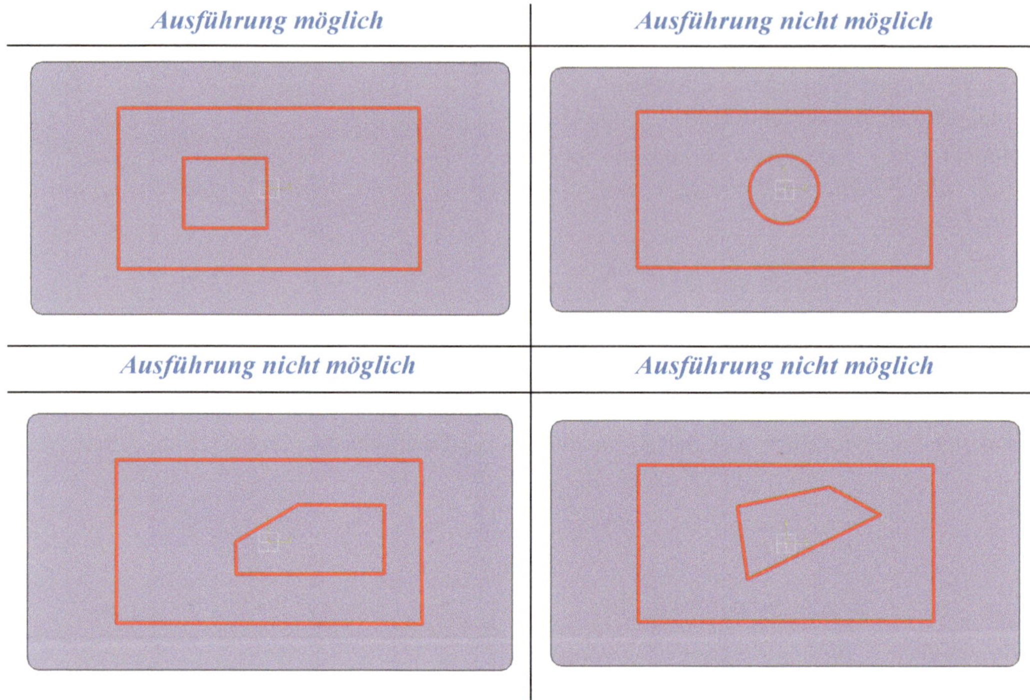

3.1.3 Zwei Profile

Mit diesem Typ wird der Stempel über zwei Profile und die Höhe gesteuert. In diesem Fall wird kein Winkel definiert, da sich dieser durch die zwei Skizzen und die Höhe automatisch ergibt.

Bei der Profildefinition unterscheidet man noch zwischen dem Typ Innenprofil (*Inner*)  oder Außenprofil (*Outer*). Damit wird definiert, ob es sich bei dem jeweiligen Profil um die Außen- oder Innenkontur des Stempelabdruckes handelt.

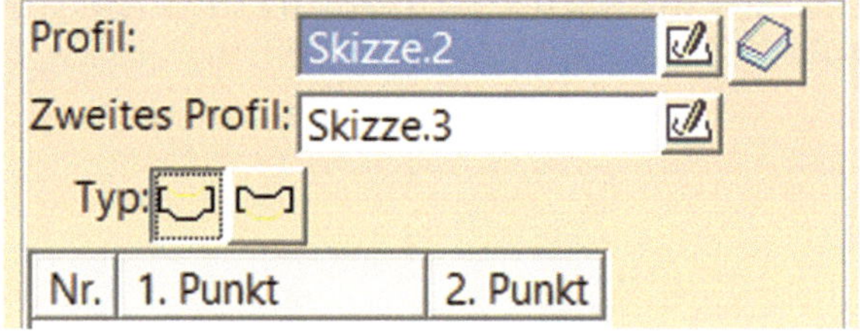

3.2 Leiste

Mit der Funktion *Leiste* kann ein leistenförmiger Stempelabdruck konstruiert werden. Die Parameter werden im Dialogfenster *Definition der Leiste* auf die Konstruktion abgestimmt. Neben den Parametern im Dialogfenster findet man eine grafische Erläuterung der Parameter. Um den Verlauf der Leiste zu beschreiben, wird eine Skizze mit einem offenen Profil benötigt. Es kann eine bereits vorhandene Skizze selektiert oder im Dialogfenster mit der Funktion *Skizze* ein neues Profil erstellt werden.

Hinweis: *Das Profil muss offen und darf nicht geschlossen sein.*

Definition im Dialogfenster	*Leiste mit offener Kontur*
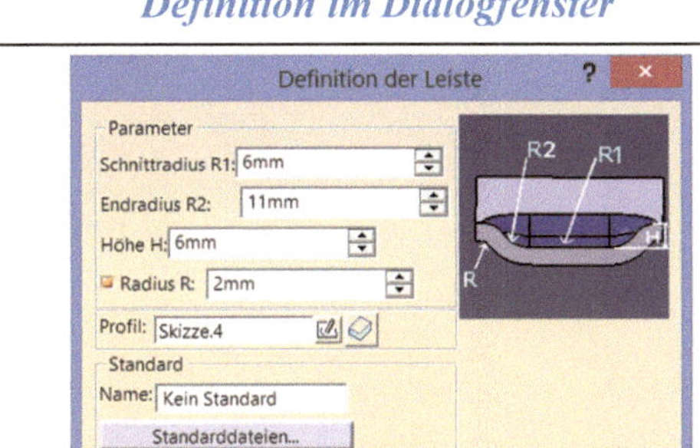	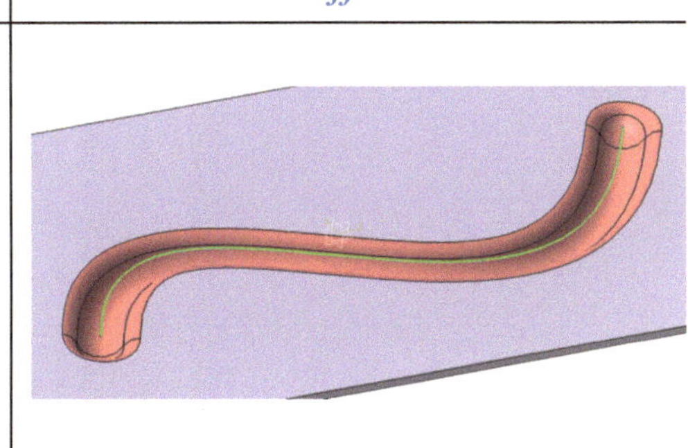

Muss eine Leiste anhand einer 3D-Kurve erstellt werden, dann wird diese einfach selektiert, alle Parameter definiert und das Dialogfenster geschlossen. In der rechten Abbildung ist eine mit einer 3D-Kurve erstellte Leiste abgebildet.

Hinweis: *Die 3D-Kurve kann zum Beispiel im Flächendesign konstruiert werden.*

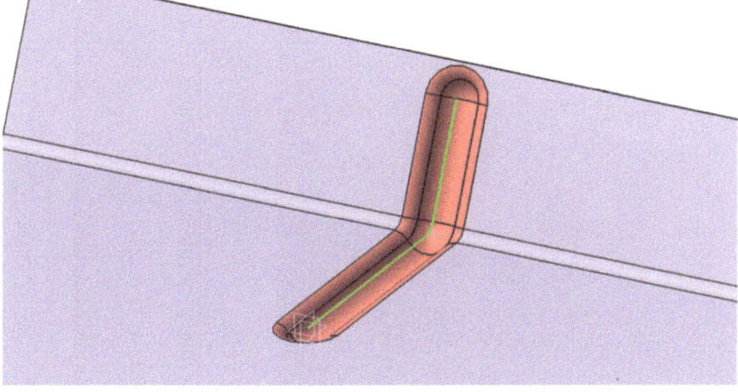

3.3 Kurvenstempel

Die Funktion kann verwendet werden, um einen Stempel entlang eines definierten Verlaufes abzubilden. Die Funktion ist ähnlich der Funktion *Leiste*, unterscheidet sich jedoch in den Parametern. Diese werden im Dialogfenster zum besseren Verständnis wieder in einer Grafik abgebildet. Im Gegensatz zur Leiste können hier eine Länge und ein Winkel definiert werden.

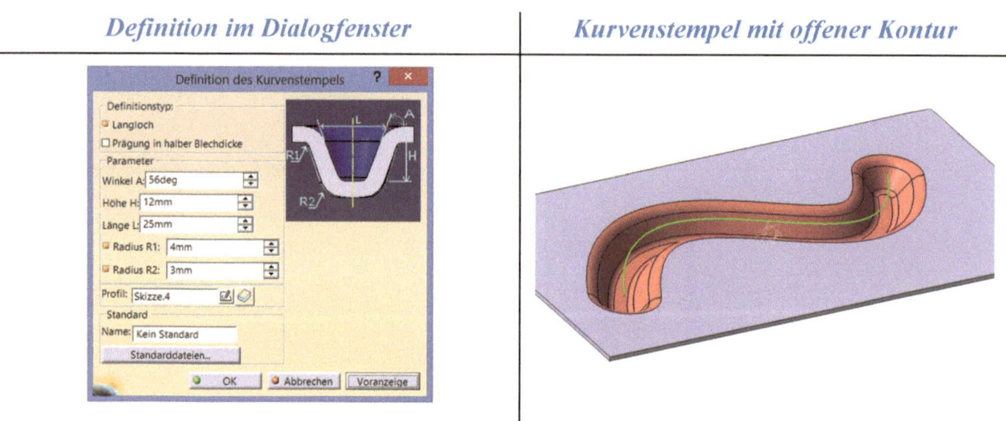

Mit der Option Langloch wird definiert, ob die beiden Enden abgerundet oder eckig ausgeführt werden. Beide Varianten werden in der folgenden Darstellung gezeigt.

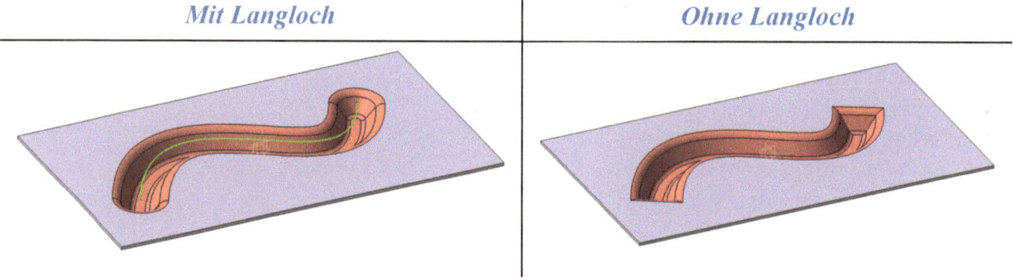

3.4 Geflanschter Ausschnitt 

Die Funktion erstellt einen Ausschnitt mit Flansch. Die Kontur wird wieder in einer Skizze definiert. Als weitere Parameter werden die Höhe und der Winkel des Flansches definiert. Für die Kontur des Ausschnittes wird eine Skizze selektiert oder eine neue direkt im Dialogfenster definiert. Für diese Funktion wird ein geschlossenes Profil benötigt.

Definition im Dialogfenster	*Geflanschter Ausschnitt*
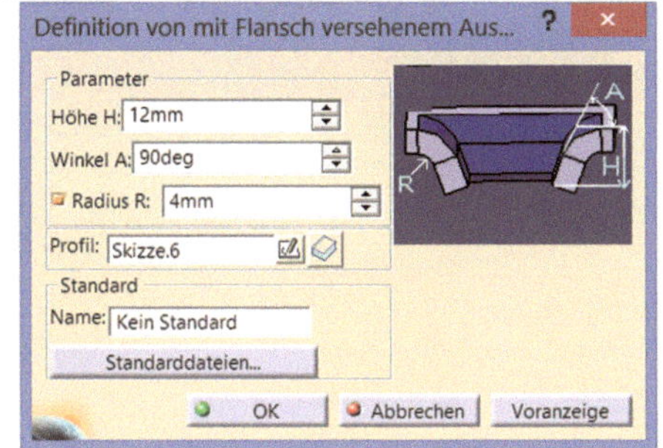	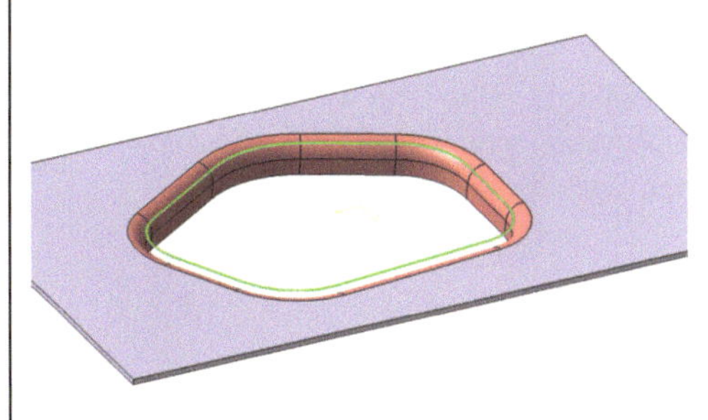

3.5 Luftklappe 

In diesem Abschnitt wird gezeigt wie man eine Luftklappe konstruiert und definiert. Die Parameter im Dialogfenster werden ebenfalls wieder in einer grafischen Abbildung erläutert. Für die Funktion wird eine Skizze benötigt, welche die Kontur der Luftklappe beschreibt. Im Dialogfenster *Luftklappendefinition* werden das Profil und die Öffnungslinie definiert. Die Öffnungslinie ist die Seite, welche für den Luftdurchlass offen bleibt.

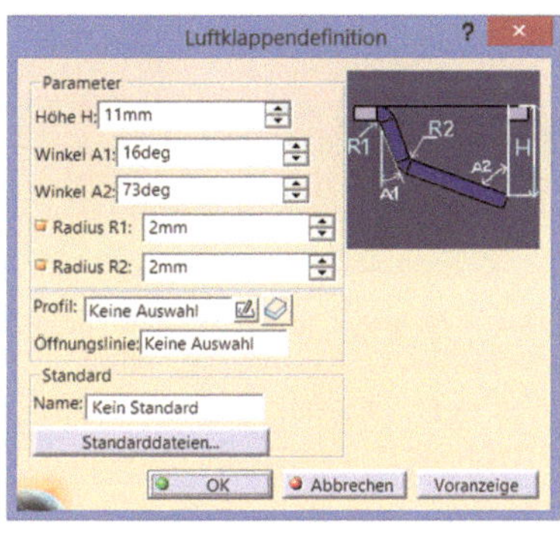

Hinweis: *Mit der Funktion Standarddateien können vordefinierte Parameter geladen werden.*

Nachdem alle Parameter definiert und das Profil mit der Öffnungslinie ausgewählt wurden, kann mit der Voranzeige oder mit OK die Luftklappe dargestellt werden.

Profilskizze

Hinweis: *Die beiden Radien R1 und R2 können wenn gewünscht auch deaktiviert werden. Die Luftklappe wird dann kantig.*

3.6 Brücke

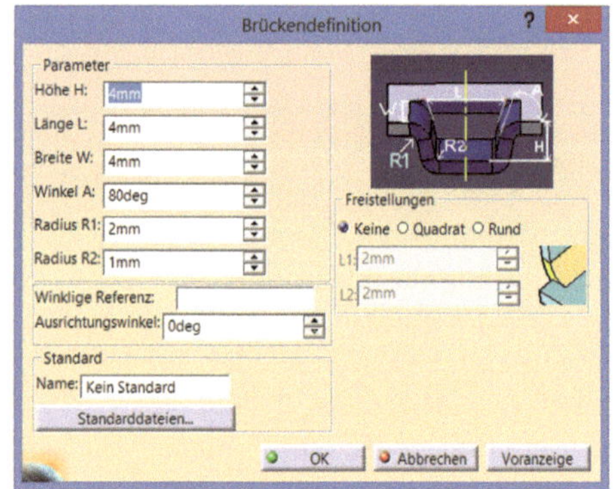

Mit der Funktion wird ein brückenförmiger Stempelabdruck mit geöffneten Seitenflächen definiert. Nach dem Selektieren der Funktion *Brücke* müssen ein Punkt für die Position und eine Referenzfläche selektiert werden. Erst nach diesen beiden Definitionen öffnet sich das Dialogfenster. Die Parameter werden wieder in der rechten Abbildung im Dialogfenster beschrieben. Die Brücke kann noch mit einem Winkel ausgerichtet werden. Soll für die Ausrichtung eine spezielle Referenz verwendet werden, dann muss diese im Eingabefeld *Winklige Referenz* definiert werden. Der Ausrichtungswinkel beschreibt die Verdrehung der Brücke um deren Hochachse welche rechtwinklig zur Referenzfläche ist.

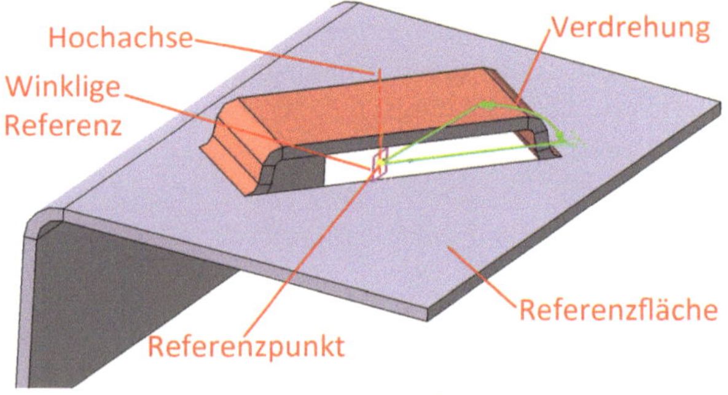

Weiterhin ist es möglich an der Brücke eine Freistellung zu machen. Es stehen zwei Freistellungsformen zur Auswahl, eine *quadratische* und *runde* Form.

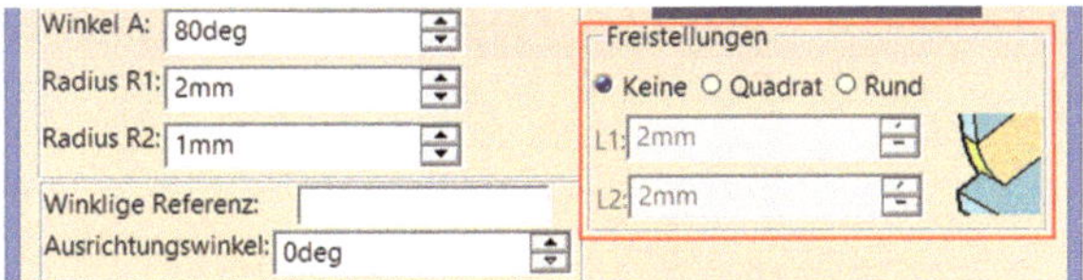

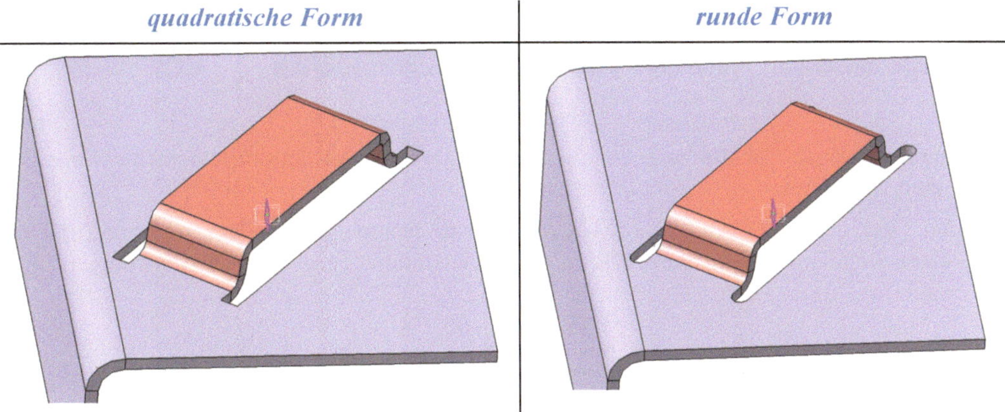

Hinweis: *Die Größe der Freistellung wird mit L1 und L2 definiert.*

3.7 Flanschbohrung

Um die Parameter für eine Flanschbohrung zu definieren, müssen nach der Selektion der Funktion *Flanschbohrung*  ein Referenzpunkt für die Position und eine Referenzfläche definiert werden. Erst danach öffnet sich das Dialogfenster *Definition zur Flanschbohrung.* Im Dialogfenster gibt es jetzt die Möglichkeit zwischen verschiedenen Parameteroptionen auszuwählen. Je nach Wahl, werden die unterschiedlichen Parameter wieder grafisch in einer Abbildung beschrieben.

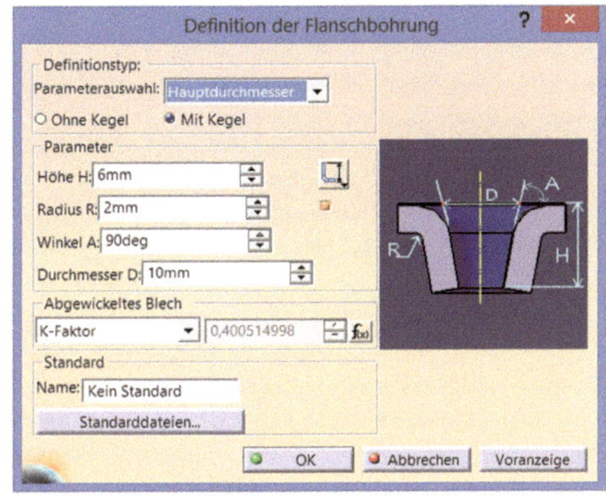

Die folgende Tabelle zeigt nun alle vier Auswahlmöglichkeiten.

Hauptdurchmesser	*Nebendurchmesser*	*Zwei Durchmesser*	*Stanzer und Matrize*

Wie aus der vorigen Tabelle zu entnehmen ist, hat jede Auswahloption unterschiedliche Parameter zum Definieren.

Mit den Optionen *Ohne Kegel* und *Mit Kegel* wird festgelegt, ob Flanschbohrung mit oder ohne einen Kegel ausgeführt wird. Die folgende Darstellung zeigt beide Ausführungen.

Ohne Kegel	*Mit Kegel*

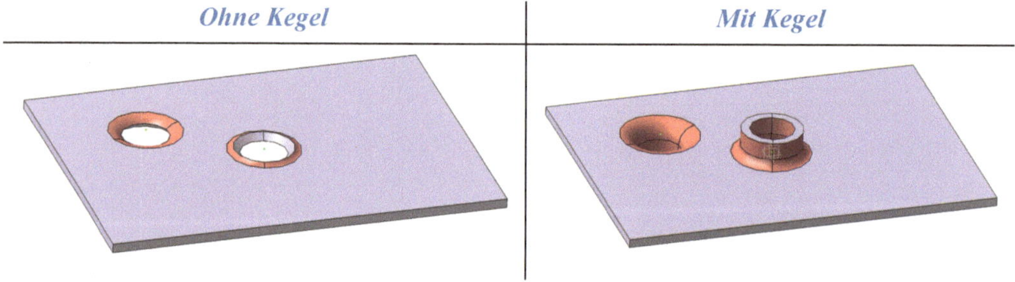

Erfolgt die Flanschbohrung mit einem Kegel, dann kann eine Höhe definiert werden. Mit den beiden Optionen wird festgelegt von welchen Referenzen die Höhe abhängt.

3.7.1 Übung 8 - Trittblech

Ziel: Es wird ein Trittblech für den Aufstieg an einem LKW konstruiert. Um eine rutschfreie Oberfläche zu schaffen, wird das Trittblech mit Flanschbohrungen ausgeführt. Das Trittblech wird mit einem 2 mm dicken Blech und einem Biege-radius von 3 mm hergestellt.

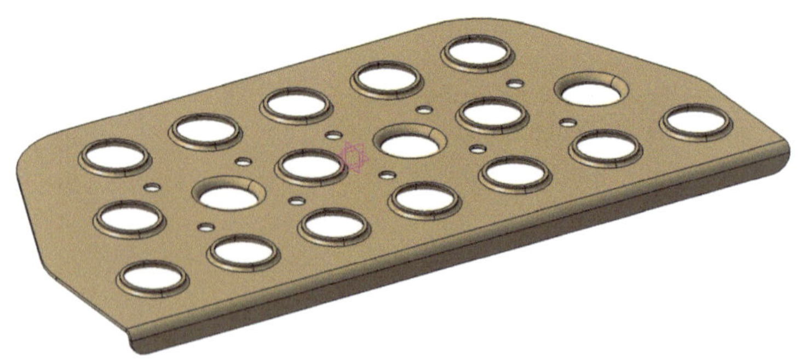

Arbeitsumgebung öffnen

⇨ *Start > Mechanische Konstruktion > Generative Sheetmetal Design > Neues Teil öffnen.*

⇨ Die Blechstärke mit 2 mm und der Biegeradius mit 3 mm müssen in den Parametern definiert werden.

Referenzwand erzeugen

⇨ Vom Ursprung aus wird ein symmetrisches Rechteck mit einer Länge von 400 mm und einer Breite von 200 mm im Skizzenmodus konstruiert.

Mit der Funktion *Wand* wird jetzt aus der Skizze eine Wand erzeugt.

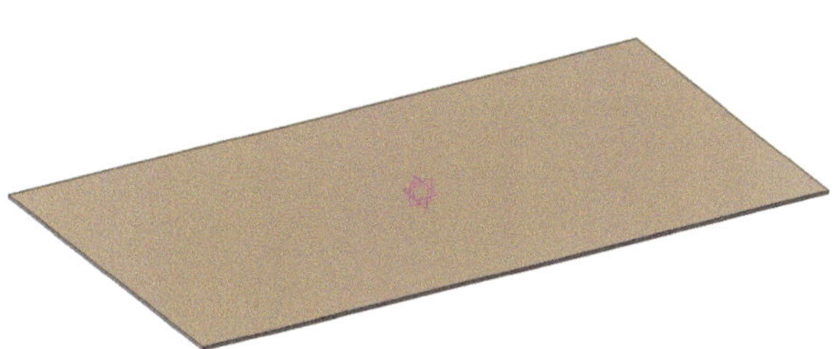

Außenkontur erzeugen

⇨ Für die passende Außenkontur werden zwei Fasen mit einem Winkel von 25° und einer Länge von 120 mm erzeugt. Im Anschluss werden die Kanten an den Fasen mit einem Radius von 50 mm abgerundet. In der folgenden Darstellung sind die Konstruktionsschritte grafisch dargestellt.

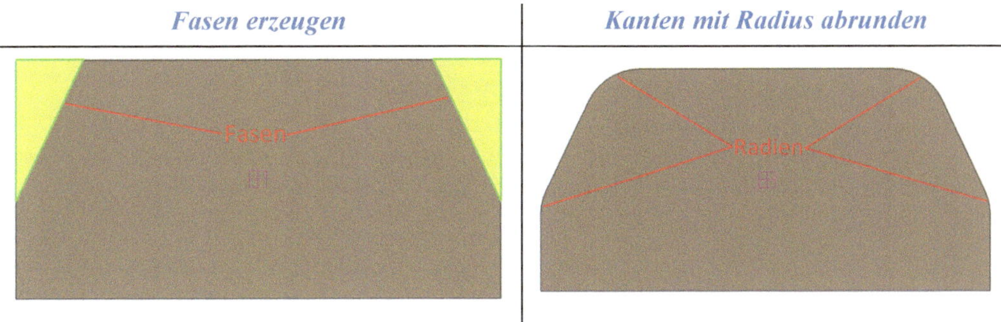

Flanschbohrungen definieren

⇨ Nachdem die Außenkontur fertig ist, können jetzt die Flanschbohrungen definiert werden. Dafür wird die Funktion *Flanschbohrung* und anschließend die Wand selektiert. Die Position des Cursors zum Zeitpunkt der Selektion wird als Position für die Flanschbohrung verwendet. Im Dialogfenster werden jetzt die Parameter entsprechend der rechten Abbildung definiert.

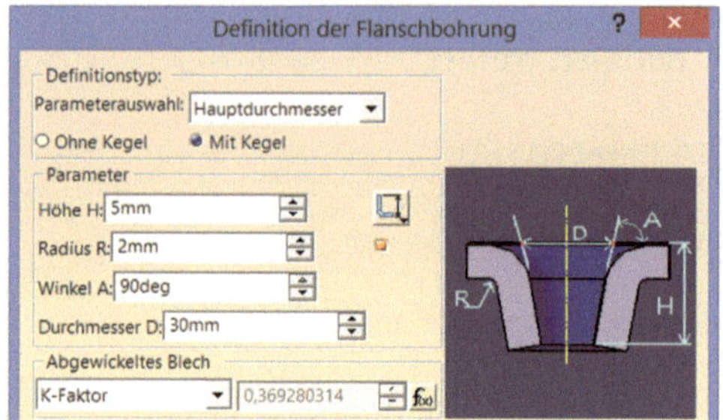

⇨ Das Dialogfenster wird mit OK geschlossen und die Flanschbohrung an der Wand erzeugt. Die genaue Position wird über die Skizze unterhalb der Flanschbohrung im Strukturbaum definiert.

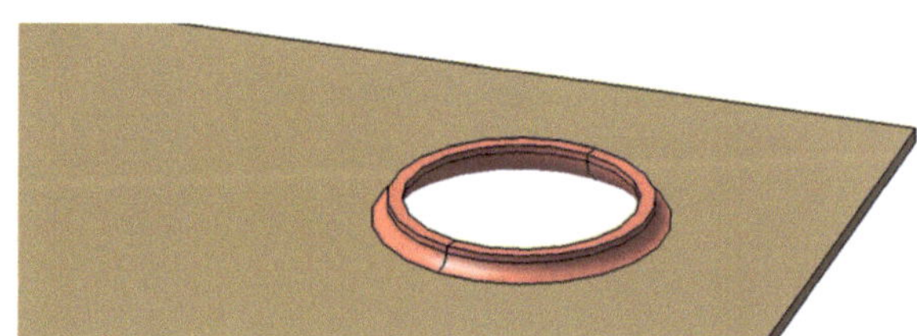

⇨ Es werden noch 17 weitere Flanschbohrungen erzeugt. Die Position der einzelnen Flanschbohrungen wird nach eigenem Ermessen durchgeführt. Am Ende der Positionierung sollte die Konstruktion in etwa der Konstruktion in der rechten Abbildung entsprechen. In der mittleren Reihe wurde für einen besseren Halt beim Auf- und Ausstieg aus dem Fahrerhaus die Ausrichtung der Flanschbohrungen abgewechselt.

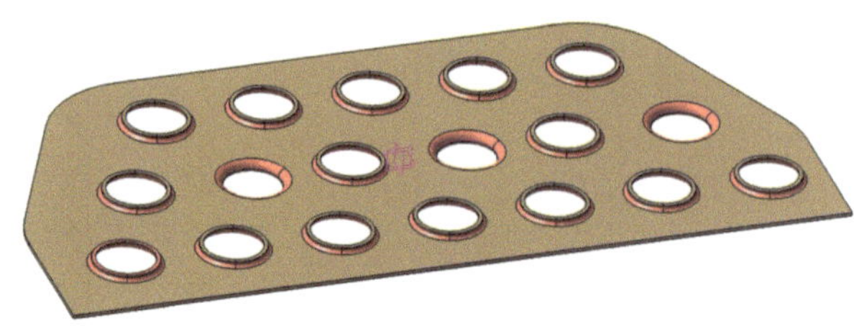

Hinweis: *In diesem Fall wurde jede Flanschbohrung einzeln erzeugt. Es gibt noch einen schnelleren Konstruktionsweg mit Hilfe von Musterdefinitionen. Diese Methode wird in Kapitel 6 detaillierter beschrieben.*

Bohrungen definieren

⇨ Zum Befestigen des Trittbleches auf einer weiteren Konstruktion werden 10 Bohrungen mit einem Durchmesser von 9 mm benötigt. Die Bohrungen können mit der Funktion *Bohrung* oder *Ausschnitt* erzeugt werden.

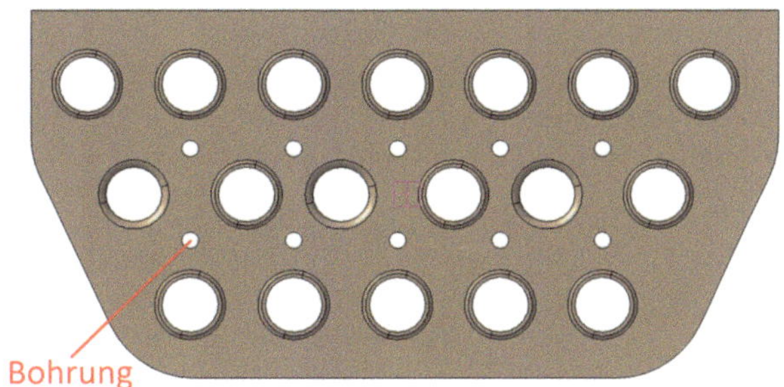

Wand mit Kante erzeugen

⇨ Um die Konstruktion fertig zu stellen, wird jetzt an der Vorderseite des Bleches noch eine Wand mit der Funktion

Wand an Kante hinzugefügt. Die Ecken werden mit einem Radius von 10 mm abgerundet.

3.8 Kreisstempel 

Ist in der Funktion ähnlich der Funktion *Flanschbohrung*, nur dass der Boden des Stempelabdruckes geschlossen und nicht geöffnet ist. Für die Parameterdefinition stehen wieder vier verschiedene Möglichkeiten zur Auswahl. Bevor das Dialogfenster geöffnet wird, müssen ein Referenzpunkt und eine Referenzebene ausgewählt werden.

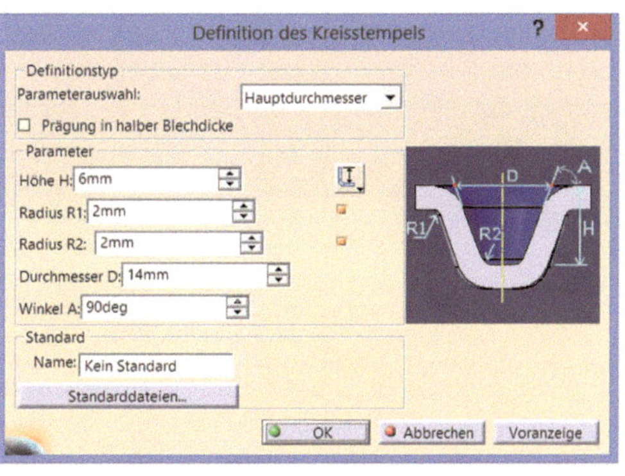

Hauptdurchmesser	*Nebendurchmesser*	*Zwei Durchmesser*	*Stanzer und Matrize*

Mit der Option *Prägung in halber Blechdicke* im Dialogfenster wird der Stempel in halber Blechdicke abgedrückt. Die rechte Abbildung zeigt die Unterschiede zwischen einem normalen Stempel und einem mit halber Blechdicke.

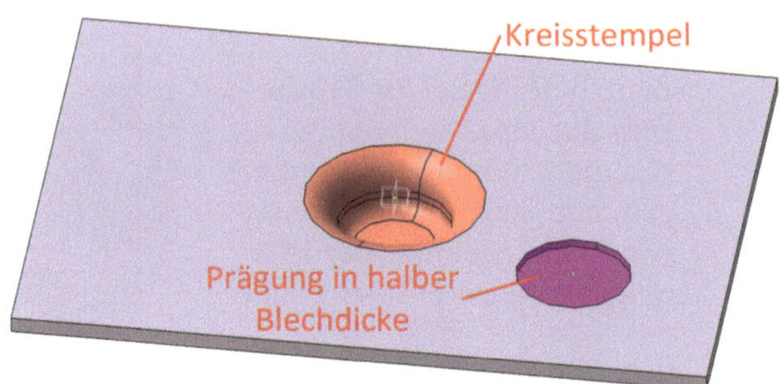

3.8.1 Übung 9 - Wärmeschutzblech mit Wärmebrücke

Ziel: Die im Rahmenlängsträger geführten pneumatischen und elektrischen Leitungen eines LKW müssen auf Grund hoher Temperaturen in einem bestimmten Bereich durch ein Wärmeschutzblech geschützt werden. Die Abschirmung erfolgt durch zwei Bleche. Um eine Wärmebrücke zwischen den beiden Blechen zu erzeugen, werden in dem äußeren Blech (rosa) Kreisstempel konstruiert. In der folgenden Übung wird nur das Blech mit den Kreisstempeln konstruiert. Die Konstruktion wird mit einem 3 mm Blech und einem Biegeradius von 4 mm ausgeführt.

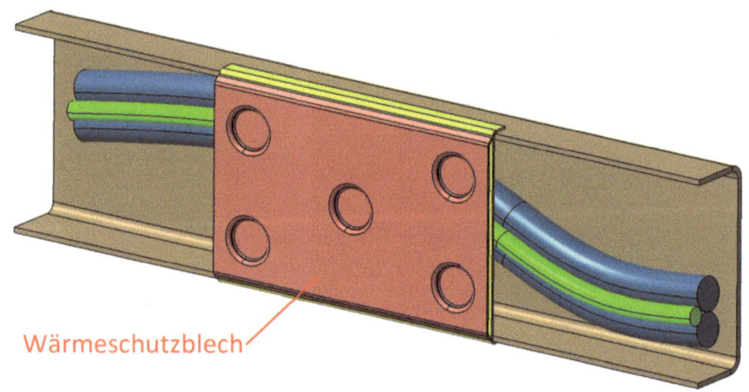

Arbeitsumgebung öffnen

⇨ *Start > Mechanische Konstruktion > Generative Sheetmetal Design > Neues Teil öffnen.*

⇨ Die Blechdicke und der Biegeradius mit 4 mm werden in den Parametern definiert.

Referenzwand erzeugen

⇨ Auf der yz-Ebene wird mit der Funktion *Wand* die Referenzwand erzeugt. Die rechteckige Wand wird vom Ursprung aus symmetrisch mit einer Länge von 400 mm und einer Breite von 240 mm konstruiert.

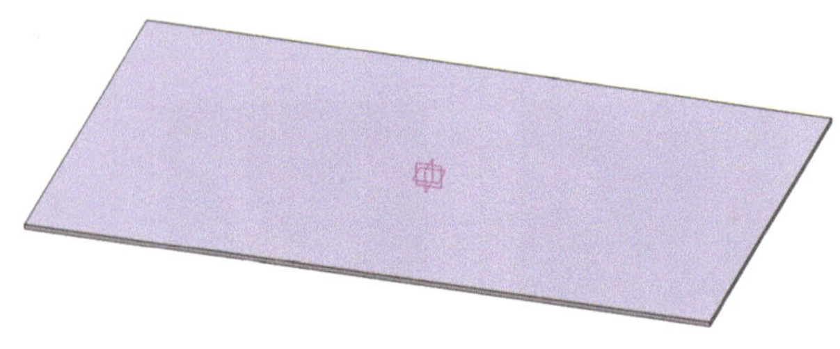

Kreisstempel erzeugen

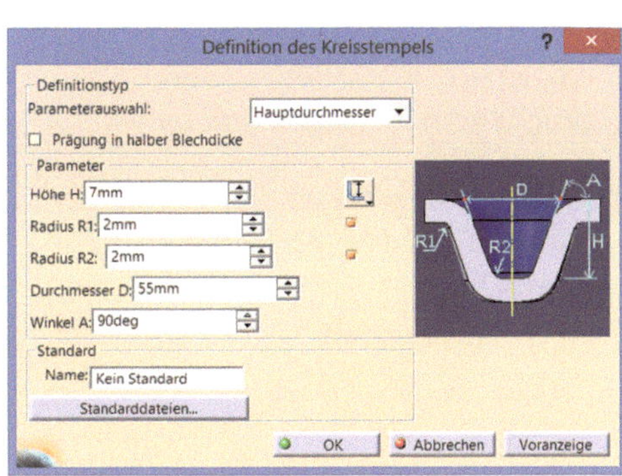

⇨ Die Funktion *Kreisstempel* wird selektiert. Anschließend muss die Wandfläche definiert werden, damit das Dialogfenster geöffnet wird. Im Dialogfenster werden die Parameter wie folgt definiert:

- Höhe H: 7 mm
- Radius R1: 2 mm
- Radius R2: 2 mm
- Durchmesser D: 55 mm
- Winkel A: 90°

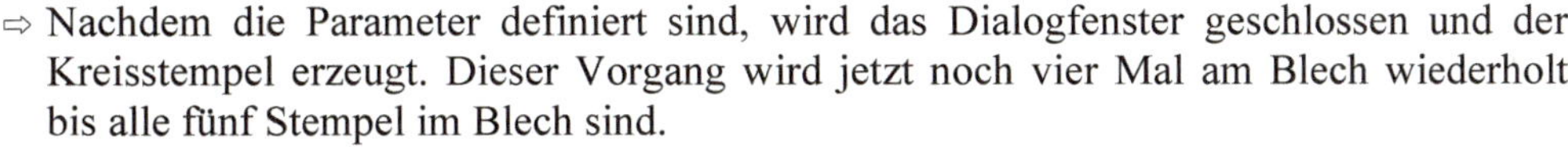

⇨ Nachdem die Parameter definiert sind, wird das Dialogfenster geschlossen und der Kreisstempel erzeugt. Dieser Vorgang wird jetzt noch vier Mal am Blech wiederholt bis alle fünf Stempel im Blech sind.

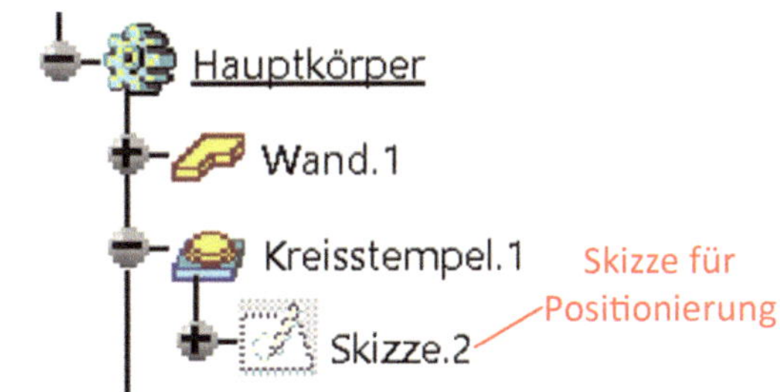

⇨ Die genaue Position der einzelnen Stempel ist noch nicht definiert. Dazu wird die Skizze unterhalb des Kreisstempels im Strukturbaum geöffnet. In der Skizze befindet sich ein Punkt welcher den Mittelpunkt des Stempels definiert. Durch die Positionierung des Mittelpunktes wird zugleich der Stempel positioniert.

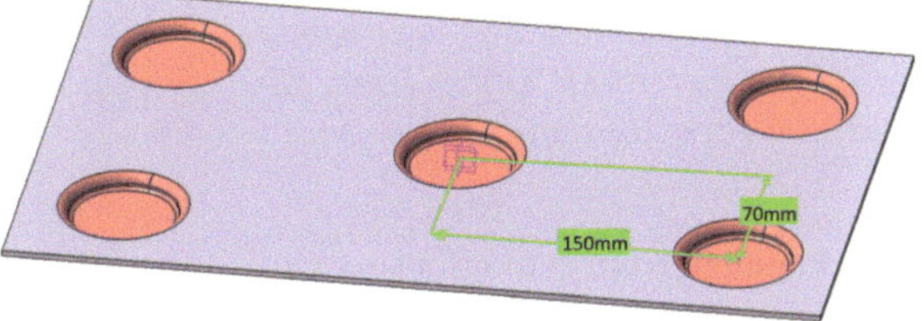

⇨ Vier Stempeln werden symmetrisch von Ursprung aus wie in der rechten Abbildung positioniert. Der fünfte Stempel wird genau im Ursprung definiert.

Abschrägung der Außenflächen

⇨ Als letzten Konstruktionsvorgang wird noch eine *Wand an Kante* erzeugt. Für die Funktion werden die Parameter wie folgt definiert.

- Typ: Automatisch
- Höhe: 9 mm
- Winkel: 139°

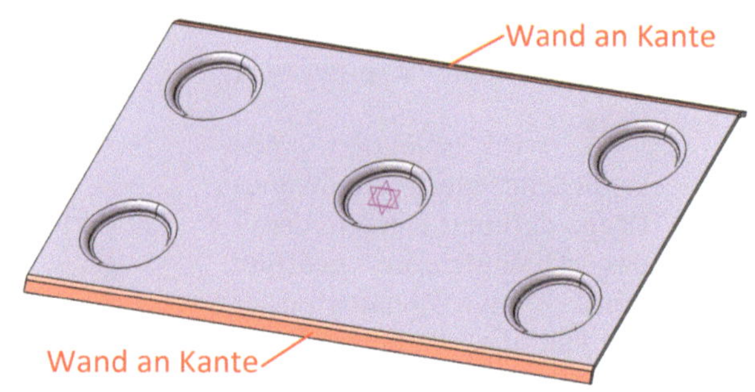

Das Wärmeschutzblech ist jetzt fertig konstruiert und die Übung abgeschlossen.

3.9 Versteifende Rippe 

Mit dieser Funktion werden Versteifungsrippen an einer Blechkonstruktion erzeugt. Um eine Rippe zu definieren, muss die Funktion *Versteifende Rippe* selektiert werden. Danach wird die Position der Rippe mit einem Referenzpunkt, welcher auf der Biegung liegt, definiert. Die zweite Eingabe ist nun die Außenfläche der der Biegung. Sind diese Eingaben erledigt, öffnet sich das Dialogfenster.

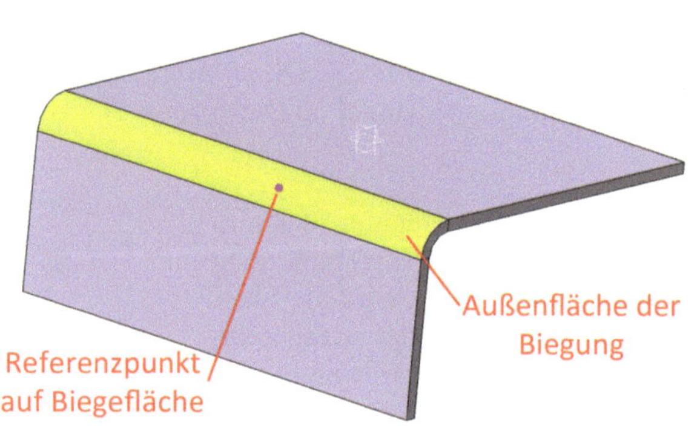

Hinweis: *Der Punkt muss immer zuerst selektiert werden, damit dieser als Referenzposition herangezogen wird. Wird kein Punkt selektiert, sondern gleich die Biegefläche dann wird die Position des Cursors als Positionsreferenz für die Rippe verwendet. Im Strukturbaum wird allerdings immer eine Skizze mit einem Punkt unterhalb der Rippe erzeugt. Über diese Skizze kann die Position ebenfalls definiert werden.*

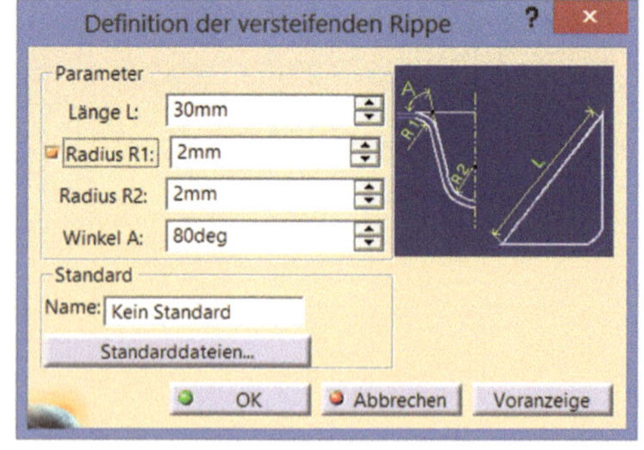

Die Parameter im Dialogfenster *Definition der versteifenden Rippe* werden entsprechend definiert. Die Beschreibung erfolgt wieder durch eine rechts angeordnete Abbildung. Im Dialogfenster kann der Radius deaktiviert oder aktiviert werden. Entsprechend wird die Rippe mit oder ohne Radius ausgeführt.

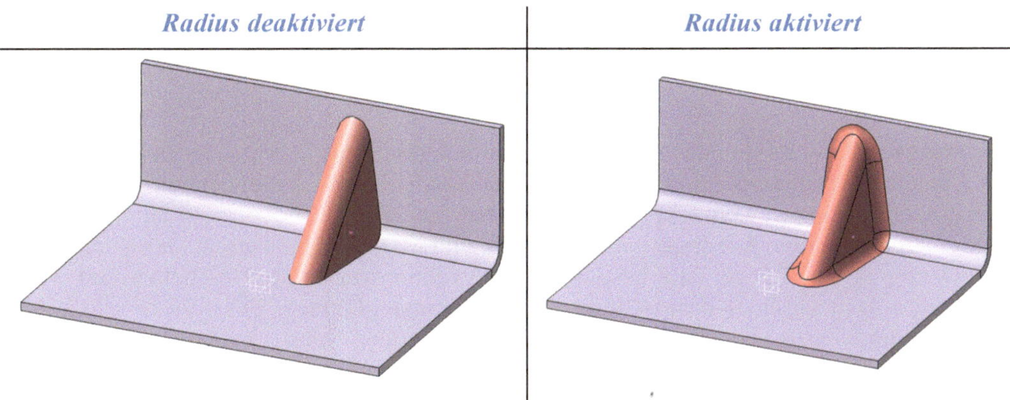

3.10 Stift

Zum Erzeugen eines stiftförmigen Abdruckes kann diese Funktion verwendet werden. Dazu werden wieder ein Referenzpunkt und eine Referenzfläche selektiert. Im Dialogfenster wird anschließend der Durchmesser definiert.

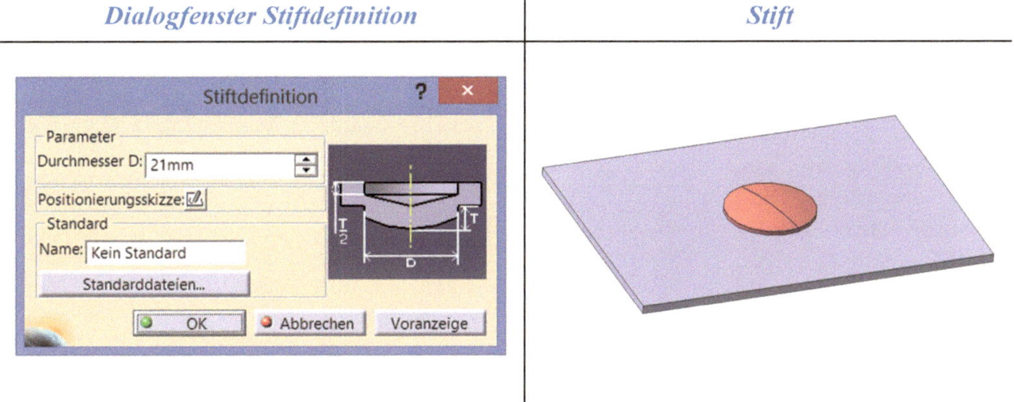

4 Konstruktionsmethodik

In diesem Kapitel wird die Konstruktionsmethodik vertieft. Bis jetzt lag der Schwerpunkt bei den Übungen vor allem darin, die Funktionen zu verstehen und anwenden zu können. Nachdem die verschiedenen Funktionen im Sheetmetal nun weitgehend vertraut sind, soll dieses Kapitel auf die richtige Konstruktionsreihenfolge und Methodik hinweisen. Das Kapitel zeigt, wie wichtig es ist, sich an eine bestimmte Konstruktionsreihenfolge zu halten und welche negativen Folgen falsche Konstruktionen mit sich bringen können. Es ist daher sehr wichtig sich vor jeder Konstruktion Gedanken über einen sinnvollen Konstruktionsablauf zu machen. Das erfordert vielleicht zu Beginn der Konstruktion Zeit, wirkt sich aber in Summe und auf weitere Änderungen positiv aus.

In weiterer Folge werden auch noch Methoden zur Vervielfältigung oder Transformation von geometrischen Elementen gezeigt, die vor allem viel Zeit sparen können. Wie können Umgebungen für die Konstruktion abgeleitet oder auch mit einer Konzeptgeometrie Blechbiegeteile erzeugt werden. All diese Themen werden behandelt.

4.1 Konstruktionsreihenfolge

Die Konstruktionsreihenfolge spielt im Sheetmetal eine wichtige Rolle. Die Reihenfolge, in welcher die Wände und die anderen geometrischen Elemente erzeugt werden entscheidet schlussendlich über die Änderungsmöglichkeit des Bauteils. Elemente oder Funktionen die in der Konstruktion unverändert bleiben, sollten im Strukturbaum möglichst weit oben angeordnet werden. In der rechten Abbildung ist ein Träger dargestellt. Dieser wurde in drei Farbbereiche unterteilt. Der rosafarbige Bereich stellt den unveränderten Bereich dar. In diesem Bereich werden zum Zeitpunkt des Konstruktionsstartes keine großen zukünftigen Änderungen erwartet. Der gelbe und blaue Bereich stellen die flexiblen Abschnitte dar. Die logische Schlussfolgerung daraus ist, dass die Elemente des rosa Bereiches an oberster Stelle im Strukturbaum angeordnet sind. Darunter folgen dann die Elemente welche ein höheres Änderungspotential haben. Im folgenden Abschnitt werden verschiedene Modifikationsszenarien und deren Auswirkung gezeigt.

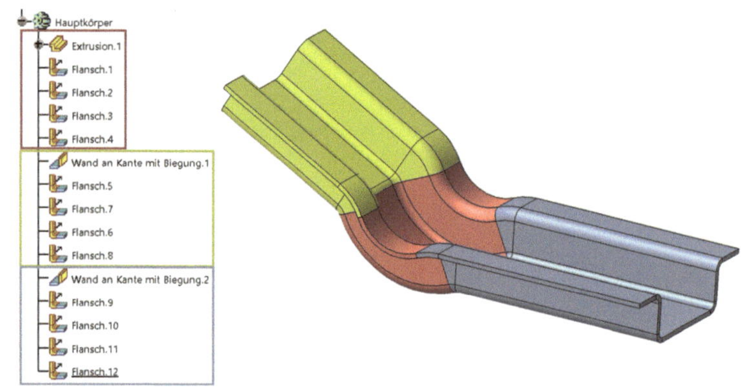

4.1.1 Modifikationsszenario I

In diesem Fall werden die Wände des gelben und blauen Bereiches verkürzt. Die Änderung erfolgt direkt an der *Wand an Kante mit Biegung*.

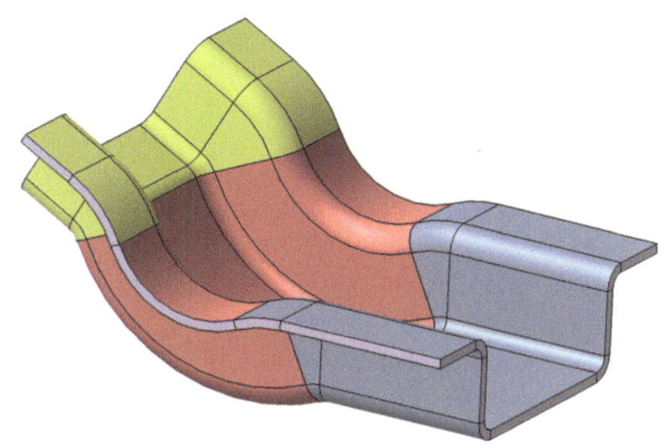

Resultat: Es gibt keine negativen Auswirkungen auf die Geometrie des Bauteils. Die Modifikation ist ohne Probleme möglich.

4.1.2 Modifikationsszenario II

In diesem Fall hat sich im Laufe der Entwicklung herausgestellt, dass die Konstruktion abgeändert werden muss und die Elemente des gelben Bereiches nicht mehr benötigt werden. Die folgenden Elemente werden also gelöscht:

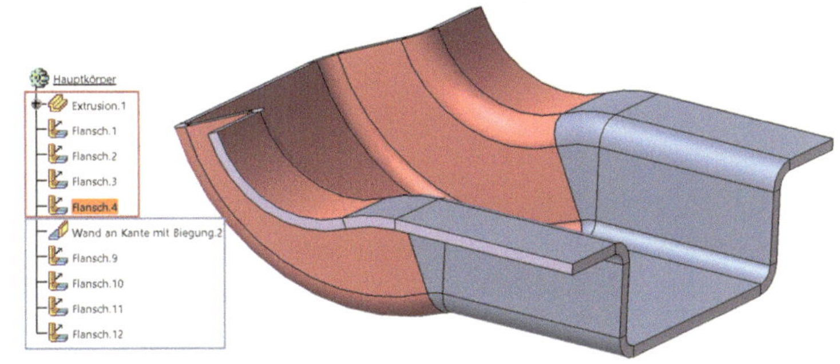

- Wand an Kante mit Biegung.1
- Flansch 5
- Flansch 6
- Flansch 7
- Flansch 8

Resultat: Die Änderung konnte durchgeführt werden, ohne dabei andere Elemente der Konstruktion negativ zu beeinflussen.

4.1.3 Modifikationsszenario III

In diesem Fall verlangt die Änderung, alle Elemente des gelben und blauen Bereiches zu entfernen. Lediglich die Grundstruktur des Bauteils wird benötigt.

Resultat: Die Modifikation ist schnell und leicht durchführbar. Es ergeben sich keine negativen Auswirkungen auf die Grundstruktur des Bauteiles.

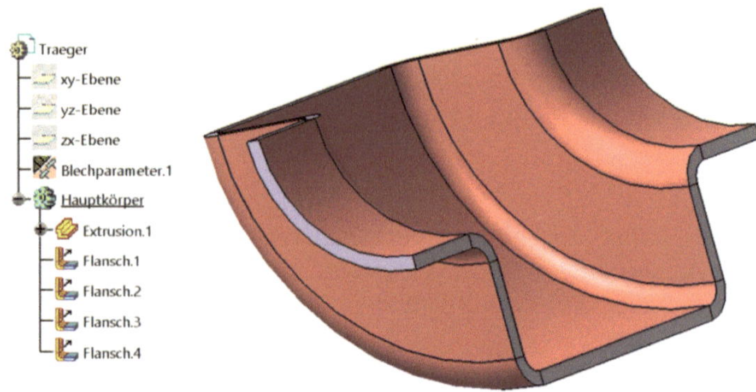

Werden jetzt alle drei Modifikationen betrachtet, ergibt sich durch die richtige Konstruktionsreihenfolge ein großer Spielraum für Veränderungen. In diesem Fall wurde eine optimale Konstruktionsreihenfolge dargestellt. Das nächste Unterkapitel soll dem Leser die negativen Auswirkungen bei einer ungünstigen oder wenig durchdachten Konstruktionsreihenfolge zeigen.

4.1.4 Ungünstiger Konstruktionsaufbau und Auswirkung

In diesem Unterkapitel wird jetzt eine ungünstige Konstruktion gezeigt. In diesem Fall wurde nicht mit dem roten Bereich, sondern mit dem gelben Bereich begonnen. Die erste Extrusion (Extrusion.2) im Strukturbaum ist also die Referenzwand für die Konstruktion.

Resultat: An dieser Konstruktion kann nur das vorige Modifikationsszenario I durchgeführt werden. Das Szenario II kann nicht durchgeführt werden, weil in diesem Fall die Referenzwand (Extrusion.2) der gesamten Konstruktion gelöscht wird und somit alle darunter liegenden Elemente. Das gleiche trifft beim Szenario III zu.

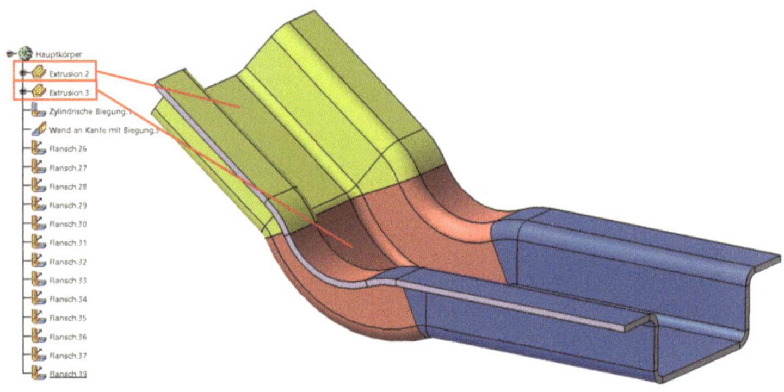

Hinweis: *Diese ungünstige Konstruktion zeigt deutlich die Nachteile gegenüber einer durchdachten Strukturierung oder Konstruktionsreihenfolge. Die Reihenfolge der Konstruktion hat also einen großen Einfluss auf spätere Modifikationsmöglichkeiten und die Stabilität der Konstruktion.*

4.1.5 Anwendungsbeispiele

Um die optimale Konstruktionsreihenfolge noch zu vertiefen, werden jetzt einige einfache Beispiele und deren Konstruktionsreihenfolge dargestellt.

Beispiel 1

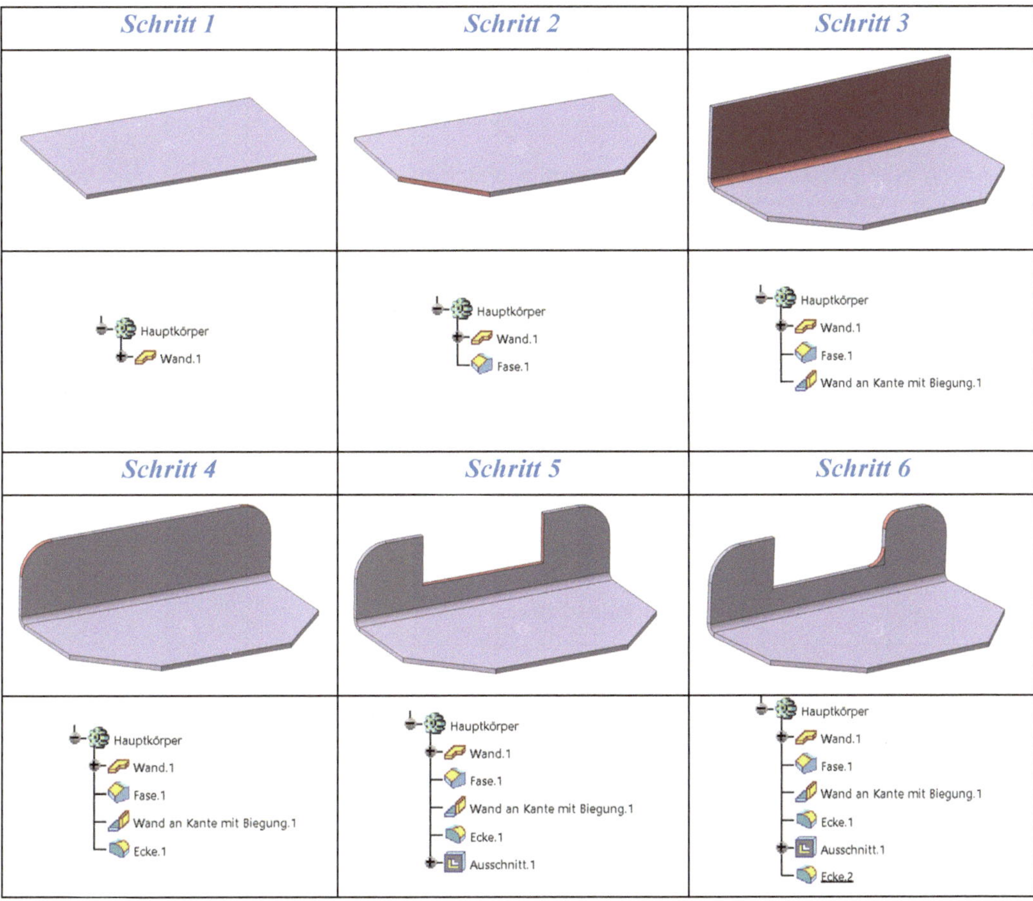

Hinweis: *Würde man die Eckenabrundungen (Ecke.1) erst in Schritt 6 machen, dann würden beim Löschen des Ausschnitts (Ausschnitt.1), nicht nur die abgerundeten Ecken im Ausschnitt, sondern auch die Ecken aus Schritt 4 gelöscht werden. Bei einer durchdachten Konstruktionsreihenfolge wie oben dargestellt, ist das nicht der Fall.*

Aus dem vorherigen Beispiel 1 können jetzt bestimmte Empfehlungen abgeleitet werden, die wie folgt aussehen:

- Immer mit der Konstruktion dort beginnen, wo die wenigsten Änderungen durchgeführt werden müssen. Diese Elemente sind im Strukturbaum an oberster Stelle angeordnet.

-
- *Eckenabrundungen (Ecke)*  , *Fasen*  oder die Funktion *Wand an Kante*  werden im Strukturbaum unterhalb der *Wand*  erzeugt.
- Ein *Ausschnitt*  oder eine *Bohrung*  wird unterhalb der Wand  erzeugt.
- Wird die *Ecke*  eines Ausschnittes abgerundet oder mit einer *Fase*  versehen, dann werden diese Elemente direkt unterhalb des Ausschnittes angeordnet.

Werden diese Empfehlungen zusammengefasst und strukturiert dargestellt, dann ergibt sich folgende Reihenfolge.

1			**Wand (Referenzwand)**
2			Ecken und Fasen
3			Ausschnitte und Bohrungen
4			**Wand an Kante oder Wand**
5			Ecken und Fasen
6			Ausschnitte und Bohrungen
7			Ecke oder Fase am Ausschnitt

Beispiel 2

Schritt 1	*Schritt 2*	*Schritt 3*
Wand.1	 Wand.1 Ausschnitt.1	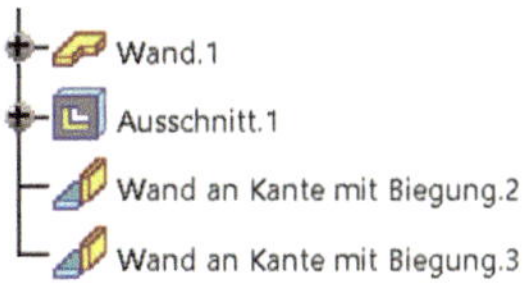 Wand.1 Ausschnitt.1 Wand an Kante mit Biegung.2 Wand an Kante mit Biegung.3
Schritt 4	*Schritt 5*	*Schritt 6*
 Wand.1 Ausschnitt.1 Wand an Kante mit Biegung.2 Wand an Kante mit Biegung.3 Ausschnitt.2	 Wand.1 Ausschnitt.1 Wand an Kante mit Biegung.2 Wand an Kante mit Biegung.3 Ausschnitt.2 Wand an Kante mit Biegung.4 Wand an Kante mit Biegung.5	 Wand.1 Ausschnitt.1 Wand an Kante mit Biegung.2 Wand an Kante mit Biegung.3 Ausschnitt.2 Wand an Kante mit Biegung.4 Wand an Kante mit Biegung.5 Wand an Kante.6 Wand an Kante.7 Wand an Kante.8
Schritt 7	*Schritt 8*	***Strukturbaum***
		Hauptkörper Wand.1 Ausschnitt.1 Wand an Kante mit Biegung.2 Wand an Kante mit Biegung.3 Ausschnitt.2 Wand an Kante mit Biegung.4 Wand an Kante mit Biegung.5 Wand an Kante.6 Wand an Kante.7 Wand an Kante.8 Ausschnitt.3 Zylindrische Biegung.1 Zylindrische Biegung.2 Zylindrische Biegung.3
Wand.1 Ausschnitt.1 Wand an Kante mit Biegung.2 Wand an Kante mit Biegung.3 Ausschnitt.2 Wand an Kante mit Biegung.4 Wand an Kante mit Biegung.5 Wand an Kante.6 Wand an Kante.7 Wand an Kante.8 Ausschnitt.3	Siehe rechts Strukturbaum	

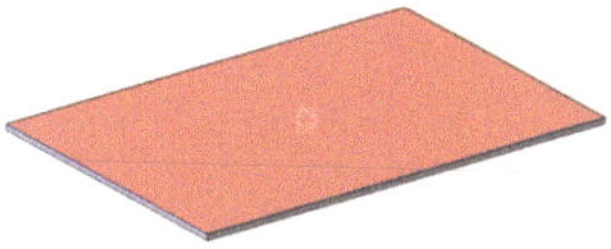

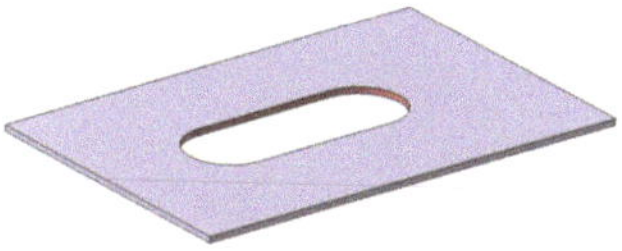

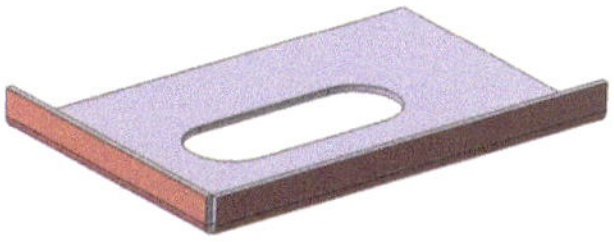

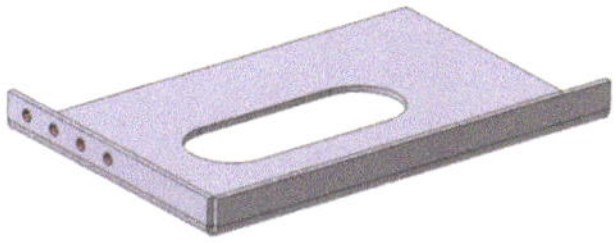

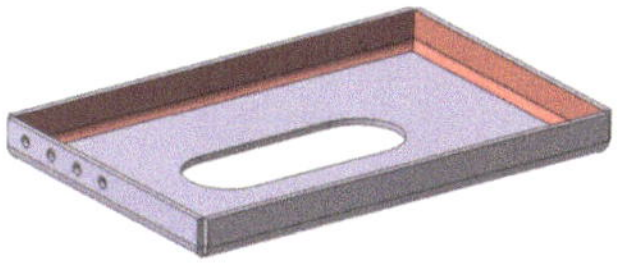

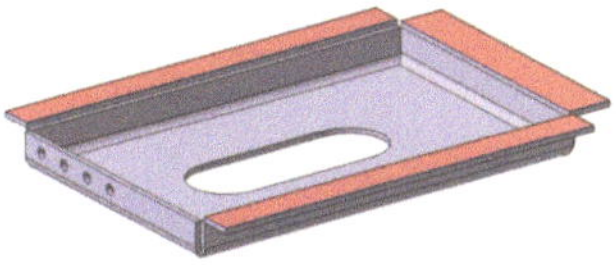

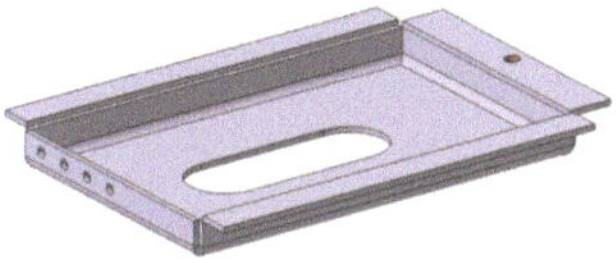

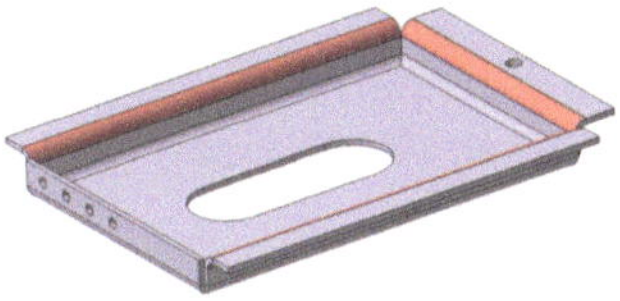

Beispiel 3

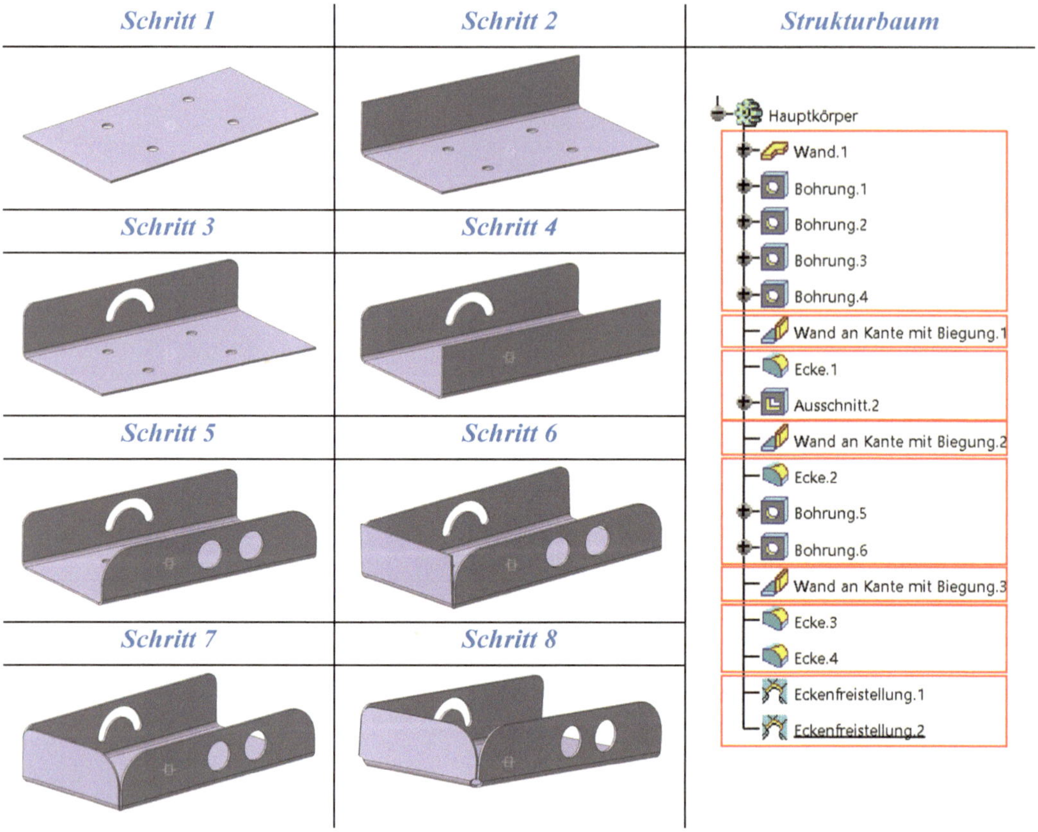

Schritt 1
Schritt 2
Strukturbaum
Schritt 3
Schritt 4
Schritt 5
Schritt 6
Schritt 7
Schritt 8
Hauptkörper
Wand.1
Bohrung.1
Bohrung.2
Bohrung.3
Bohrung.4
Wand an Kante mit Biegung.1
Ecke.1
Ausschnitt.2
Wand an Kante mit Biegung.2
Ecke.2
Bohrung.5
Bohrung.6
Wand an Kante mit Biegung.3
Ecke.3
Ecke.4
Eckenfreistellung.1
Eckenfreistellung.2

Hinweis: *Diese vorgestellten Konstruktionsreihenfolgen sind nur Empfehlungen aber keine Forderungen für eine gute Änderbarkeit des Bauteiles.*

Skiz
Wand a
Ecke.1
Ausschr
Grafik zentrieren
Ansicht ausrichten auf
Verdecken/Anzeigen
Eigenschaften
Alt+Enter
Untergeordnete Baumstruktur öffnen
Objekt in Bearbeitung definieren
Ausschneiden
Ctrl+X

Oft müssen zu einem späteren Zeitpunkt noch weitere Elemente wie Fasen, Bohrungen usw. eingefügt werden. Um dieses Element an die richtige Stelle im Strukturbaum einzufügen, muss das entsprechende Element davor mit der *rechten Maustaste* in *Bearbeitung* definiert werden. Danach kann die Konstruktionsfunktion ausgeführt werden.

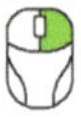

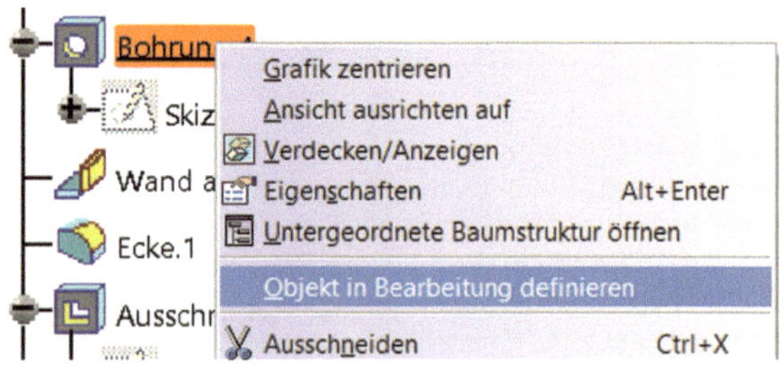

Hinweis: *Es gibt auch die Möglichkeit, Elemente zu einem späteren Zeitpunkt im Strukturbaum zu ordnen. Dazu wird jenes Element im Strukturbaum, das neu platziert werden soll mit der rechten Maustaste selektiert und anschließend im Kontextmenü die Option Objekt ... > Neu anordnen ausgewählt.*

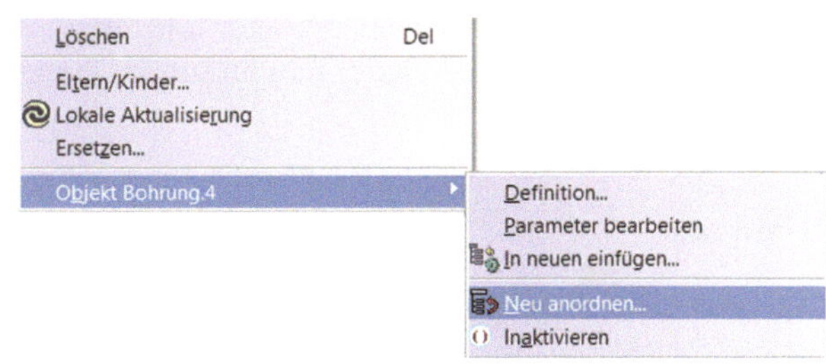

Danach öffnet sich das Dialogfenster *Neuordnung der ...* in welchem jetzt zwei Definitionen vorgenommen werden. Es wird ein Referenzelement im Strukturbaum definiert. Mit der zweiten Definition wird dann im Dialogfenster definiert, ob das neu anzuordnende Element

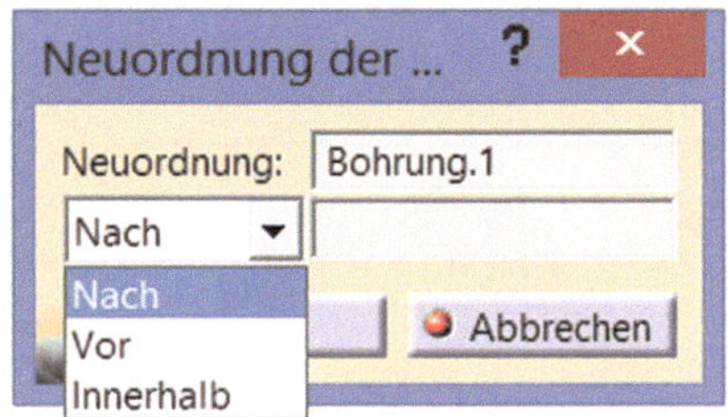

- nach
- vor oder
- innerhalb

des Referenzelementes platziert wird. Erst mit dem Schließen des Dialogfensters wird das Element verschoben.

4.2 Elemente transformieren

In diesem Kapitel werden jetzt Methoden gezeigt, wie geometrische Elemente gespiegelt, verdreht, verschoben oder durch ein benutzerdefiniertes Muster vervielfältigt werden können. Konstruktionen können dadurch oft schneller erzeugt werden, da es zum Beispiel möglich ist mit wenigen Definitionen Elemente zu spiegeln oder musterförmig zu vervielfältigen und diese nicht einzeln konstruiert werden müssen.

4.2.1 Spiegelung

Die Funktion *Spiegelung* ermöglicht es, verschiedene geometrische Elemente wie zum Beispiel einen Ausschnitt, eine Bohrung, einen Stempel, einen Flansch usw. um eine Ebene zu spiegeln. Beim Selektieren der Funktion öffnet sich das Dialogfenster *Definition der Spiegelung: ...* in dem nun eine Referenzebene für die Spiegelung und anschließend das zu spiegelnde Element definiert werden. Nachdem diese Eingaben abgeschlossen sind, kann das Dialogfenster mit OK geschlossen werden und die Spiegelung wird umgesetzt. An einem bereits durchgeführten Übungsbeispiel wird eine Spiegelung eines Elementes dargestellt.

Hinweis: *Wird mit der rechten Maustaste in das Eingabefeld für die Spiegelebene geklickt, dann öffnet sich das Dialogfenster für die Ebenen Definition wo eine neue Ebene erzeugt werden kann.*

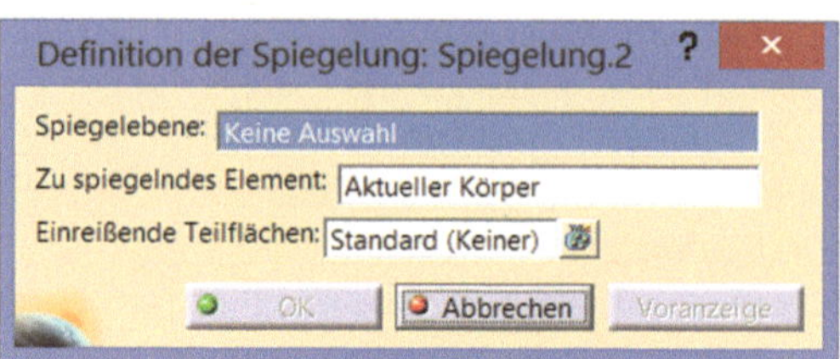

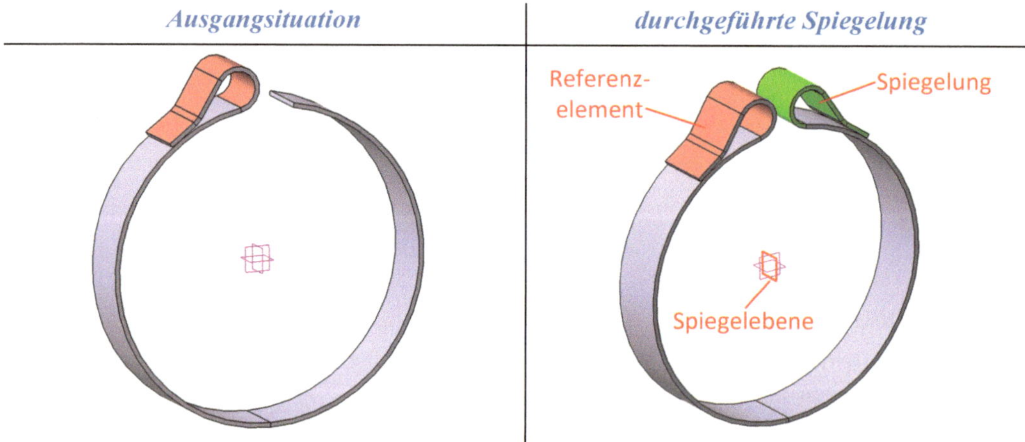

Ergibt die Spiegelung ein geschlossenes Profil wie in der rechten Abbildung, dann führt dies zu einem Problem. Durch das geschlossene Profil könnte keine Abwicklung erzeugt werden, daher muss im Dialogfenster *Definition der Spiegelung ...* eine *Einreißende Fläche* definiert werden. Entsprechend dieser Definition wird der Körper dann auch abgewickelt.

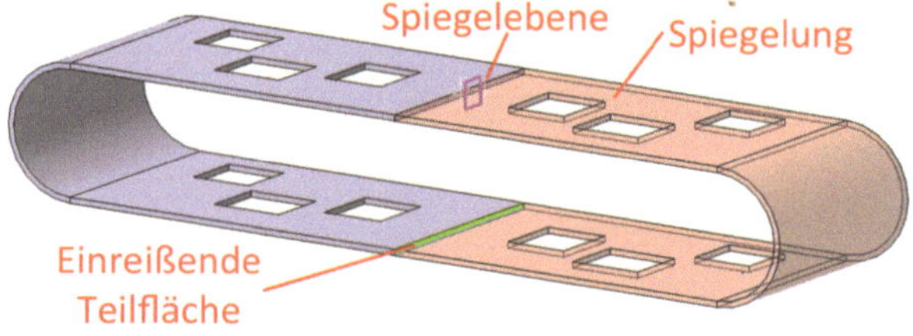

Hinweis: *Mit der einreißenden Fläche wird ein Schnitt an dem geschlossenen Profil für die Abwicklung definiert.*

4.2.2 Rechteckmuster

Mit dem *Rechteckmuster* kann ein geometrisches Element in zwei Richtungen vervielfacht werden. Für ein besseres Verständnis wird diese Funktion ebenfalls an einem bereits dargestellten Übungsbeispiel erläutert. Um das Dialogfenster zu öffnen, muss die Funktion und anschließend jenes geometrische Element welches vervielfacht werden soll, selektiert werden. Im Dialogfenster *Definition für rechteckiges Muster* gibt es zwei Registerkarten für die erste Richtung und die zweite Richtung. Beide Registerkarten sind von der Strukturierung identisch, können aber mit unterschiedlichen Parametern definiert werden. Für die Definition des Musters stehen in den beiden Registerkarten folgende Parameter zur Auswahl:

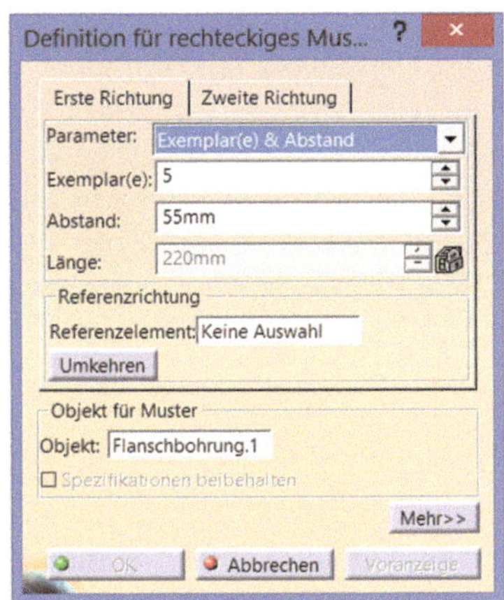

- Exemplar(e) & Abstand
- Exemplar(e) & Länge
- Abstand & Länge
- Exemplar(e) & ungleicher Abstand

Für beide oder auch nur eine Richtung muss jetzt eine Referenz selektiert werden. Das kann zum Beispiel eine Ebene, Linie, Achse oder die Kompassausrichtung sein. Die beiden Richtungen werden am Referenzobjekt mittels Pfeilen dargestellt. Durch Selektieren der Pfeile kann die Richtung umgekehrt werden.

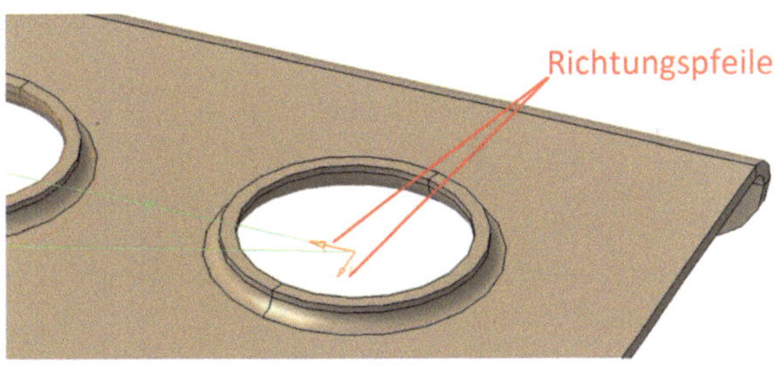

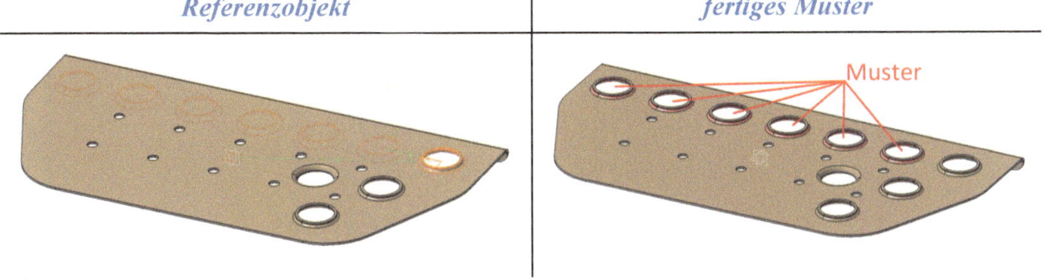

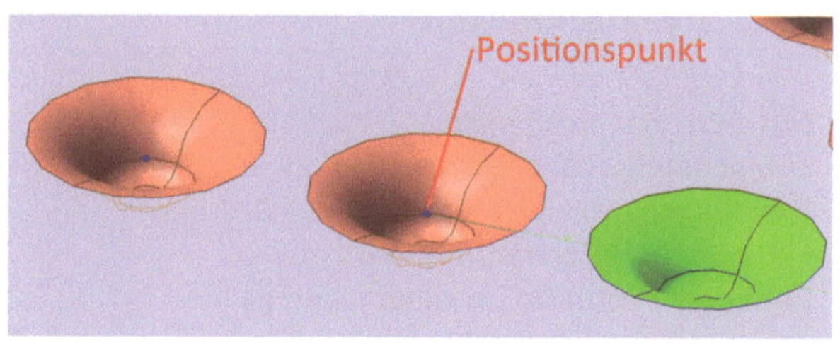

Hinweis: *In manchen Anwendungsfällen wird ein Muster benötigt, jedoch nicht immer alle Positionspunkte des Musters. In diesem Fall müssen beim Definieren im Dialogfenster nur jene Punkte selektiert werden, die nicht im Muster benötigt werden. Mit einer weiteren Selektion wird der Punkt für das Muster wieder aktiv. Damit kann ein Muster mit einer Unregelmäßigkeit erzeugt werden.*

4.2.3 Übung 10 - Trittblech mit Rechteckmuster erzeugen

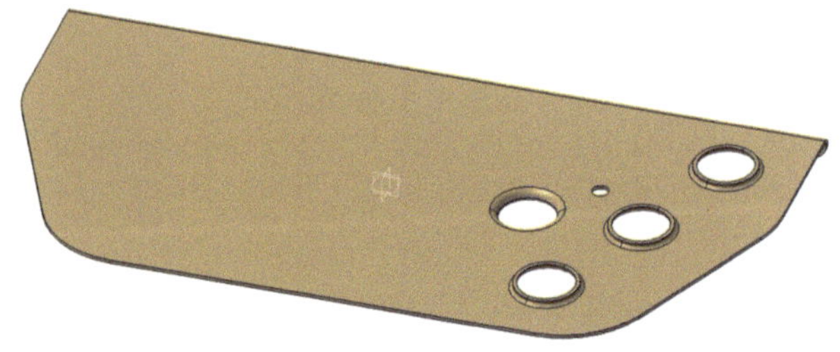

Ziel: Es sollen an dem bereits in einer früheren Übung konstruierten Trittblech die Flanschbohrungen und Bohrungen zur Befestigung mit einem Rechteckmuster erzeugt werden. Das fertige Beispiel 8 wird geöffnet und alle Flanschbohrungen und Bohrungen, die nicht in der rechten Abbildung dargestellt sind, werden gelöscht.

Muster erzeugen

⇨ Mit drei verschiedenen Mustern können jetzt alle Flanschbohrungen erzeugt werden.

⇨ Die Bohrungen bzw. Ausschnitte (je nach Ausführung) werden ebenfalls mit einem rechteckigen Muster und zwei definierten Richtungen erzeugt.

Die Konstruktion sollte der rechten Abbildung mit dem dargestellten Strukturbaum entsprechen.

Hinweis: *Werden die Muster richtig angewendet, sollte sich dadurch ein wesentlicher Zeitvorteil gegenüber der in Übung 8 beschriebenen Vorgangsweise ergeben.*

4.2.4 Kreismuster

Mit der Funktion *Kreismuster* werden jetzt anstatt rechteckiger Muster kreisförmige konstruiert. Um das Dialogfenster zu öffnen, muss die Funktion und anschließend das zu vervielfältigende Objekt selektiert werden. Im Dialogfenster gibt es wieder zwei Registerkarten. Eine für die *Axialreferenz* und eine für die *Kranzdefinition*. Im Fenster *Axialreferenz* werden die entsprechenden Parameter und eine Referenzrichtung (eine Achse) definiert. Wie beim Rechteckmuster gibt es auch hier die Möglichkeit zwischen folgenden Parametern zu wählen:

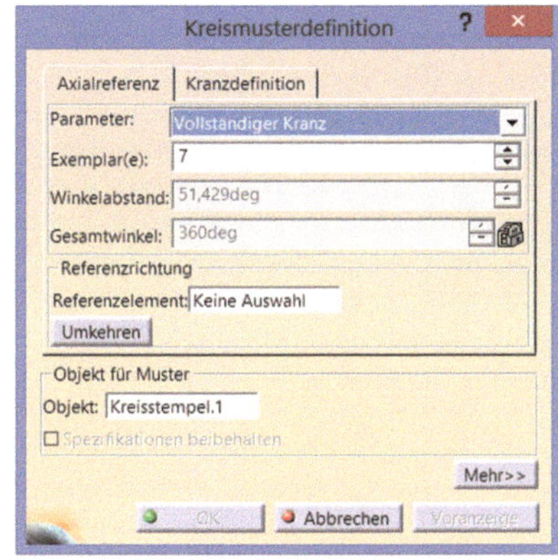

- *Exemplar(e) & Gesamtwinkel*
- *Exemplar(e) & Winkelabstand*
- *Winkelabstand & Gesamtwinkel*
- *vollständiger Kranz*
- *Exemplar(e) & ungleicher Winkelabstand*

In der Registerkarte *Kranzdefinition* werden alle Parameter für weitere Kränze definiert. Dazu stehen folgende Parametermöglichkeiten zur Auswahl:

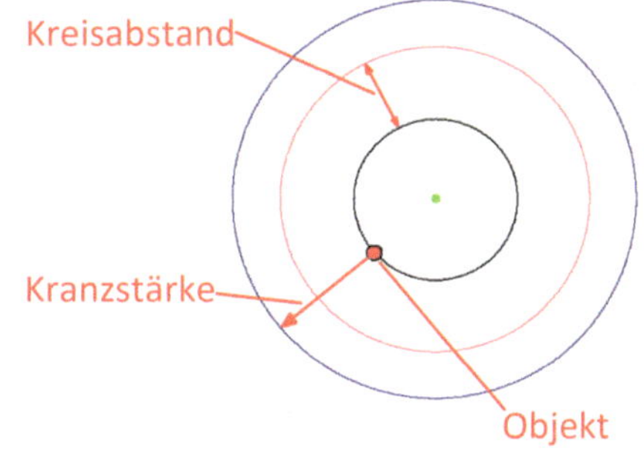

- *Kreis(e) & Kranzstärke*
- *Kreis(e) & Kreisabstand*
- *Kreisabstand & Kranzstärke*

Hinweis: *Nicht benötigte Positionspunkte können durch Selektieren deaktiviert werden.*

Alle Positionspunkte aktiv	*2 Positionspunkte deaktiviert* 
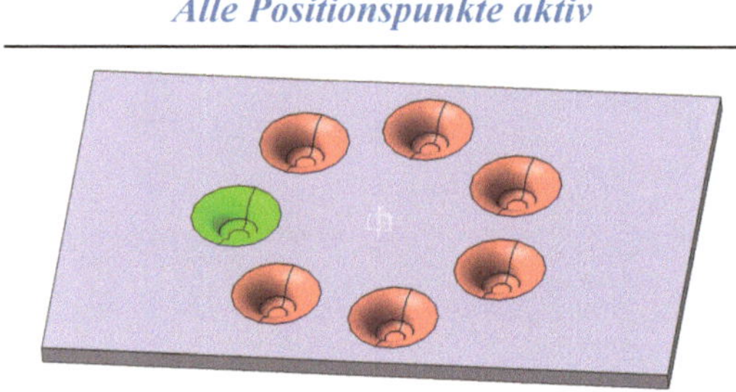	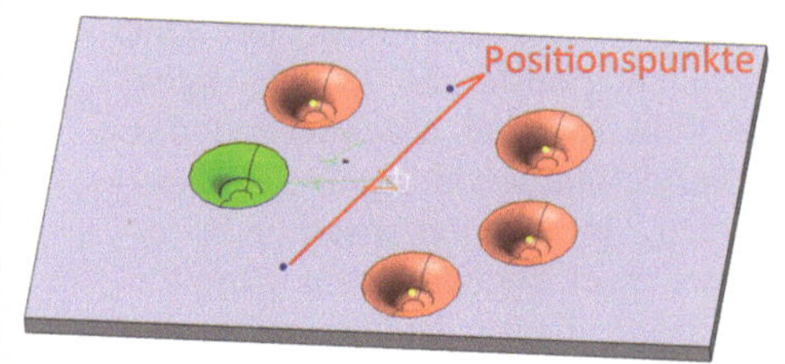

4.2.5 Benutzermuster

Die Funktion *Benutzermuster* ermöglicht es, geometrische Elemente nach einem benutzerdefinierten Muster zu vervielfachen. Das Muster wird durch eine Skizze definiert. Zum Öffnen des Dialogfensters wird wieder die Funktion und anschließend das Objekt selektiert. Im Dialogfenster wird anschließend bei Positionen die Skizze mit dem benutzerdefinierten Muster selektiert. Mit dem Anker kann ein Referenzelement definiert werden, an dem das Muster (Skizze) fixiert oder verankert wird. Über dieses Referenzelement kann das Muster verschoben werden.

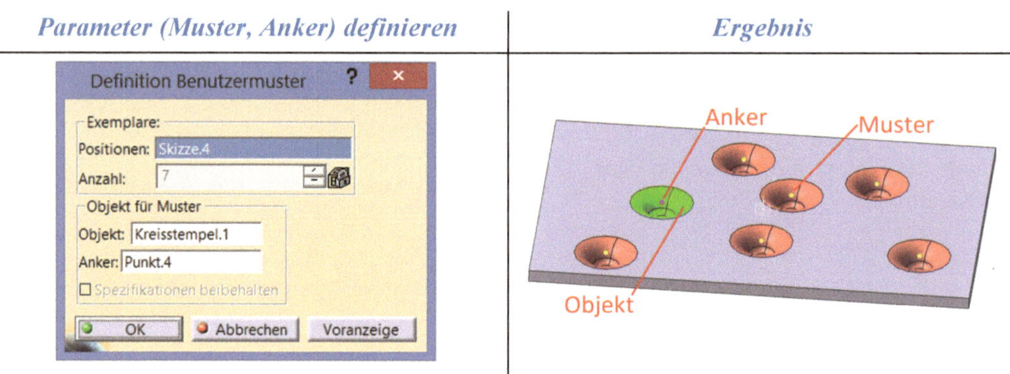

Hinweis: *Nicht benötigte Positionspunkte können durch das Selektieren bei der Definition deaktiviert werden.*

4.2.6 Verschiebung

Mit der Funktion *Verschiebung* können Köper verschoben werden. Dazu wird der zu verschiebende Körper aktiv gesetzt und anschließend die Funktion selektiert. Das Dialogfenster *Verschiebungsdefinition* öffnet sich. Es gibt drei verschiedene Vektordefinitionen, die wie folgt lauten:

- ***Richtung, Abstand*** (Es werden eine Richtung und ein Abstand definiert, vergleiche Bild.)
- ***Punkt zu Punkt*** (Die Verschiebung erfolgt von Punkt A zu Punkt B.)
- ***Koordinaten*** (Die Verschiebung wird über Koordinaten gesteuert.)

Je nach Vektordefinition stehen unterschiedliche Parameter zur Auswahl.

Parameter im Dialogfenster definieren	***Verschiebung des Körpers***

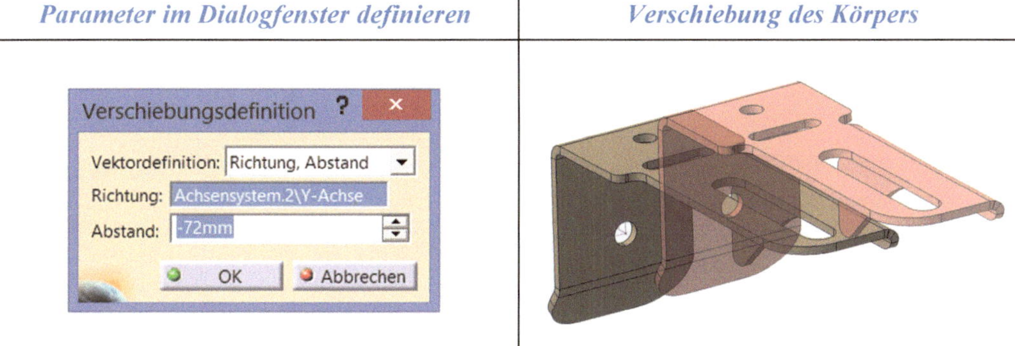

Hinweis: *Die Verschiebungsdefinition im Dialogfenster wird dynamisch an der Geometrie dargestellt.*

4.2.7 Drehung

Die Funktion *Drehung* kann einen Körper um eine Achse rotieren lassen. Dazu wird wieder der entsprechende Körper aktiv gesetzt und anschließend die Funktion selektiert. Im Dialogfenster Rotationsdefinition stehen drei unterschiedliche Modi für die Definition der Parameter zur Auswahl.

- ***Achse - Winkel***
- ***Achse - zwei Elemente***
- ***Drei Punkte***

Je nach Definitionsmodus stehen unterschiedliche Parameter zur Auswahl. Die Unterschiede in der Parameterdefinition werden an zwei Beispielen vorgestellt.

Achse - Winkel

In diesem Fall werden eine Rotationsachse (lineares Element) und der gewünschte Winkel mit einem Wert definiert.

Parameter im Dialogfenster definieren	*Verdrehung des Körpers*
Rotationsdefinition Definitionsmodus: Achse - Winkel Achse: Achsensystem.2\Z-Achse: Winkel: 43deg OK Abbrechen	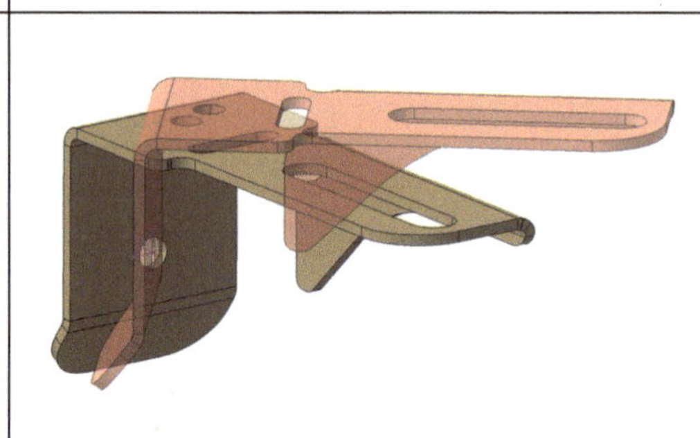

Achse - zwei Elemente

Die Rotationsachse wird durch ein lineares Element definiert. Der Winkel wird mit zwei geometrischen Elementen, wie zum Beispiel mit einer Linie und einem Punkt, definiert.

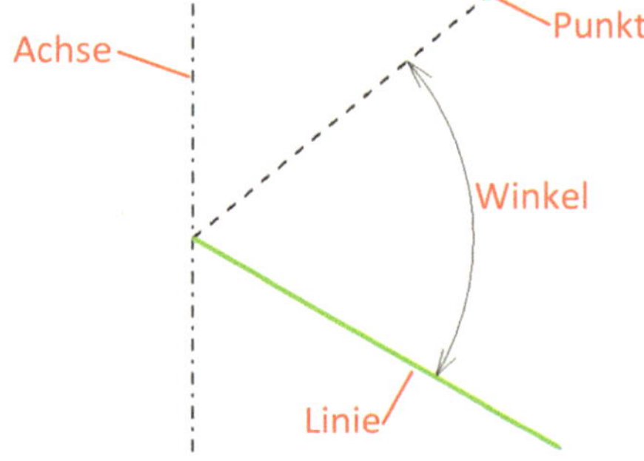

Drei Punkte

Die Rotation wird durch drei Punkte definiert. Die drei Punkte bilden eine Ebene. Die Rotationsachse ist normal zu dieser Ebene und liegt im Punkt 2. Der Rotationswinkel wird durch zwei Vektoren, welche durch die Punkte (Punkt 2 und Punkt 3 sowie Punkt 2 und Punkt1) erzeugt werden, definiert.

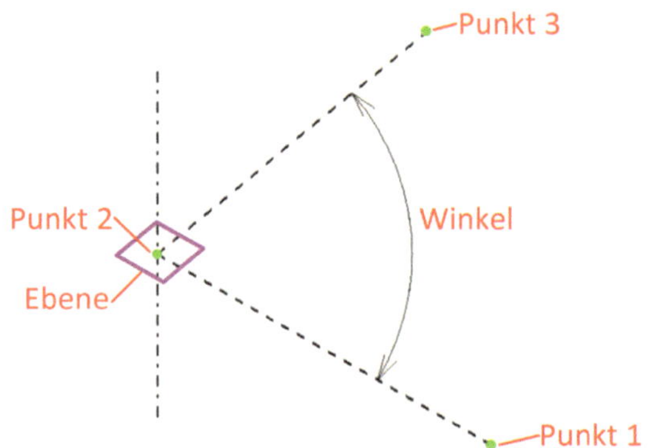

4.2.8 Symmetrie

Mit der Funktion *Symmetrie* kann ein Körper gespiegelt werden. Die Funktion wird selektiert und im Dialogfenster *Spiegelungsdefinition* eine Referenz für die Symmetrie ausgewählt. Das kann ein Punkt, eine Ebene oder eine Linie sein.

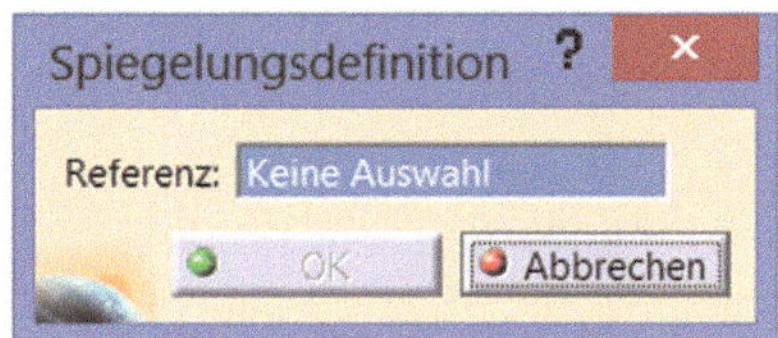

Hinweis: *Die Funktion Symmetrie entspricht nicht der Funktion Spiegelung . In diesem Fall wird der aktive Körper symmetrisch dargestellt und keine zusätzliche Geometrie als Spiegelung erzeugt.*

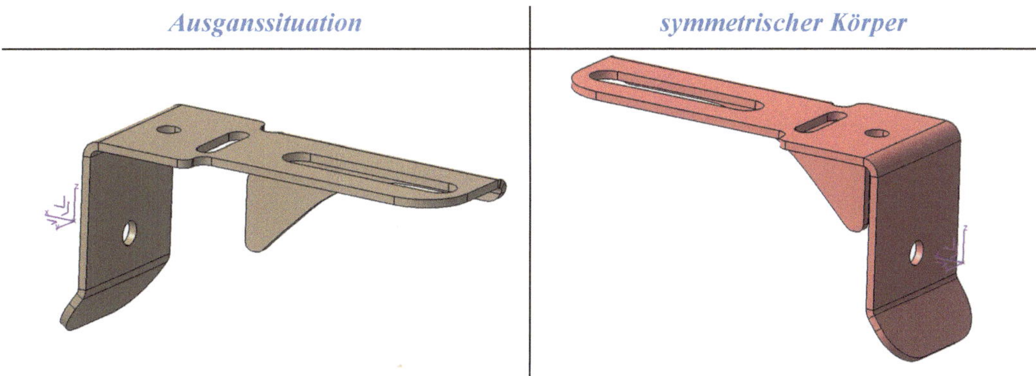

4.3 Skelett - Steuergeometrie

Ein Skelett ist eine Steuergeometrie für die Konstruktion. Es kann aus Ebenen, Punkten oder Linien bestehen. Ebenen können dazu verwendet werden, um die groben Abmessungen des Bauteils zu beschreiben. Mit Skelettpunkten können Bohrungen oder kreisförmige Ausschnitte und mit einer Linie kann eine Führungskurve oder Rotationsachse gesteuert werden. Die geometrischen Skelettelemente dienen also dazu, die Grundstruktur des Bauteils zu beschreiben.

In der weiteren Konstruktion werden dann zum Beispiel die Abmessungen in den Skizzen oder Positionspunkte für Bohrungen auf dieses Skelett referenziert. Dadurch ist das Bauteil leicht über das Skelett zu steuern und es werden einheitliche Schnittstellen geschaffen, was wiederum für eine gute Übersicht sorgt und Änderungen erleichtert.

Hinweis: *Das Skelett sollte die wesentlichen Abmessungen des Bauteils sowie alle wichtigen Schnittstellen für andere Bauteile beschreiben. Flächen sollten generell als Steuergeometrie vermieden werden, weil dadurch die Konstruktionsstabilität des Bauteils leidet.*

An einem Beispiel wird jetzt die Arbeitsmethodik mit einem Skelett genauer erläutert. Die Bilder sollen für ein besseres Verständnis sorgen. In einem geometrischen Set im Blechteil werden die Skelettelemente bzw. Steuerelemente (Ebene, Punkt, Linie), welche die Außenmaße, die Positionen für Bohrungen oder Schnittstellen zu anderen Bauteilen bilden, definiert. Die Maße müssen dabei noch nicht der endgültigen Konstruktion entsprechen. Diese können dann später leicht über das Skelett angepasst werden.

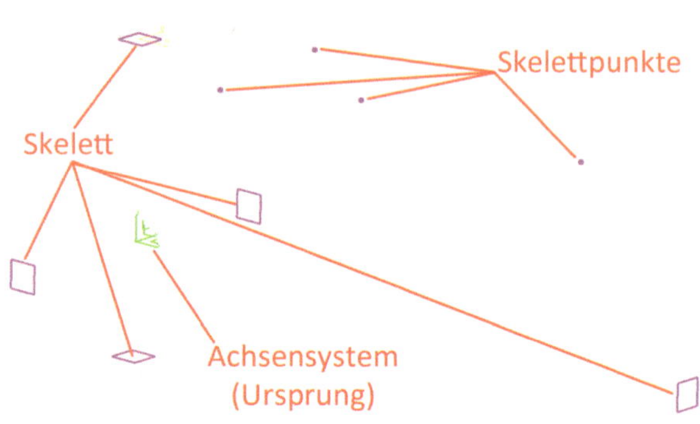

Hinweis: *Bei den Skelettelementen ist es immer wichtig ein gutes Maß an Steuerelementen zu finden. Zu viele Elemente können die Konstruktion unnötig verkomplizieren. Zu wenige Elemente können dafür sorgen, dass die Vorteile eines Skelettes nicht ausgenützt werden können. Es ist daher wichtig, sich vor der Konstruktion Gedanken zu machen, welche Elemente variabel sein sollen oder wichtig sind für weitere Schnittstellen.*

Die verschiedenen Konstruktionselemente werden jetzt Schritt für Schritt erzeugt. Die Skizzen und Wände werden auf das Skelett (Ebenen, Punkte, Linien) assoziativ referenziert.

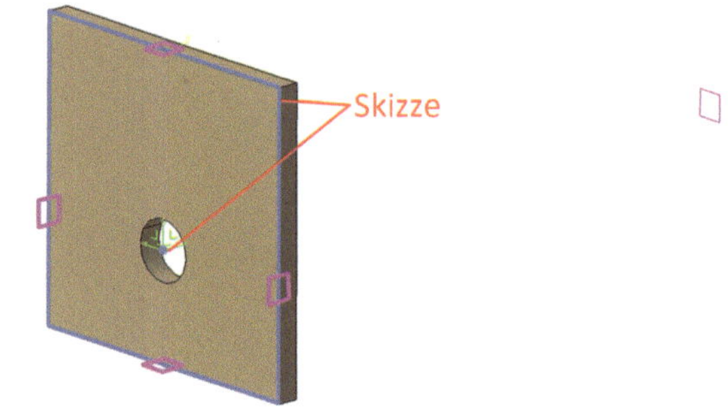

Im Laufe der Konstruktion werden dann weitere Skizzen, Elemente mit dem Skelett (Ebenen, Punkte, Linien) assoziativ verknüpft. Das bietet den Vorteil, dass die gesamte Konstruktion mit wenigen Steuerelementen verändert oder angepasst werden kann, ohne dabei in die Skizzen oder diversen Parametern eingreifen zu müssen.

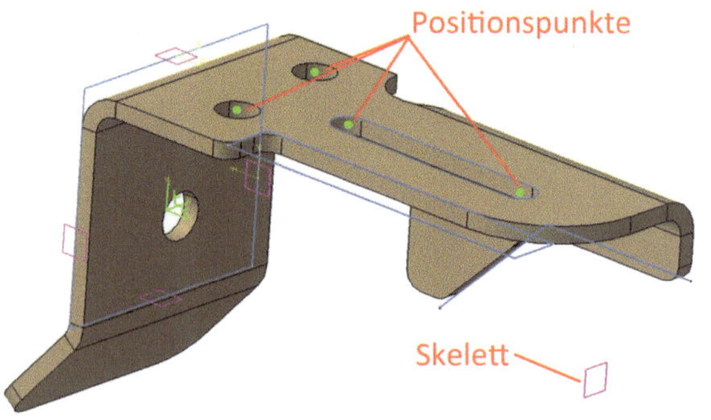

Hinweis: *Alle blauen Skizzen in der oberen Abbildung sind mit den fünf Skelettebenen und den vier Positionspunkten assoziativ verknüpft.*

In der folgenden Tabelle wurden Modifikationen an den Skelettebenen durchgeführt. Die Skizzen wurden nicht weiter verändert. Durch die assoziativen Verknüpfungen passen sich die Skizzen automatisch dem veränderten Skelett an. Das zeigt, dass mit einem intelligenten Aufbau die Konstruktion schnell und einfach verändert bzw. angepasst werden kann. Die zu Beginn der Konstruktion investierte Zeit in einen guten Konstruktionsaufbau ist an dieser Stelle wieder gewonnen!

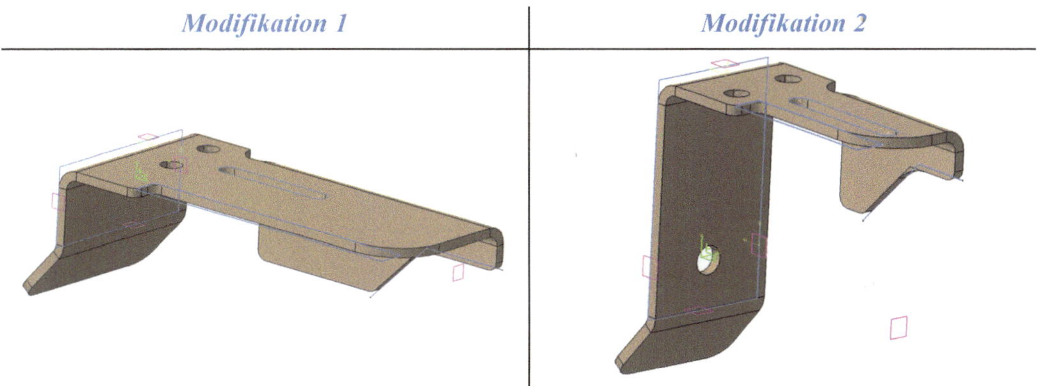

4.3.1 Übung 11 - Konstruktion mit Skelett analysieren

Ziel: Bei dieser Übung wird diesmal nichts konstruiert, sondern analysiert. Die Übung 12 wird geöffnet und anschließend soll die Konstruktion mit den Skizzen und Parametern genau unter die Lupe genommen werden, um ein besseres Verständnis für die Konstruktion zu entwickeln. Darüber hinaus sollen die Skelettebenen und Punkte verändert und deren Auswirkung genau beobachtet werden.

4.4 Mit Veröffentlichungen arbeiten

Um Schnittstellen von Nachbarbauteilen in die eigene Konstruktion zu integrieren, ist mit *Veröffentlichungen* zu arbeiten. Das bietet zusätzlich den Vorteil, dass die Konstruktion assoziativ zur veröffentlichten Nachbarschnittstelle ist.

Die Vorgangsweise ist ebenfalls sehr einfach. Das Nachbarbauteil wird geöffnet und die Veröffentlichung kopiert.

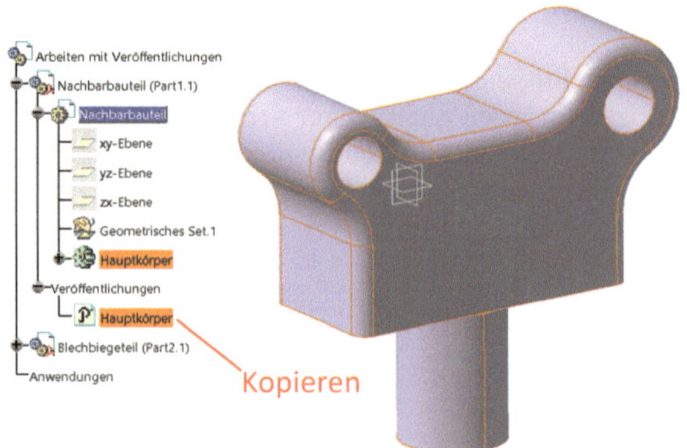

Hinweis: *Voraussetzung für diese Methode ist, dass die Nachbargeometrie veröffentlicht ist. In diesem Fall wurde der Hauptköper veröffentlicht.*

Anschließend wird die Veröffentlichung mit der *rechten Maustaste* > *Einfügen Spezial ... > Als Ergebnis mit Verknüpfung* eingefügt. In dem Blechbiegeteil wird ein neuer Körper mit der Veröffentlichung erzeugt. In den Skizzen können nun wieder Elemente aus der Veröffentlichung projiziert werden. Ein Beispiel dafür wären die beiden Bohrungen. Würde man die beiden Kreise in eine Skizze projizieren, dann sind diese assoziativ mit dem Nachbarbauteil verknüpft. Wenn sich die Durchmesser der Bohrungen am Nachbarbauteil ändern, hätte dies die gleichen Auswirkungen an dem Blechbiegeteil, weil diese durch die Veröffentlichung assoziativ verknüpft sind.

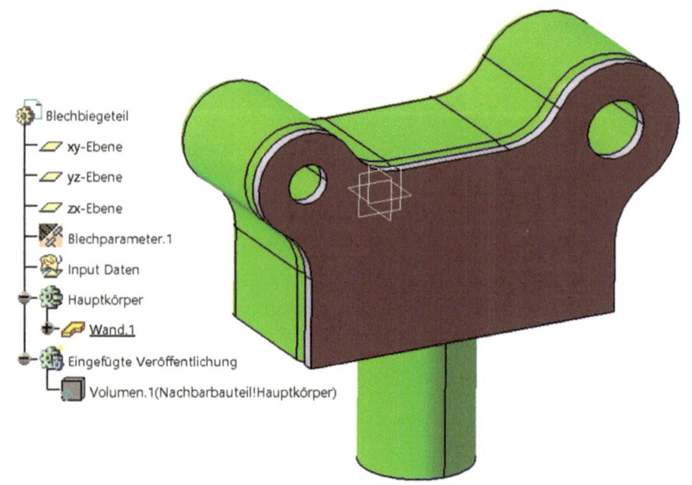

Hinweis: *Diese Arbeitsweise setzt allerdings voraus, dass die entsprechenden Elemente auch veröffentlicht werden. Arbeiten mehrere Konstrukteure an einer Baugruppe erfordert das Konstruktionsdisziplin.*

4.5 Konstruieren mit einer Konzeptgeometrie

Mit dem Begriff Konzeptgeometrie ist eine im Part Design konstruierte Geometrie gemeint. Oft werden erste Konzepte nur vereinfacht im Part Design dargestellt und erst im späteren Entwicklungsprozess Details auskonstruiert. Diese Methode zeigt, wie mit einer im Part Design erstellten Konzeptgeometrie ein Blechbiegeteil erzeugt bzw. diese als Konstruktionsgrundlage verwendet werden kann.

Um die Blechkonstruktion auf einer Konzeptgeometrie aufbauen zu können, muss zuerst die Konstruktion (Körper) im Part Design kopiert werden. Anschließend wird in die Blechkonstruktion (Sheetmetal Design) gewechselt. Mit *der rechten Maustaste* > *Einfügen Spezial ...* > *Als Ergebnis* wird die Geometrie in das Blechbiegeteil in einen eigenen Körper eingefügt. Dieser Vorgang wird in der rechten Abbildung dargestellt.

Nachdem die Parameter für die Blechkonstruktion festgelegt sind, können die einzelnen Wände von der Konzeptgeometrie abgeleitet werden. Dazu wird die Funktion *Wand* und anschließend eine Fläche an der Konzeptgeometrie selektiert, welche als Wand abgeleitet werden soll. Nach der Flächendefinition wird die Wand dargestellt und über den Richtungspfeil kann die Materialrichtung definiert werden.

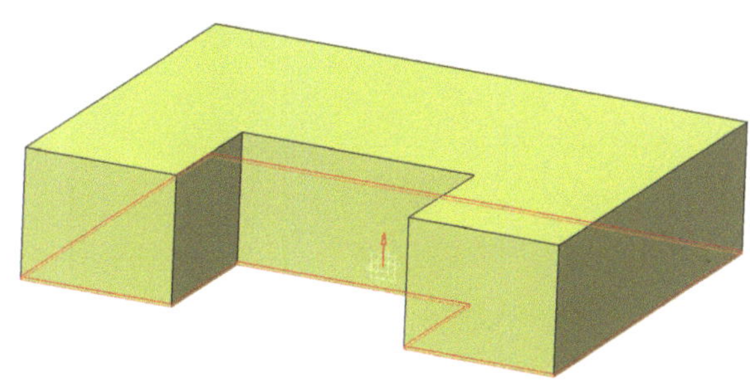

Dieser Vorgang kann jetzt für die weiteren Wände an der Konzeptgeometrie wiederholt werden.

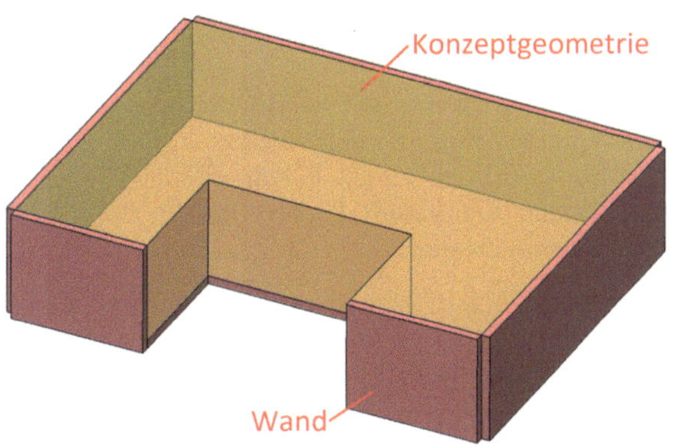

Nachdem die Wände erzeugt wurden, können diese mit der Funktion *Biegung* miteinander verbunden werden. Anschließend wurden diverse Freistellungen an den Ecken durchgeführt.

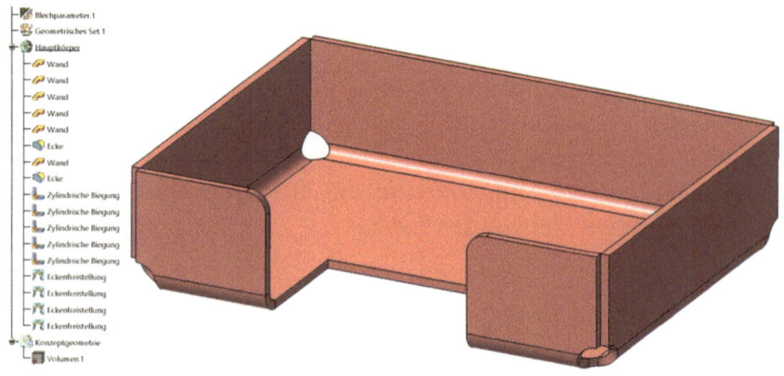

Hinweis: *Bei einer spitzen Kante wird die Blechdicke nach außen aufgetragen. Das bedeutet also ausgehend von der Konzeptgeometrie von innen nach außen. Bei einer stumpfen Kante soll die Blechdicke nach innen aufgetragen werden. Die Wände werden also von außen nach innen aufgetragen. Der Grund dafür ist, dass sich die Wände an den Ecken nicht gegenseitig durchdringen.*

spitze Kante - Blechdicke nach außen	*stumpfe Kante - Blechdicke nach innen*
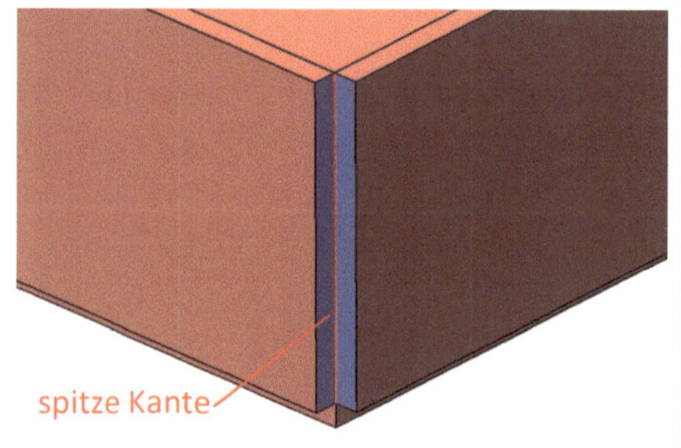	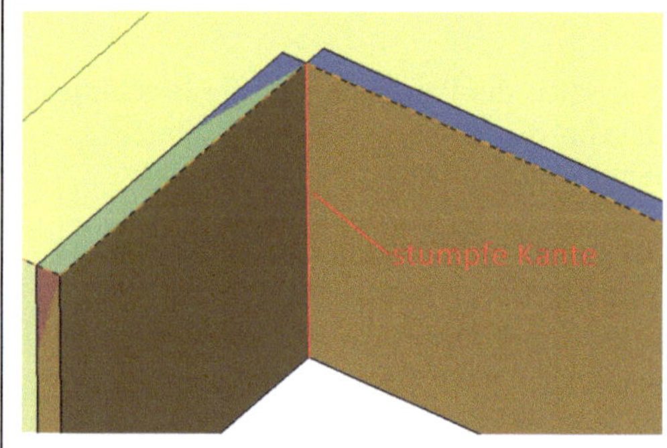

4.5.1 Übung 12 - Blechbox mit Konzeptgeometrie erzeugen

Ziel: Es soll eine Box mit Hilfe einer Konzeptgeometrie erzeugt werden. Die Box wird aus einem 8 mm dicken Blech mit einem Biegeradius von 12 mm gebogen.

Arbeitsumgebung öffnen

⇨ *Start > Mechanische Konstruktion > Part Design > Neues Teil öffnen*

⇨ Blechdicke mit 8 mm und Biegeradius mit 12 mm in den Parametern definieren. Bei den Extremwerten der Biegung wird die *Gekurvte Form* definiert.

Block erzeugen

⇨ Im *Part Design* wird jetzt die Konzeptgeometrie erstellt. Dazu wird ein Block mit 400 mm mal 350 mm und einer Höhe mit 120 mm konstruiert. Anschließend werden die vorderen zwei Ecken mit einer 100 mm und 45° Fase abgeschrägt.

⇨ Anschließend wird der Hauptkörper kopiert.

Neues Blechteil in Sheetmetal erzeugen

⇨ Ein neues Blechteil wird in der Sheetmetal-Arbeitsumgebung erzeugt. Mit der *rechten Maustaste* > *Einfügen Spezial ... > Als Ergebnis oder Als Ergebnis mit Verknüpfung* wird die Konzeptgeometrie eingefügt.

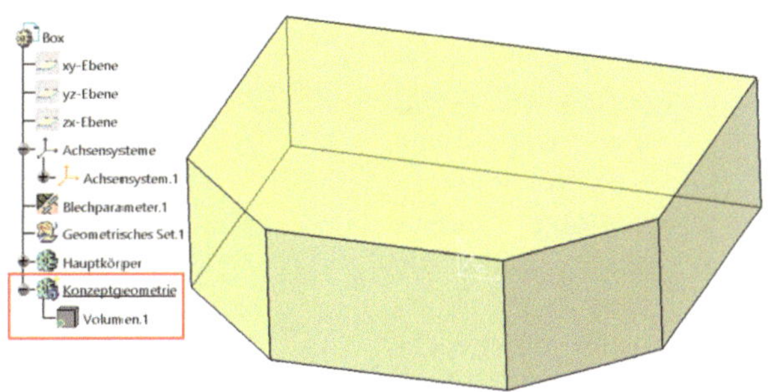

Wände ableiten

⇨ Bevor die Wände von der Konzeptgeometrie abgeleitet werden, muss der Hauptkörper in *Bearbeitung* gesetzt werden. Anschließend können die Wände wie in der rechten Abbildung nacheinander mit

der Funktion *Wand*  von

der Konzeptgeometrie abgeleitet werden. Zugleich können an den entsprechenden Wänden die Ecken mit einem Radius von 10 mm abgerundet werden. Es werden alle Ecken abgerundet, die mit einer Biegung zusammentreffen.

Bohrungen definieren

⇨ An der Oberseite der Box müssen 10 Bohrungen, die kreisförmig angeordnet sind, definiert werden. Dazu wird eine Bohrung erzeugt und alle weiteren mit dem Kreismuster vervielfacht. Der Durchmesser der Bohrung beträgt 25 mm und für den Hilfskreis zur Anordnung der Bohrungen 160 mm.

Biegungen definieren

⇨ Zum Schluss werden die Wände mit der Funktion *Biegung* wie in der rechten Abbildung miteinander verbunden. Um die empfohlene Konstruktionsreihenfolge einzuhalten, sollte sie dem Strukturbaum in der rechten Abbildung entsprechen.

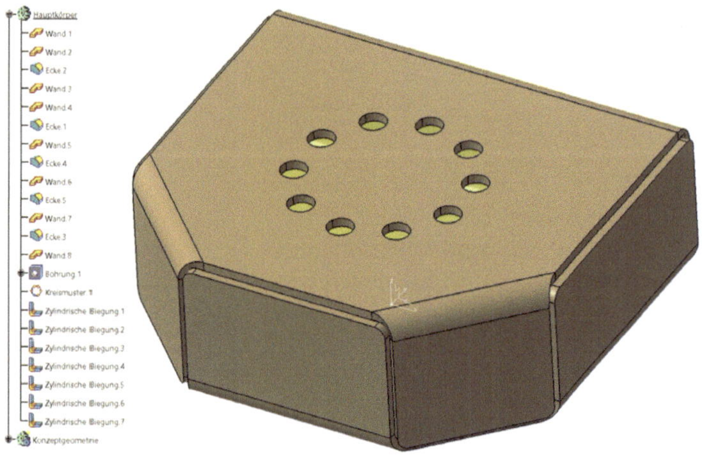

5 Konstruktionszeichnung und Fertigungsdaten

In diesem Kapitel wird gezeigt, wie die 3D-Konstruktion auf das Papier gebracht wird. Nach einer fertigen Konstruktion im Sheetmetal muss diese nun als Zeichnung dokumentiert werden, um das Bauteil fertigen zu können. Blechbiegeteile haben oft eine komplizierte Außenkontur und sind somit schwer zu bemaßen. Das Kapitel zeigt einige Vorschläge für die Dokumentation von einfachen und etwas komplexeren Blechbiegeteilen.

Blechbiegeteile werden aufgrund ihrer oft aufwendigen Außenkontur mittels Laserschneidmaschine gefertigt. In diesem Fall können einfach aus dem Sheetmetal die Außenkontur des Blechbiegeteils und die Biegelinien als DXF-Datei abgeleitet werden. Die DXF-Datei kann von solchen Maschinen dann direkt eingelesen werden und erkennt die Kontur automatisch. Das bietet den Vorteil, dass die Kontur vom Hersteller nicht ein weiteres Mal aufwendig in die Maschine programmiert werden muss. Ein weiterer Vorteil ist, dass Fehler oder Ungenauigkeiten bei der Konturprogrammierung ausgeschlossen werden können. Da diese Vorgangsweise ein sehr gängiges Verfahren ist, gibt es im Sheetmetal die Funktion *Als DXF sichern* . Die Anwendung dieser Funktion wird ebenfalls in diesem Kapitel gezeigt.

Hinweis: *Die Beschreibung für die Erstellung einer Zeichnung beschränkt sich nur auf jene Funktionen, die für diese Anwendung notwendig sind. Es werden also keine Grundlagen für die Arbeitsumgebung Drafting gezeigt. Desweiteren sind die folgenden Darstellungen nur Vorschläge und keine Forderungen für eine mögliche Dokumentation von Blechbiegeteilen.*

5.1 2D-Ableitung und Zeichnung erstellen

Für die Blechbiegekonstruktion ist vor allem die Abwicklung ein sehr wichtiges Detail auf der Zeichnung. Daher gibt es auch die Funktion *Abwicklung* in der Arbeitsumgebung *Drafting*. Die Funktion ist in der Toolbar *Ansichten* zu finden, wo auch alle weiteren Ansichtsfunktionen (Vorderansicht, Isometrische Ansicht) zu finden sind.

Die Funktion *Abwicklung* wird selektiert und anschließend eine Fläche an der 3D-Konstruktion, die zugleich als Referenz für die Abwicklung verwendet wird.

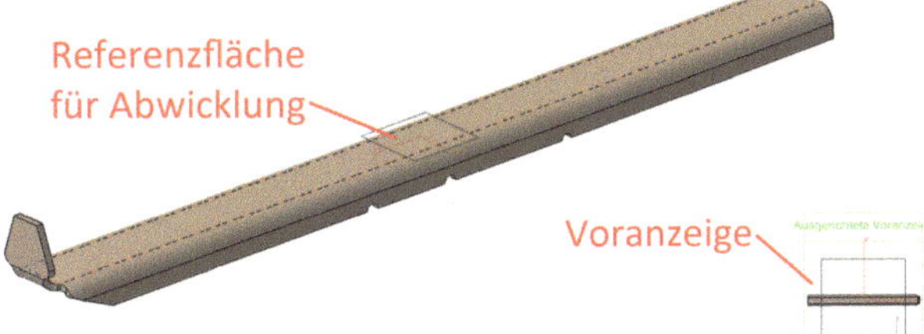

Im Anschluss erfolgt eine Voranzeige im Drafting. Es besteht jetzt die Möglichkeit, die Ansicht mit dem Kompass im Drafting entsprechend auszurichten. Wenn die Ausrichtung passt, wird durch einen weiteren Klick mit der linken Maustaste auf das leere Blatt die Abwicklung generiert.

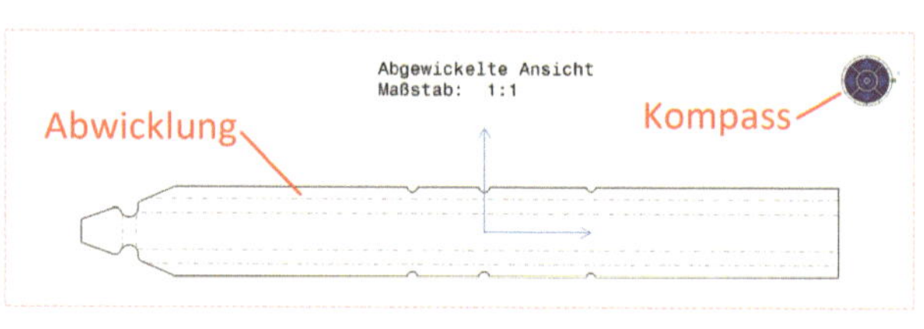

Hinweis: *Die Biegekanten werden mit einer strichlierten Linie dargestellt. Um die Biegelinien einzublenden, muss in den Ansichtseigenschaften die Option Achse aktiviert werden.*

Um in die Eigenschaften zu gelangen, muss auf den roten Ansichtsrahmen oder direkt auf die Ansicht im Strukturbaum mit der rechten Maustaste geklickt werden. Anschließend werden die *Eigenschaften* selektiert.

Im Dialogfenster *Eigenschaften* wird die Option *Achse* aktiviert. Um auch die Mittellinien bei Bohrungen darzustellen, muss die Option *Mittellinie* aktiv gesetzt werden.

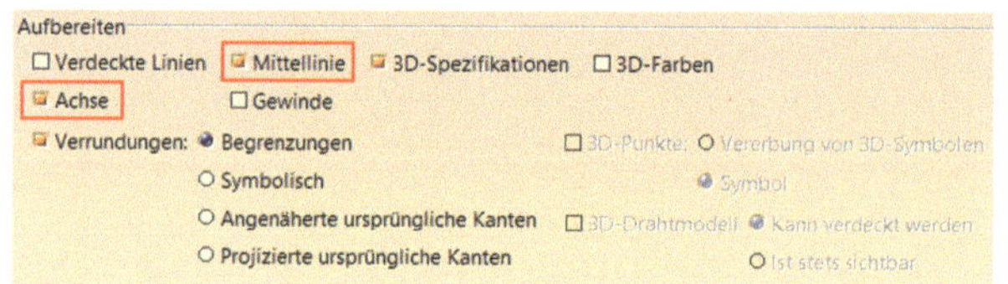

In den folgenden Beispielen werden jetzt unterschiedliche Bemaßungsmöglichkeiten gezeigt. Einfache Bauteile wie zum Beispiel der in Übung 1 erstellte Blattanschlag können mit einem herkömmlichen Bemaßungsstil dokumentiert werden. Bei komplexeren Konturen wird als Vorschlag die Funktion *Steigende Bemaßung* angewendet. In diesem Fall wird dann jeder Eckpunkt über diesen Bemaßungsstil dokumentiert. Auf den folgenden Seiten werden nun einige Dokumentationsvorschläge gezeigt.

Hinweis: *Für eine übersichtlichere Bemaßung werden alle Maßlinien, die sich auf Biegelinien beziehen immer mit (BL) gekennzeichnet.*

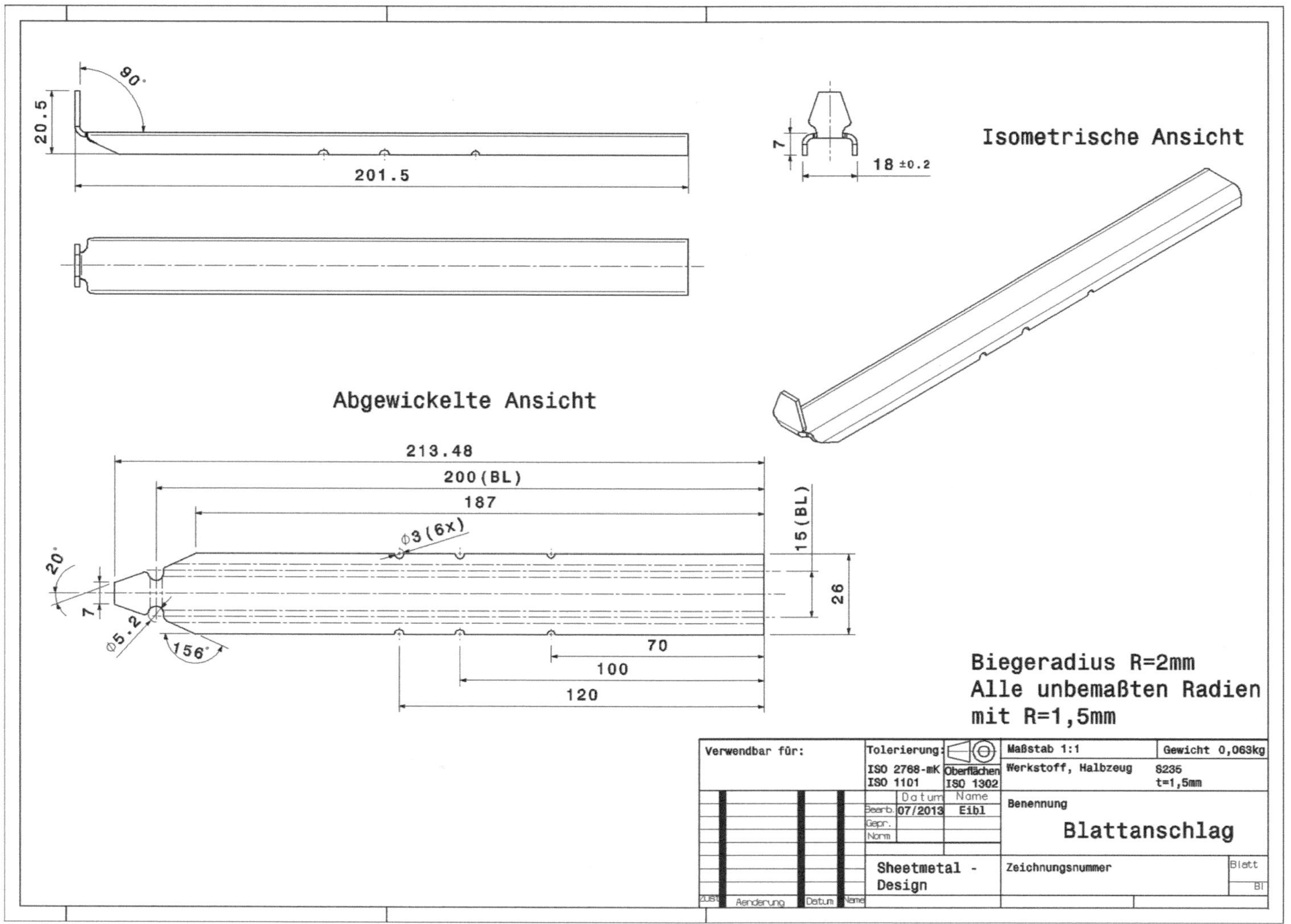
90°
20.5
201.5
7
18 ±0.2
Isometrische Ansicht
Abgewickelte Ansicht
213.48
200(BL)
187
ϕ3(6x)
15(BL)
20°
7
26
ϕ5.2
156°
70
100
120
Biegeradius R=2mm
Alle unbemaßten Radien
mit R=1,5mm
Verwendbar für:
Tolerierung:
ISO 2768-mK
ISO 1101
Oberflächen
ISO 1302
Maßstab 1:1
Gewicht 0,063kg
Werkstoff, Halbzeug
S235
t=1,5mm
Datum
Name
Bearb.
07/2013
Eibl
Gepr.
Norm
Benennung
Blattanschlag
Sheetmetal -
Design
Zeichnungsnummer
Blatt
Bl
Zust.
Aenderung
Datum
Name

5.2 DXF-Datei für Laserbearbeitung

Das CAD-Dateiformat DXF wird in den meisten Fällen als Datenschnittstelle zwischen Konstruktion und Fertigung verwendet. Die Konstruktion bzw. der Zuschnitt wird einfach als DXF-Datei gespeichert und der Produzent kann diese Datei direkt in seine Fertigungsmaschine einlesen. Der Programmieraufwand wird dadurch wesentlich verringert und Programmierfehler minimiert.

Im Sheetmetal gibt es die Funktion *Als DXF sichern* welche automatisch von der abgewickelten Kontur des Blechbiegeteils eine DXF-Datei erstellt. Als Demonstrationsbeispiel wird jetzt die Übung *Hebel mit Klemmnabe* verwendet. Das 3D-Bauteil muss geöffnet sein.

Anschließend wird die Funktion *Als DXF sichern* selektiert und danach ein Speicherort ausgewählt. Die DXF-Datei kann jetzt in der Arbeitsumgebung Drafting geöffnet werden. Das Ergebnis sind die abgewickelte Außenkontur und die dazugehörigen Biegelinien im Maßstab 1:1.

Hinweis: *Beim Speichern kann noch eine Toleranz im Dialogfenster definiert werden. Die Toleranz wird für die Berechnung der Kreise und Linien verwendet. Je mehr die Toleranz gegen null geht, umso genauer werden die Kreise und Linien in der DXF-Datei dargestellt.*

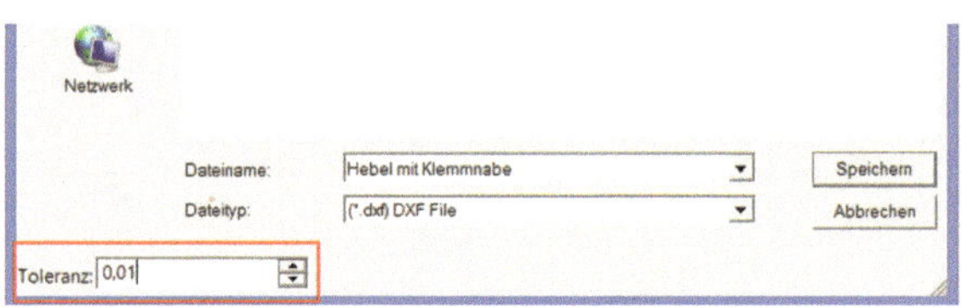

Hinweis: *In der DXF-Datei werden nur die Schnittkontur und die Biegelinien dargestellt. Stempelabdrücke oder Kanten werden hier nicht dargestellt, da sie für die Bearbeitung der Kontur nicht relevant sind.*

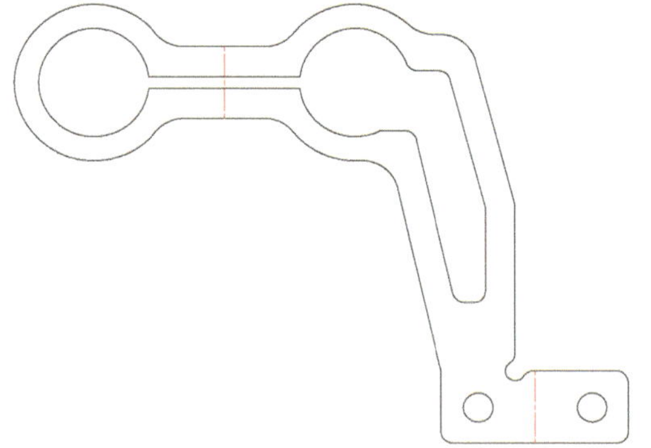

6 Trouble Shooting

In diesem Kapitel werden häufig auftretende Fehlermeldungen und deren Abhilfe beschrieben.

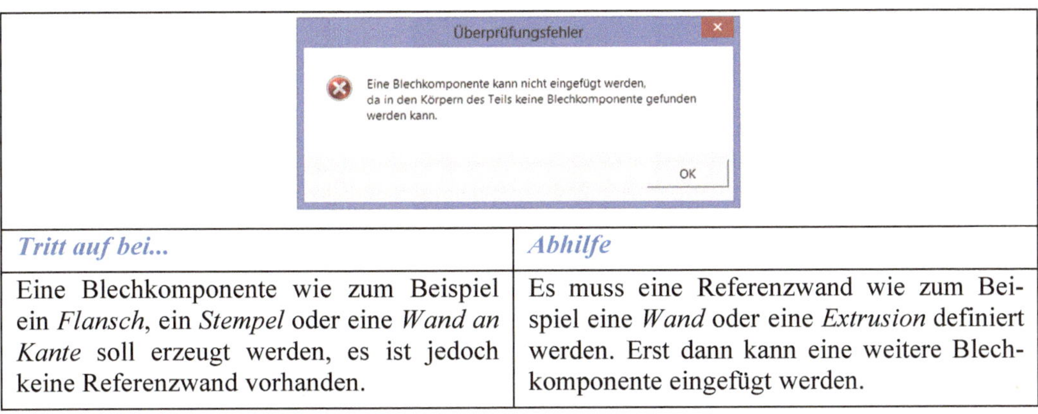

Tritt auf bei...	*Abhilfe*
Eine Blechkomponente wie zum Beispiel ein *Flansch*, ein *Stempel* oder eine *Wand an Kante* soll erzeugt werden, es ist jedoch keine Referenzwand vorhanden.	Es muss eine Referenzwand wie zum Beispiel eine *Wand* oder eine *Extrusion* definiert werden. Erst dann kann eine weitere Blechkomponente eingefügt werden.

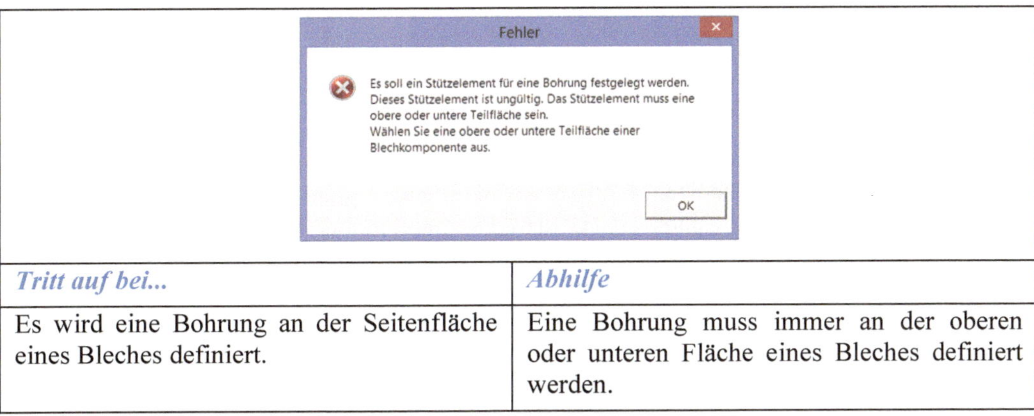

Tritt auf bei...	*Abhilfe*
Es wird eine Bohrung an der Seitenfläche eines Bleches definiert.	Eine Bohrung muss immer an der oberen oder unteren Fläche eines Bleches definiert werden.

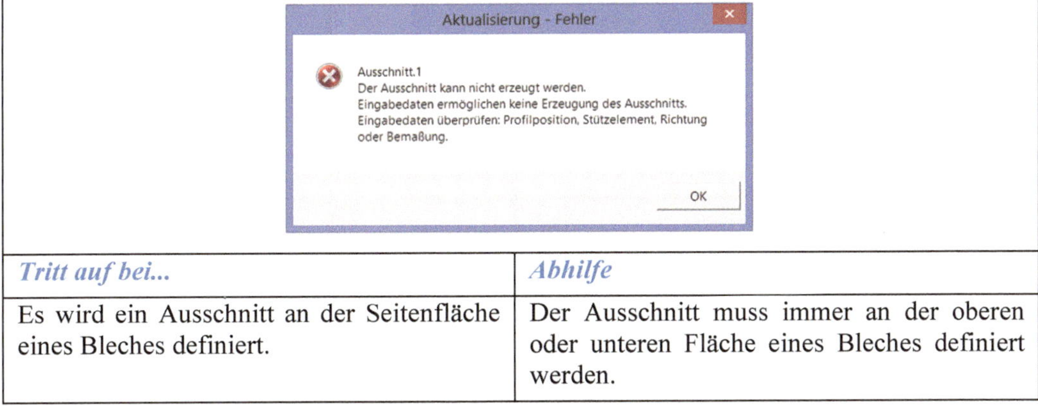

Tritt auf bei...	*Abhilfe*
Es wird ein Ausschnitt an der Seitenfläche eines Bleches definiert.	Der Ausschnitt muss immer an der oberen oder unteren Fläche eines Bleches definiert werden.

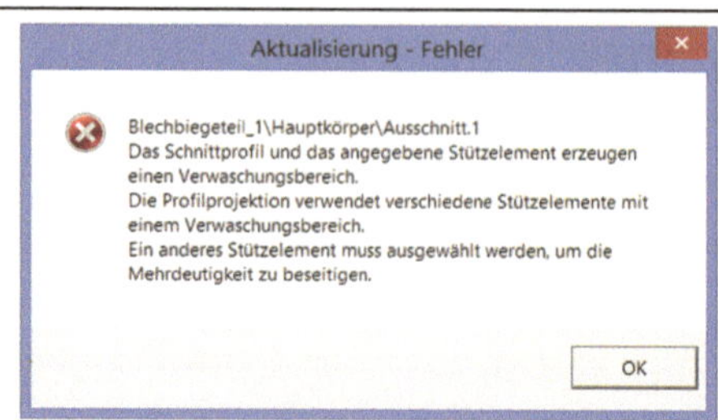

Tritt auf bei...	*Abhilfe*
Wenn ein Ausschnitt (Typ: *Blechstandard*) an zwei überlappende Wände, Flansche usw. definiert wird. Es ist durch die Überlappung nicht eindeutig, an welcher Wand der Ausschnitt durchgeführt werden soll.	Im Dialogfenster Ausschnitt kann in dem erweiterten Dialogfenster (Option *Mehr*) eine Benutzerauswahl der gewünschten Fläche definiert werden.

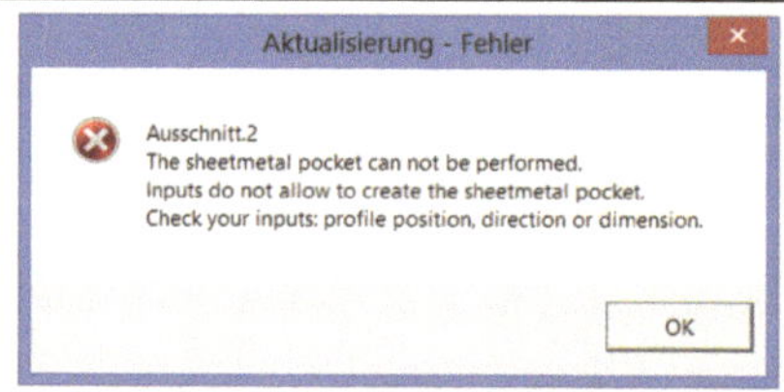

Tritt auf bei...	*Abhilfe*
Wenn ein Ausschnitt (Typ: *Blechtasche*) an zwei überlappenden Wänden, Flanschen usw. definiert wird. Es ist durch die Überlappung nicht eindeutig, an welcher Wand der Ausschnitt durchgeführt werden soll.	Einen Ausschnitt mit dem Typ *Blechstandard* definieren oder die Funktion abbrechen. Eventuell den Ausschnitt an einer Position definieren, an der keine Überlappung stattfindet.

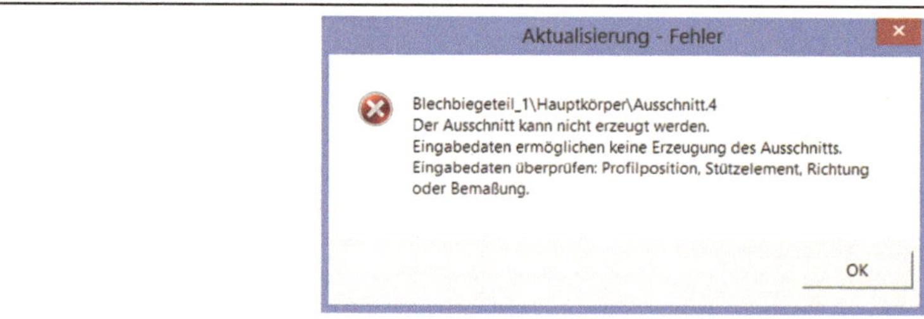

Tritt auf bei...	*Abhilfe*
Die Fehlermeldung wurde weiter oben schon einmal dargestellt, jedoch bei einem anderen Problem. Die Meldung kann ebenfalls auftreten, wenn ein Ausschnitt mit dem Typ *Blechstandard* auf einen Ausschnitt mit dem Typ *Blechtasche* konstruiert wird.	Diese Art der Konstruktion funktioniert nicht. Es können lediglich zwei Ausschnitte mit dem Typ *Blechtasche* aufeinander konstruiert werden.

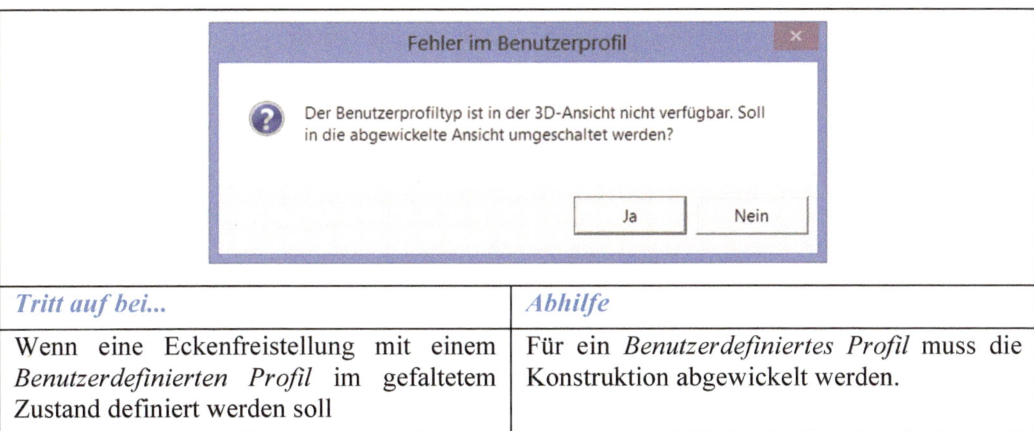

Tritt auf bei...	*Abhilfe*
Wenn eine Eckenfreistellung mit einem *Benutzerdefinierten Profil* im gefaltetem Zustand definiert werden soll	Für ein *Benutzerdefiniertes Profil* muss die Konstruktion abgewickelt werden.

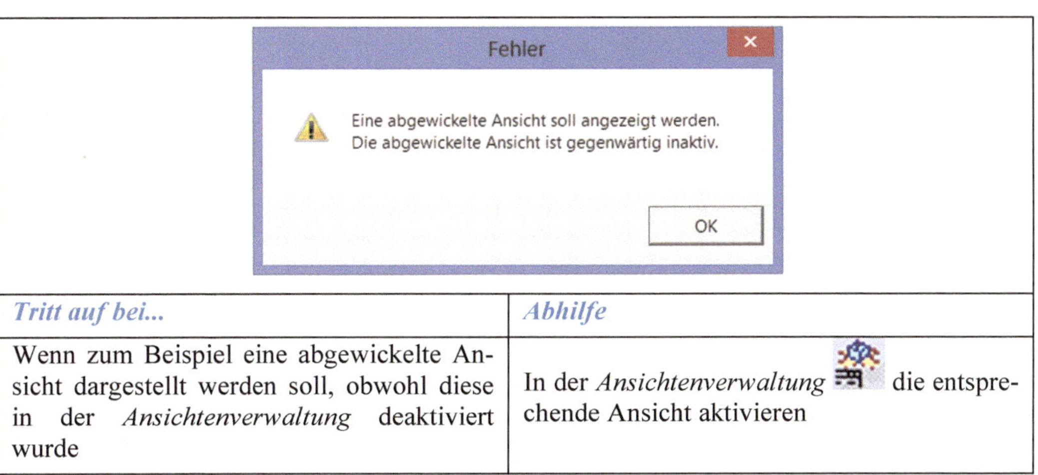

Tritt auf bei...	*Abhilfe*
Wenn zum Beispiel eine abgewickelte Ansicht dargestellt werden soll, obwohl diese in der *Ansichtenverwaltung* deaktiviert wurde	In der *Ansichtenverwaltung* die entsprechende Ansicht aktivieren

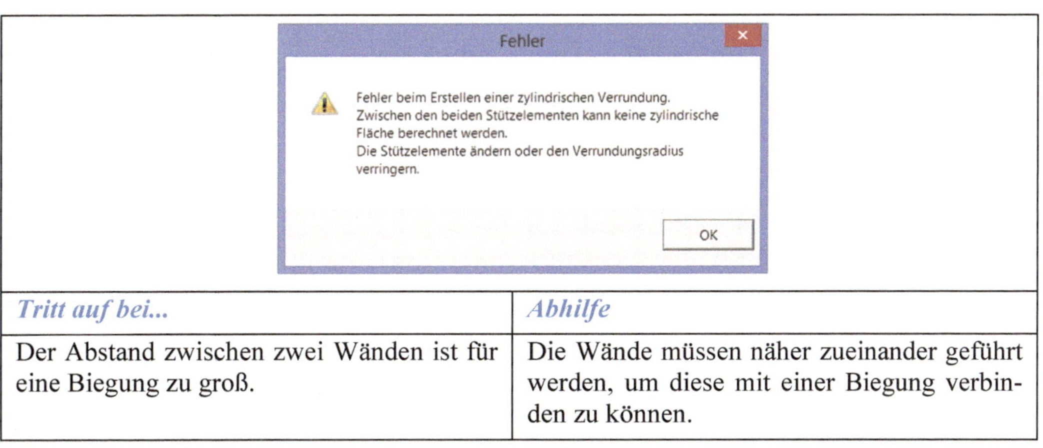

Tritt auf bei...	*Abhilfe*
Der Abstand zwischen zwei Wänden ist für eine Biegung zu groß.	Die Wände müssen näher zueinander geführt werden, um diese mit einer Biegung verbinden zu können.

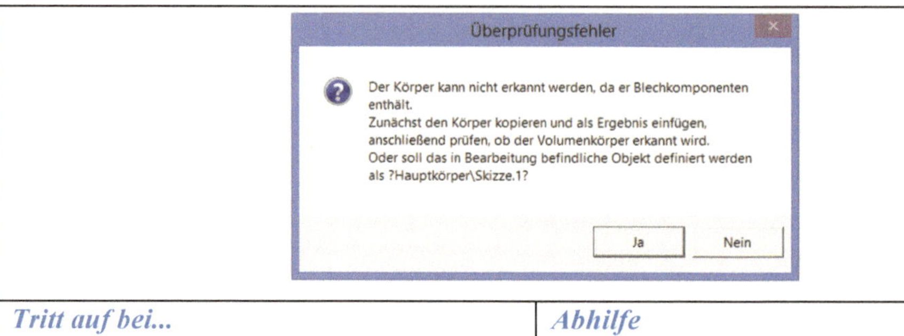

Tritt auf bei...	*Abhilfe*
Wenn die Funktion *Erkennen* an einem Blechbiegeteil mit Sheetmetal-Komponenten angewendet wird.	Die Funktion *Erkennen* kann nur an Bauteilen die nicht im Sheetmetal konstruiert wurden, angewendet werden.

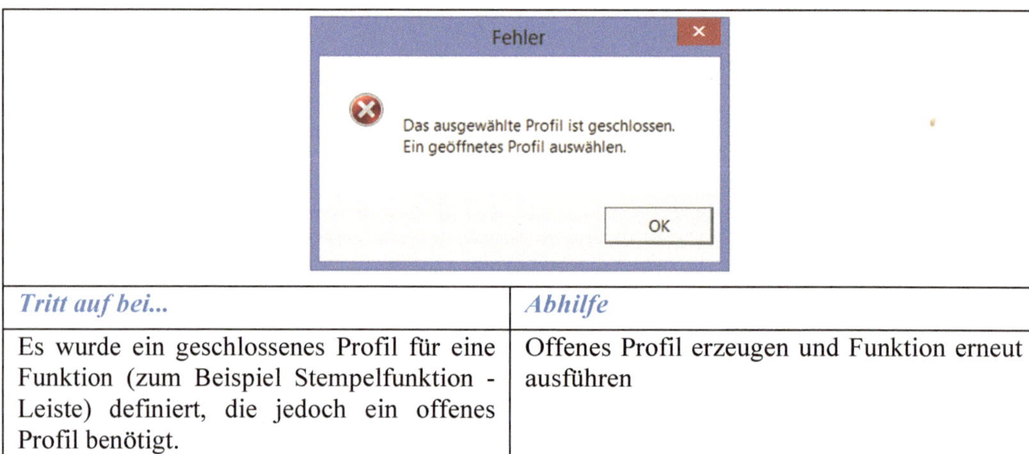

Tritt auf bei...	*Abhilfe*
Es wurde ein geschlossenes Profil für eine Funktion (zum Beispiel Stempelfunktion - Leiste) definiert, die jedoch ein offenes Profil benötigt.	Offenes Profil erzeugen und Funktion erneut ausführen

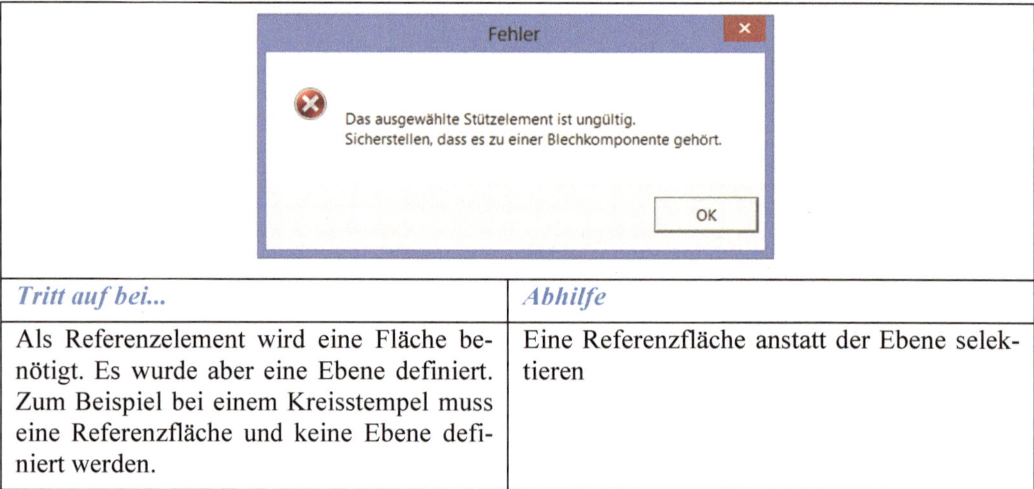

Tritt auf bei...	*Abhilfe*
Als Referenzelement wird eine Fläche benötigt. Es wurde aber eine Ebene definiert. Zum Beispiel bei einem Kreisstempel muss eine Referenzfläche und keine Ebene definiert werden.	Eine Referenzfläche anstatt der Ebene selektieren

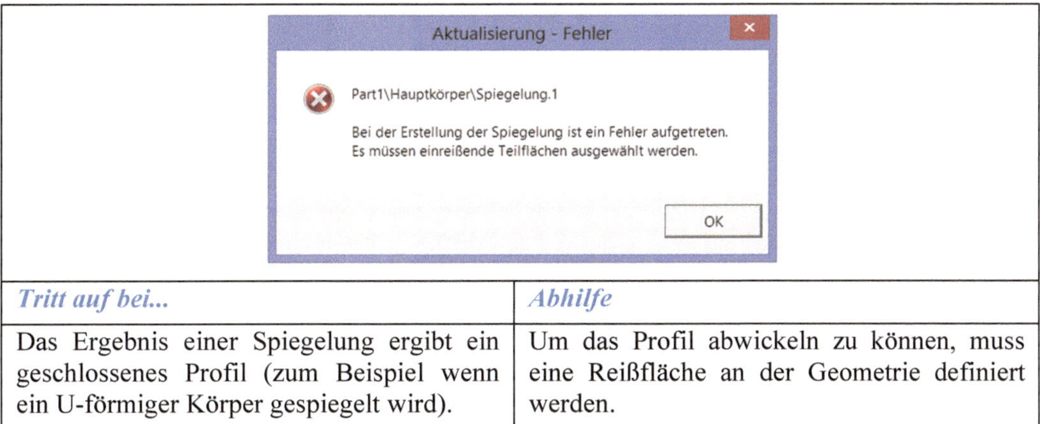

Tritt auf bei...	*Abhilfe*
Das Ergebnis einer Spiegelung ergibt ein geschlossenes Profil (zum Beispiel wenn ein U-förmiger Körper gespiegelt wird).	Um das Profil abwickeln zu können, muss eine Reißfläche an der Geometrie definiert werden.

7 Weitere Übungsbeispiele

Um die gesamte Sheetmetal-Thematik zu vertiefen, werden in diesem Kapitel noch weitere Konstruktionen vorgestellt. An diesen Beispielen kann jetzt das gesamte angeeignete Wissen umgesetzt und wiederholt werden. Die Übungsbeispiele werden nicht mehr detailliert, sondern nur mehr in groben Schritten abgebildet. Es soll dem Konstruierenden nicht mehr genau vorgeschrieben werden wie und was er machen soll, wie in den bisherigen Übungsbeispielen. Der Schwerpunkt bei den folgenden Übungen liegt also nicht mehr in der Funktionsbeschreibung, sondern in der selbstständigen Lösungsfindung. Mit den folgenden Beispielen wird die Arbeitsumgebung Sheetmetal noch einmal intensiviert.

Zur Vorgangsweise der folgenden Übungen

1. *Durchlesen der Aufgabenstellung*

2. *Konzept:* Überlegen Sie sich ...
   - wie die Konstruktion aufgebaut werden soll,
   - an welchem Konstruktionselement die Änderungswahrscheinlichkeit am geringsten ist. Mit diesem wird begonnen und es dient als Referenz.
   - ob es hilfreich ist die Konstruktion mit einem Skelett zu steuern,
   - wann welche Elemente in die Konstruktion eingebunden werden,
   - eventuell einfache Skizzen oder Notizen auf einem Blatt Papier die bei der Detailkonstruktion helfen sollen.

3. *Konstruieren:* Konstruktion nach den in Punkt zwei durchgeführten Überlegungen erstellen. Halten Sie sich dabei an die groben Eckpunkte in der Übungsbeschreibung.

4. *Technische Zeichnung:* Erstellen einer Zeichnungsableitung

5. *Überprüfung:* Kontrollieren und vergleichen Sie Ihre Konstruktion, die Konstruktionsreihenfolge und den Strukturbaum mit dem originalen 3D-Bauteil (zum Downloaden auf der Springer Vieweg Homepage).

Hinweis: *In den folgenden Übungen werden nicht immer detaillierte Bemaßungsangaben für die Konstruktion vorgeschrieben. In diesen Fällen kann der Leser individuelle Maße festlegen, die annähernd dem abgebildeten Übungsbeispiel entsprechen. Es sollte nicht das Ziel sein, alle Maße 1:1 zu kopieren. Priorität sollte auf das Gesamtbild der Konstruktion, die Anordnung und Konstruktionsreihenfolge sowie die Änderbarkeit und Stabilität gelegt werden.*

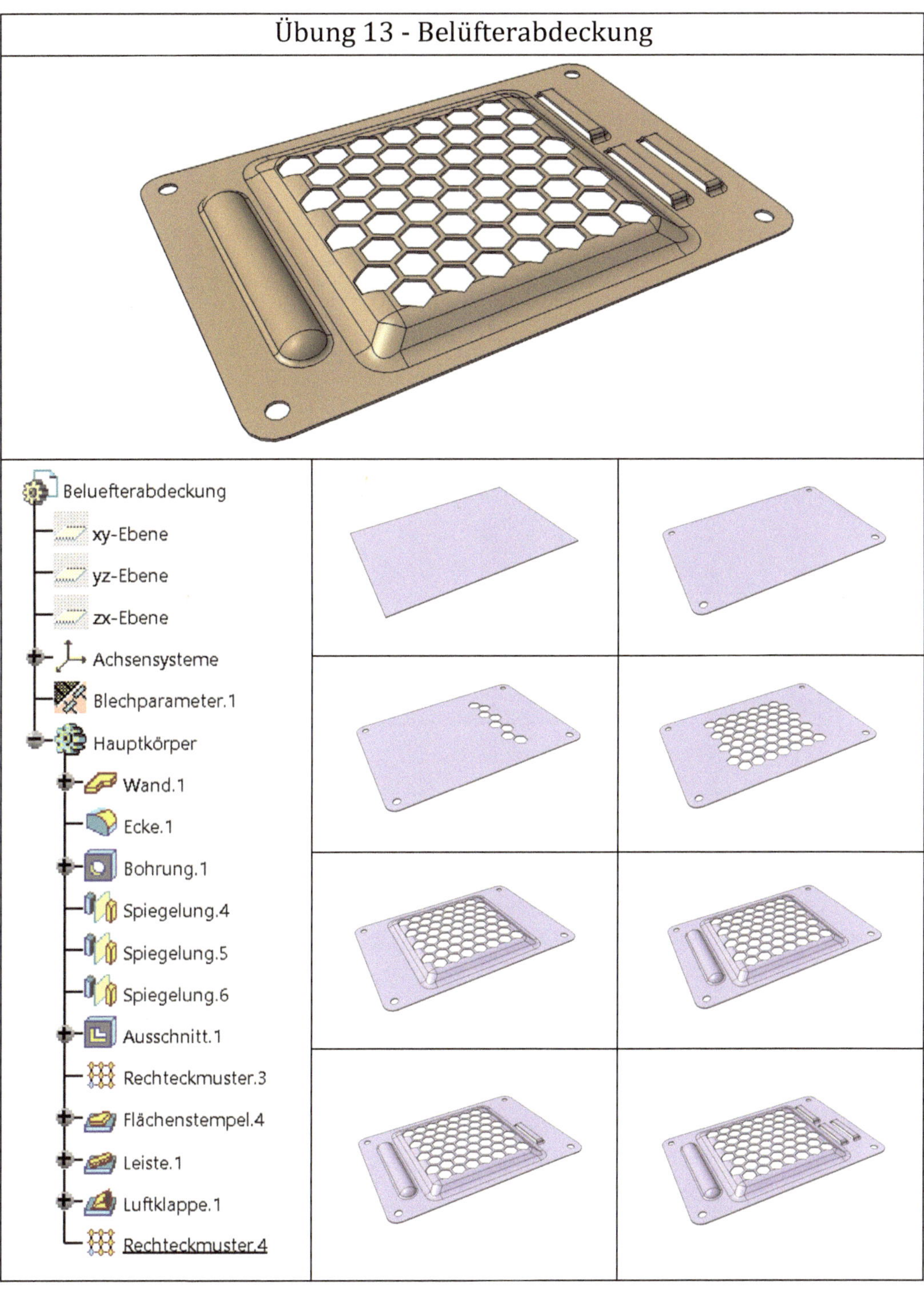
Übung 13 - Belüfterabdeckung
Beluefterabdeckung
xy-Ebene
yz-Ebene
zx-Ebene
Achsensysteme
Blechparameter.1
Hauptkörper
Wand.1
Ecke.1
Bohrung.1
Spiegelung.4
Spiegelung.5
Spiegelung.6
Ausschnitt.1
Rechteckmuster.3
Flächenstempel.4
Leiste.1
Luftklappe.1
Rechteckmuster.4

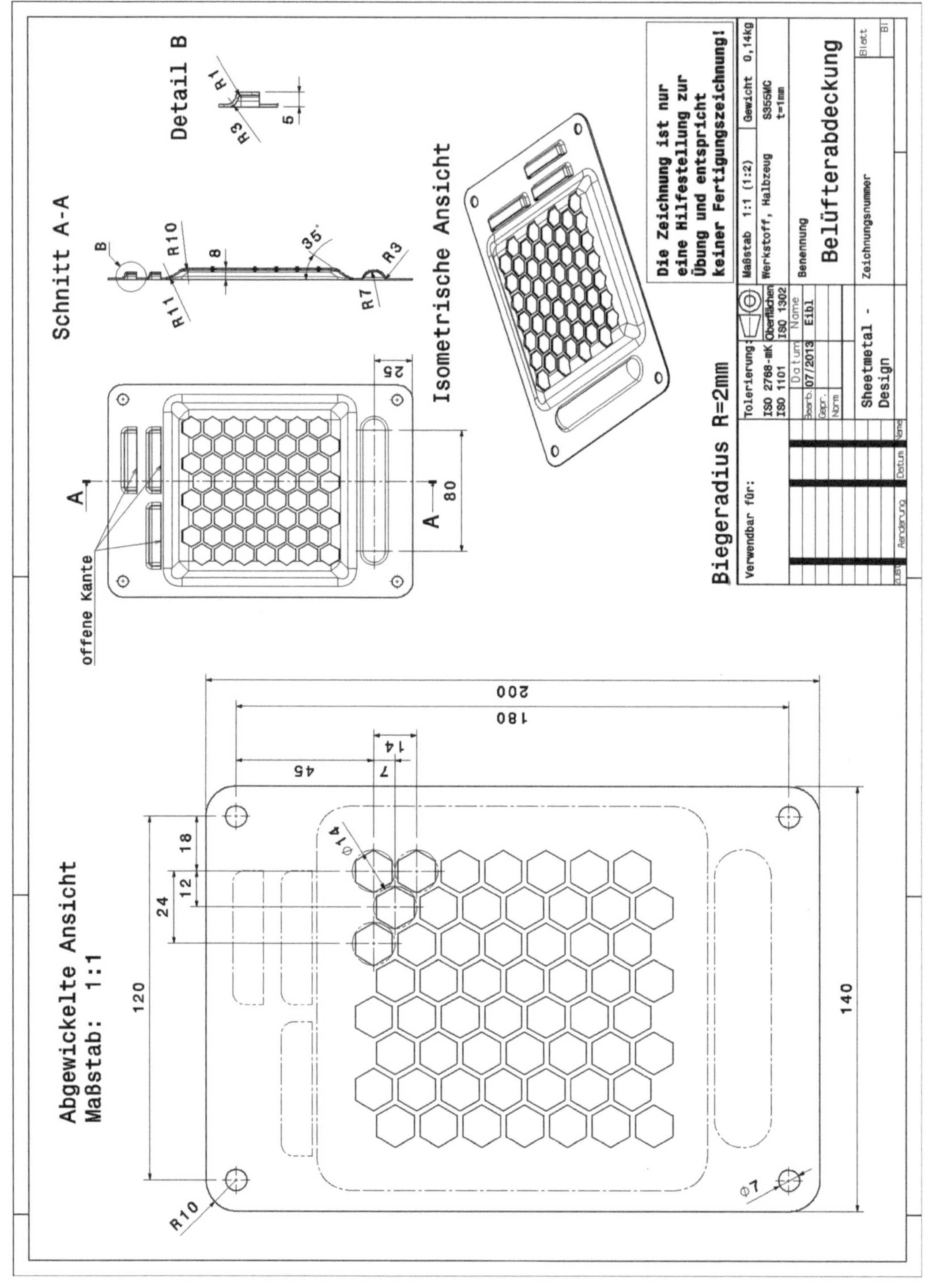

Abgewickelte Ansicht
Maßstab: 1:1
200
180
45
7
14
Ø14
18
12
24
120
140
R10
Ø7
offene Kante
A
A
80
25
Schnitt A-A
B
R10
8
35°
R3
R7
R11
Detail B
R1
R3
5
Isometrische Ansicht
Biegeradius R=2mm
Die Zeichnung ist nur eine Hilfestellung zur Übung und entspricht keiner Fertigungszeichnung!
Maßstab 1:1 (1:2)
Gewicht 0,14kg
Werkstoff, Halbzeug
S355MC t=1mm
Benennung
Belüfterabdeckung
Zeichnungsnummer
Blatt
Verwendbar für:
Tolerierung: ISO 2768-mK ISO 1101
Oberflächen ISO 1302
Datum
Name
Bearb. 07/2013 Eibl
Gepr.
Norm
Sheetmetal - Design
Zust.
Aenderung
Datum
Name

Übung 14 - Heftklammermaschine

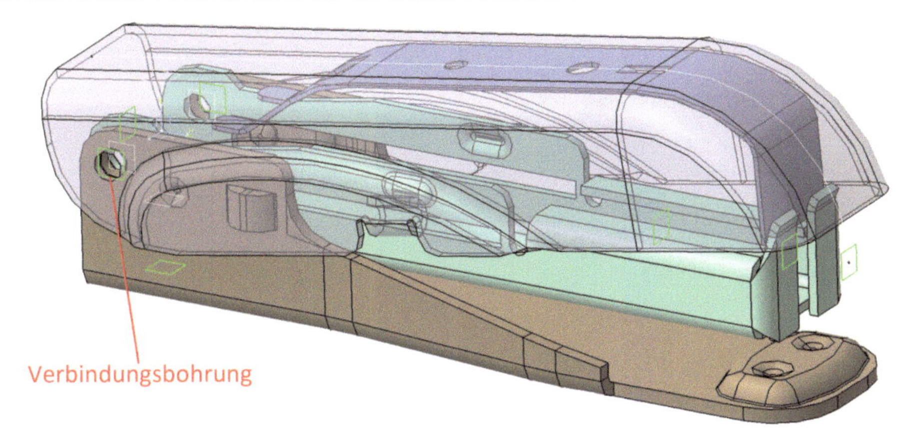

Die Baugruppe besteht aus folgenden Bauteilen:

1. Fuß (braun)
2. Klammermagazin (grün)
3. Druckblech (blau)
4. Griff (grau-transparent)

Die Verbindungsbohrung über welche alle vier Bauteile verbunden werden, wird für jedes der Bauteil als Ursprung und Schnittstelle verwendet!

Die Übung wird mit dem Fuß begonnen. In diesem Bauteil werden die wichtigsten Maße über ein Skelett (grüne Ebenen) gesteuert. Diese werden veröffentlicht und in alle weiteren drei Bauteile mit übernommen. Das bedeutet also die Veröffentlichung muss kopiert werden und mit *Einfügen Spezial als Ergebnis mit Link* eingefügt werden. Das bietet den Vorteil, dass für alle weiteren Bauteile immer auf die gleichen Referenz (Skelett) zurückgegriffen bzw. aufgebaut werden kann. Wird jetzt zum Beispiel eine Änderung an dem Skelett vorgenommen, wird diese an alle weiteren Bauteile übertragen. Dies verdeutlicht den Zeitvorteil bei Änderungen. Durch die einheitlichen Schnittstellen (Skelett) ergibt sich für den Konstrukteur während der Konstruktion ebenfalls eine Erleichterung.

Hinweis: *Es ist hilfreich vor der Konstruktion, zuerst an den gedownloadeten Bauteilen den Strukturaufbau und den assoziativen Aufbau zu studieren.*

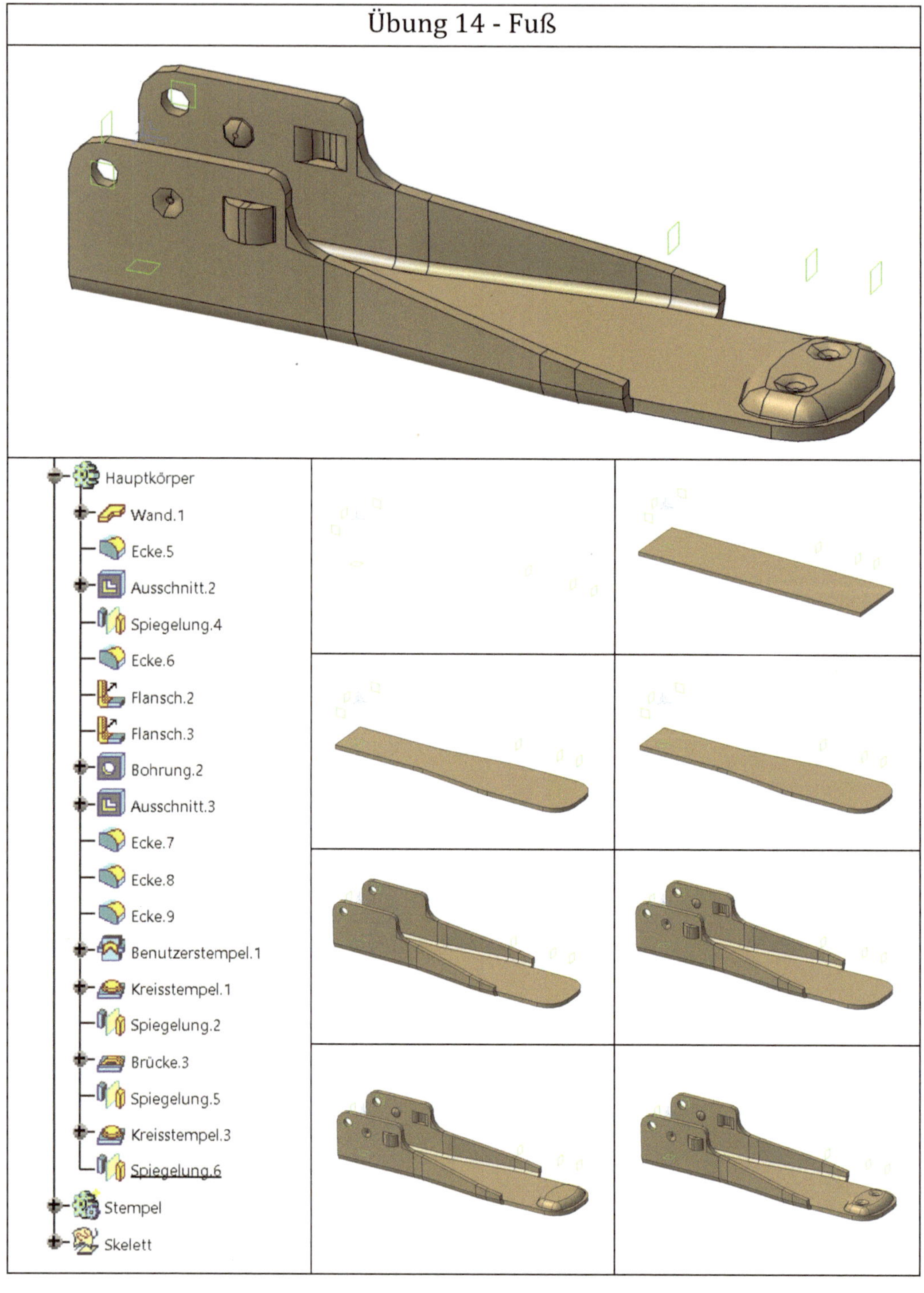
Übung 14 - Fuß
Hauptkörper
Wand.1
Ecke.5
Ausschnitt.2
Spiegelung.4
Ecke.6
Flansch.2
Flansch.3
Bohrung.2
Ausschnitt.3
Ecke.7
Ecke.8
Ecke.9
Benutzerstempel.1
Kreisstempel.1
Spiegelung.2
Brücke.3
Spiegelung.5
Kreisstempel.3
Spiegelung.6
Stempel
Skelett

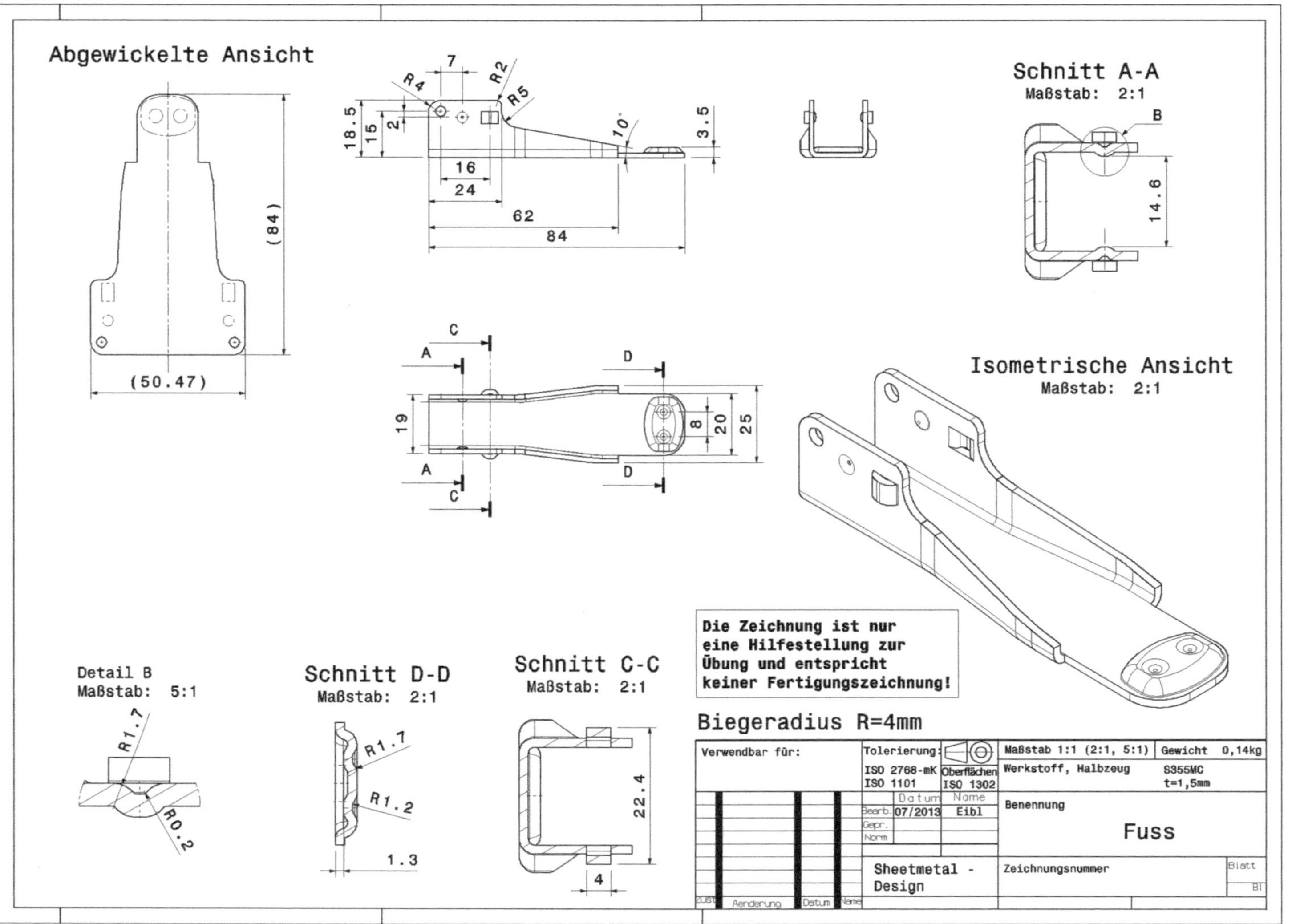
Abgewickelte Ansicht
Schnitt A-A
Maßstab: 2:1
Isometrische Ansicht
Maßstab: 2:1
Detail B
Maßstab: 5:1
Schnitt D-D
Maßstab: 2:1
Schnitt C-C
Maßstab: 2:1
Die Zeichnung ist nur eine Hilfestellung zur Übung und entspricht keiner Fertigungszeichnung!
Biegeradius R=4mm
Verwendbar für:
Tolerierung: ISO 2768-mK ISO 1101
Oberflächen ISO 1302
Maßstab 1:1 (2:1, 5:1)
Gewicht 0,14kg
Werkstoff, Halbzeug S355MC t=1,5mm
Benennung
Fuss
Datum Name
Bearb. 07/2013 Eibl
Gepr.
Norm
Sheetmetal - Design
Zeichnungsnummer
Blatt
Zust. Aenderung Datum Name

Übung 14 - Magazin

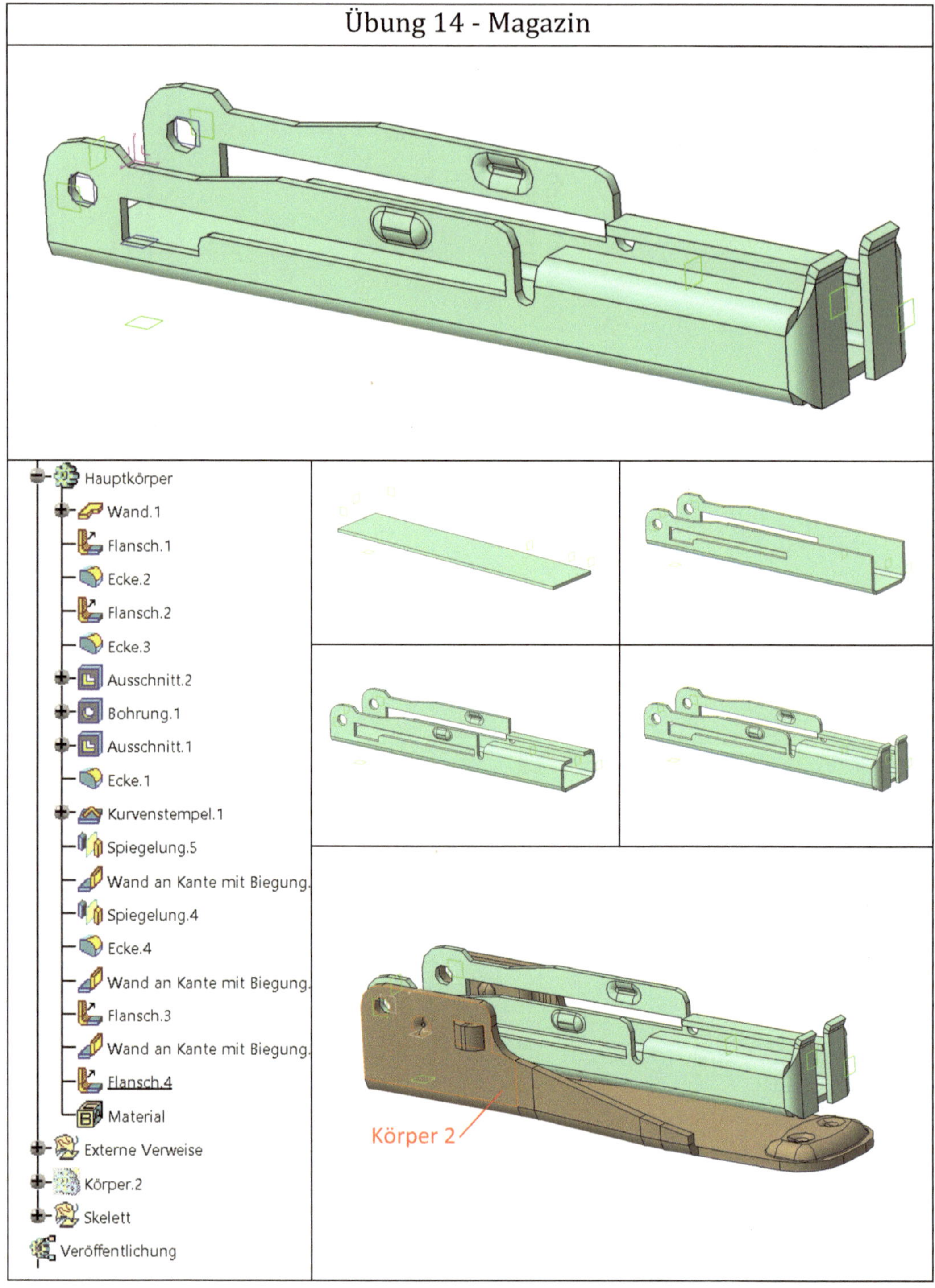

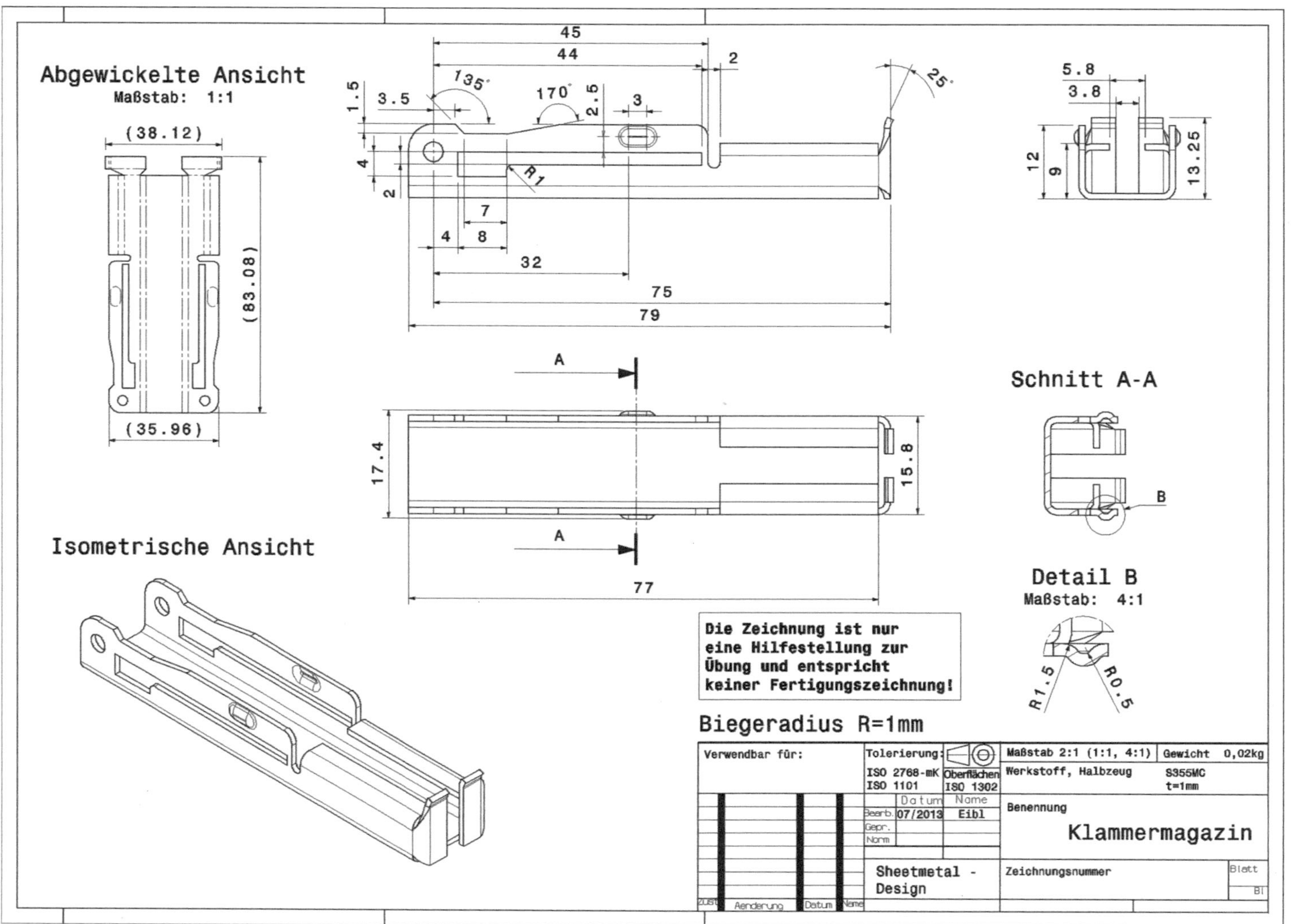
Abgewickelte Ansicht
Maßstab: 1:1
Isometrische Ansicht
Schnitt A-A
Detail B
Maßstab: 4:1
Biegeradius R=1mm
Die Zeichnung ist nur eine Hilfestellung zur Übung und entspricht keiner Fertigungszeichnung!
Verwendbar für:
Tolerierung: ISO 2768-mK ISO 1101
Oberflächen ISO 1302
Maßstab 2:1 (1:1, 4:1)
Gewicht 0,02kg
Werkstoff, Halbzeug S355MC t=1mm
Benennung
Klammermagazin
Bearb. 07/2013 Eibl
Gepr.
Norm
Sheetmetal - Design
Zeichnungsnummer
Blatt
Zust.
Aenderung
Datum
Name

Übung 14 - Griff

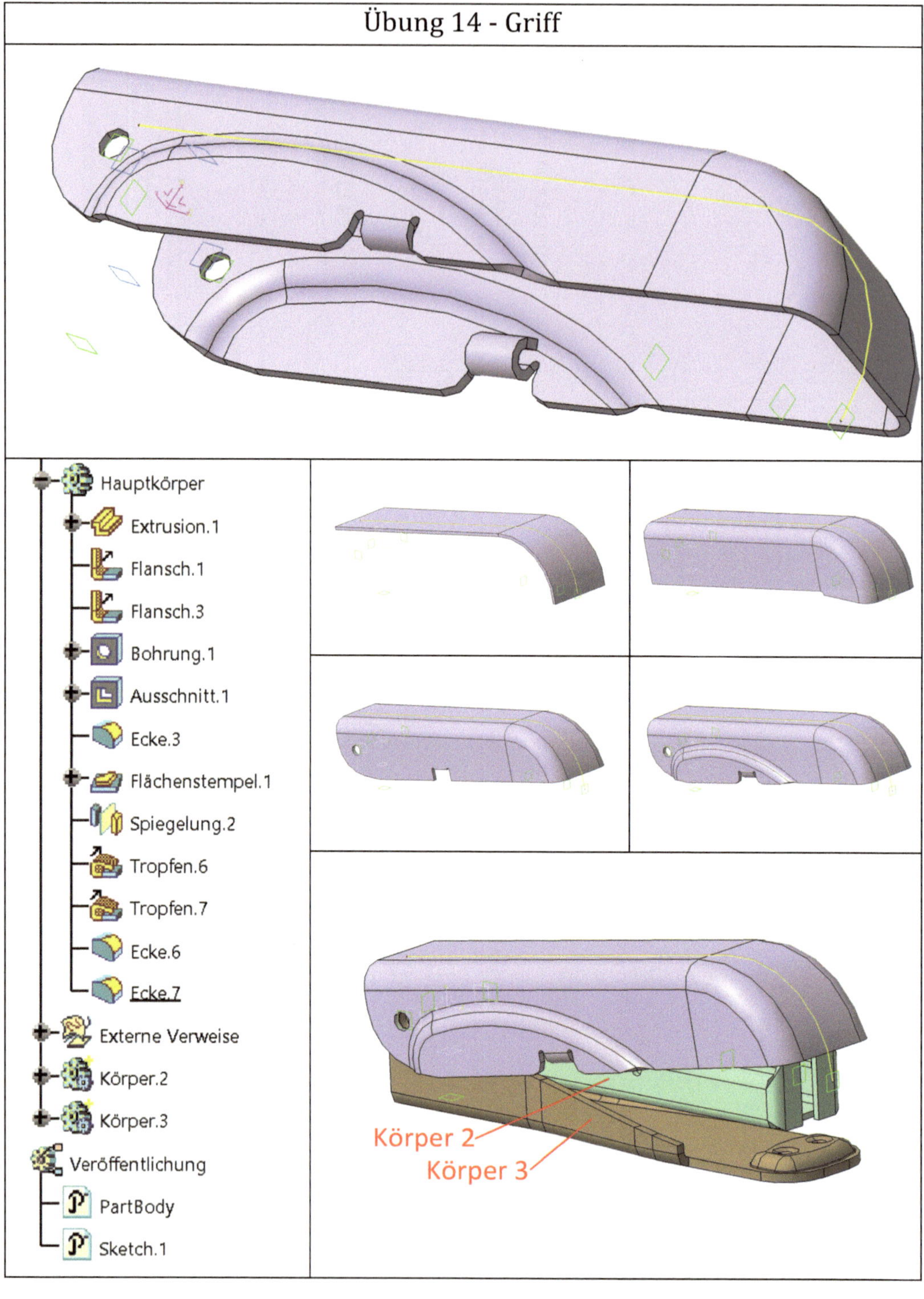

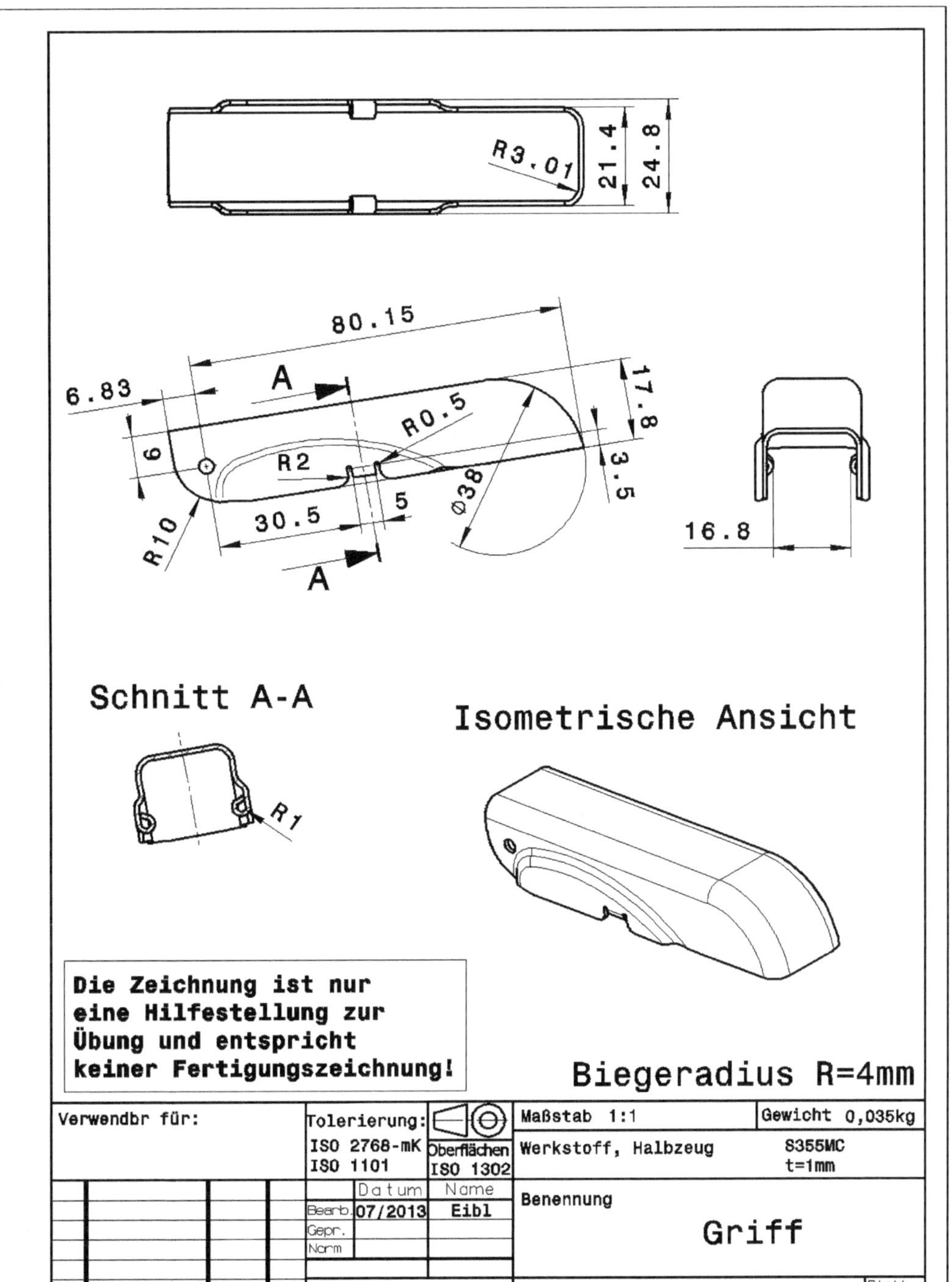
R3.01
21.4
24.8
80.15
6.83
A
17.8
R0.5
6
R2
3.5
Ø38
5
30.5
R10
A
16.8
Schnitt A-A
R1
Isometrische Ansicht
Die Zeichnung ist nur eine Hilfestellung zur Übung und entspricht keiner Fertigungszeichnung!
Biegeradius R=4mm
Verwendbr für:
Tolerierung:
ISO 2768-mK
ISO 1101
Oberflächen
ISO 1302
Maßstab 1:1
Gewicht 0,035kg
Werkstoff, Halbzeug
S355MC
t=1mm
Datum
Name
Bearb.
07/2013
Eibl
Gepr.
Norm
Benennung
Griff
Sheetmetal - Design
Zeichnungsnummer
Blatt
Bl
Zust
Aenderung
Datum
Name

Übung 14 - Druckblech

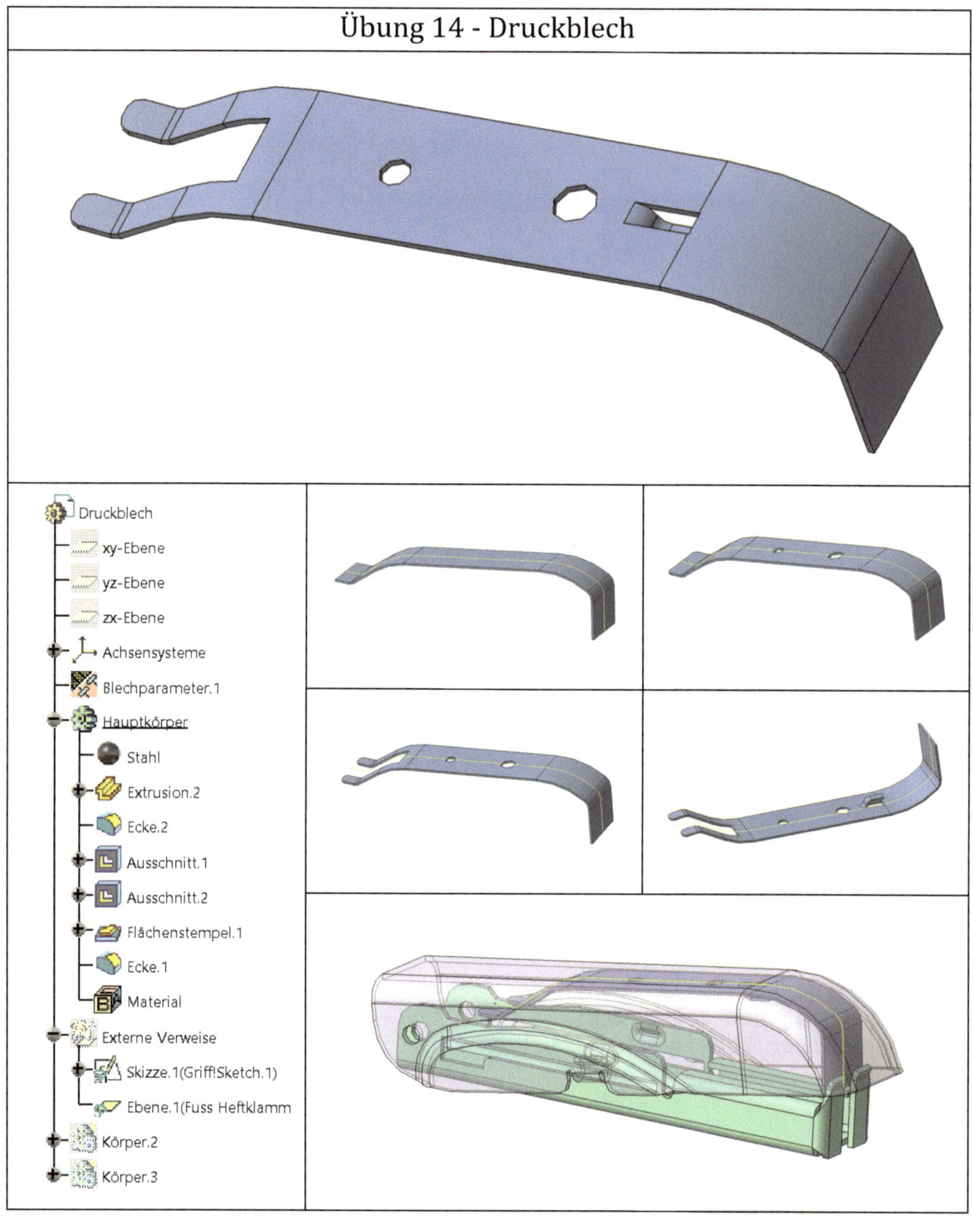

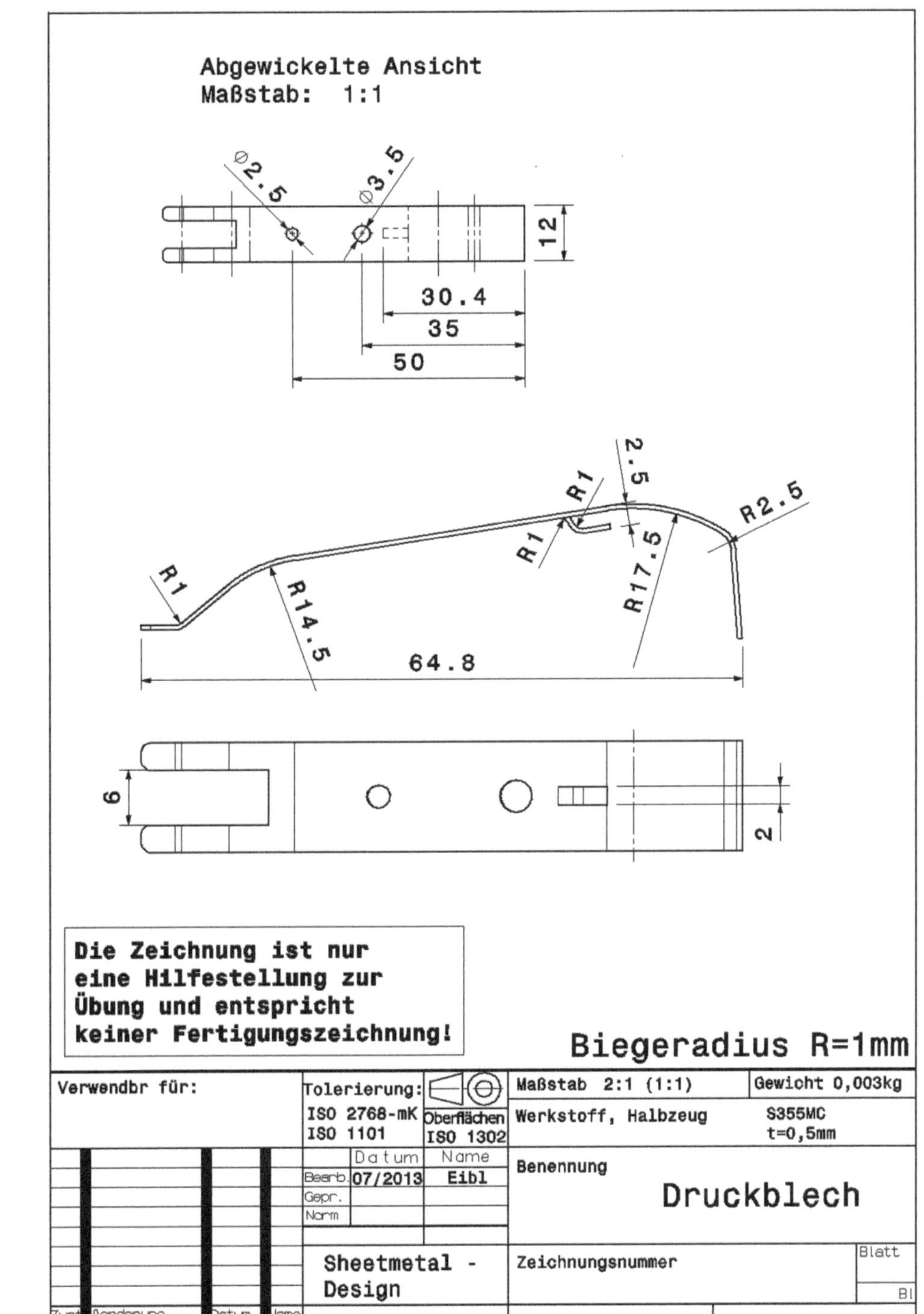
Abgewickelte Ansicht
Maßstab: 1:1
⌀2.5
⌀3.5
12
30.4
35
50
R1
R14.5
R1
R1
2.5
R17.5
R2.5
64.8
6
2
Die Zeichnung ist nur eine Hilfestellung zur Übung und entspricht keiner Fertigungszeichnung!
Biegeradius R=1mm
Verwendbr für:
Tolerierung:
ISO 2768-mK
ISO 1101
Oberflächen
ISO 1302
Maßstab 2:1 (1:1)
Gewicht 0,003kg
Werkstoff, Halbzeug
S355MC
t=0,5mm
Datum
Name
Bearb.
07/2013
Eibl
Gepr.
Norm
Benennung
Druckblech
Sheetmetal - Design
Zeichnungsnummer
Blatt
Bl
Zust.
Aenderung
Datum
Name

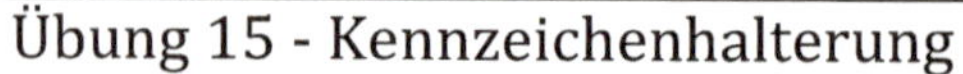

Übung 15 - Kennzeichenhalterung

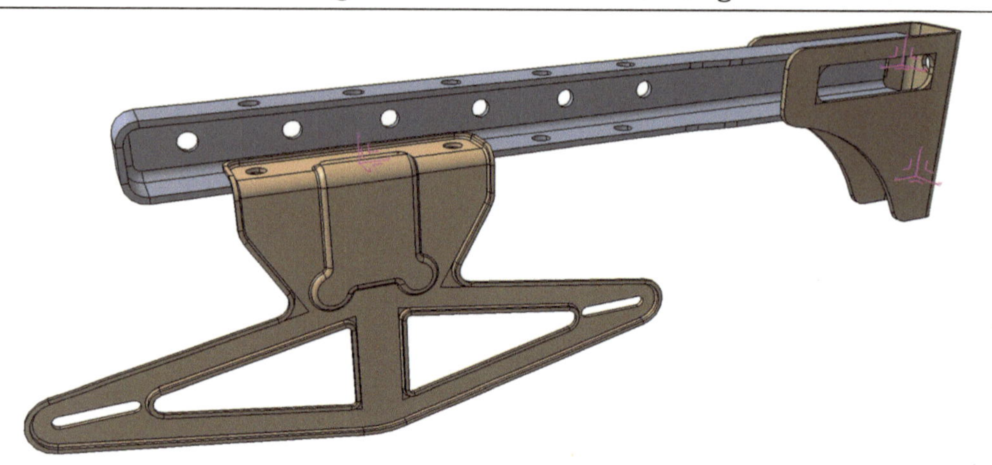

Die Baugruppe besteht aus folgenden Bauteilen:

1. Halter
2. Profilhalter
3. Kennzeichenhalter

In diesem Fall gibt es nicht wie bei der Klammermaschine für alle Bauteile den gleichen Ursprung, sondern jedes Teil hat einen eigenen.

Die Übung wird mit dem Halter begonnen. Es handelt sich hier um einen Halter der an einem Fahrzeugrahmen (LKW) befestigt wird. Das zweite Bauteil ist der Profilhalter welcher mittels Schweißung mit dem ersten Halter verbunden ist. Für den Profilhalter wird als Referenz die im ersten Halter definierte Steuergeometrie verwendet, also die veröffentlichte Steuergeometrie mit Einfügen *Spezial > Als Ergebnis mit Verknüpfung*.

Bei dem letzten Bauteil handelt es sich um den Kennzeichenhalter welcher über eine Schraubbefestigung am Profilhalter befestigt wird.

Hinweis: *Es ist hilfreich vor der Konstruktion an den gedownloadeten Bauteilen den Strukturaufbau und den assoziativen Aufbau zu studieren.*

Übung 15 - Halter

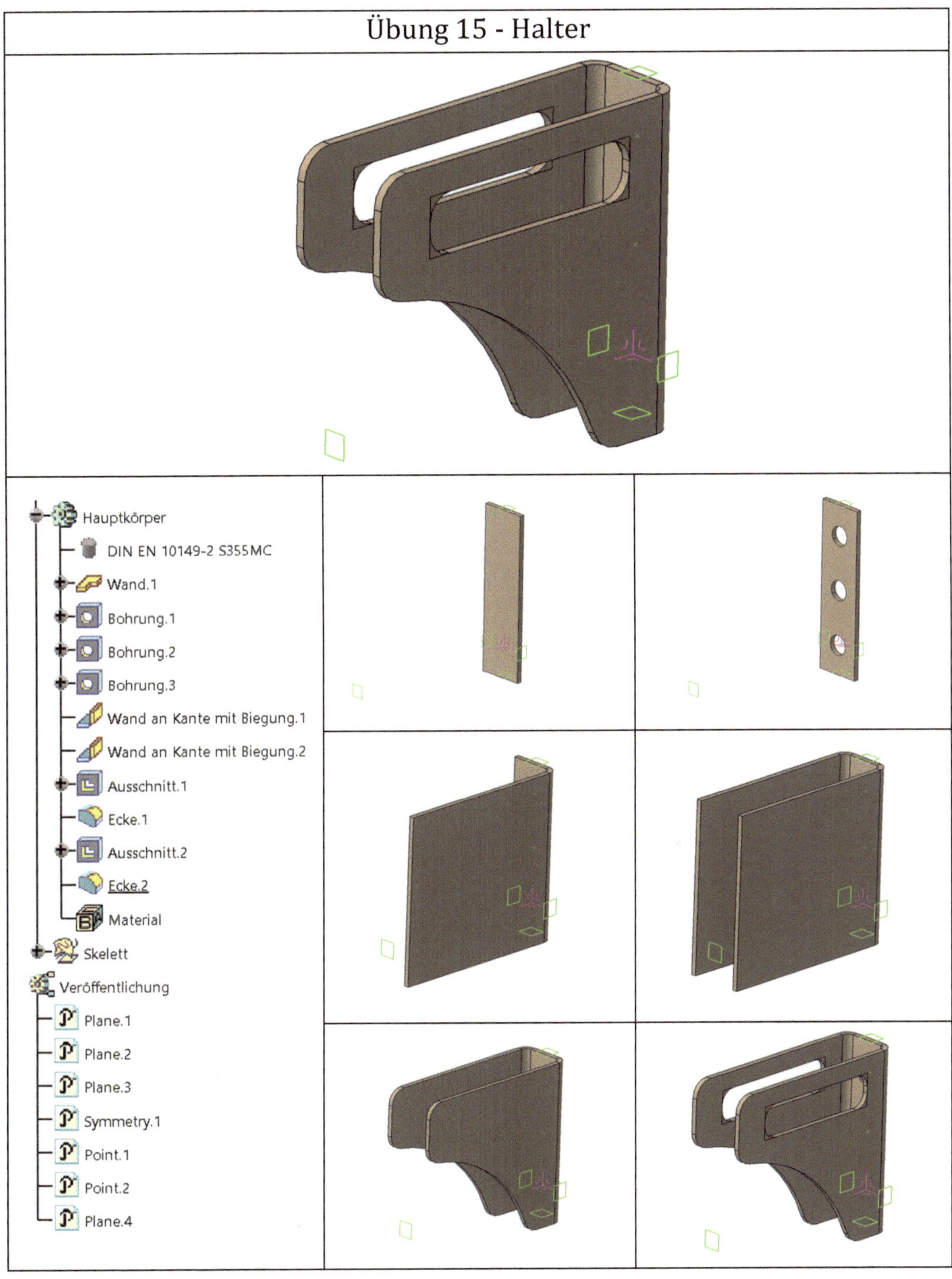

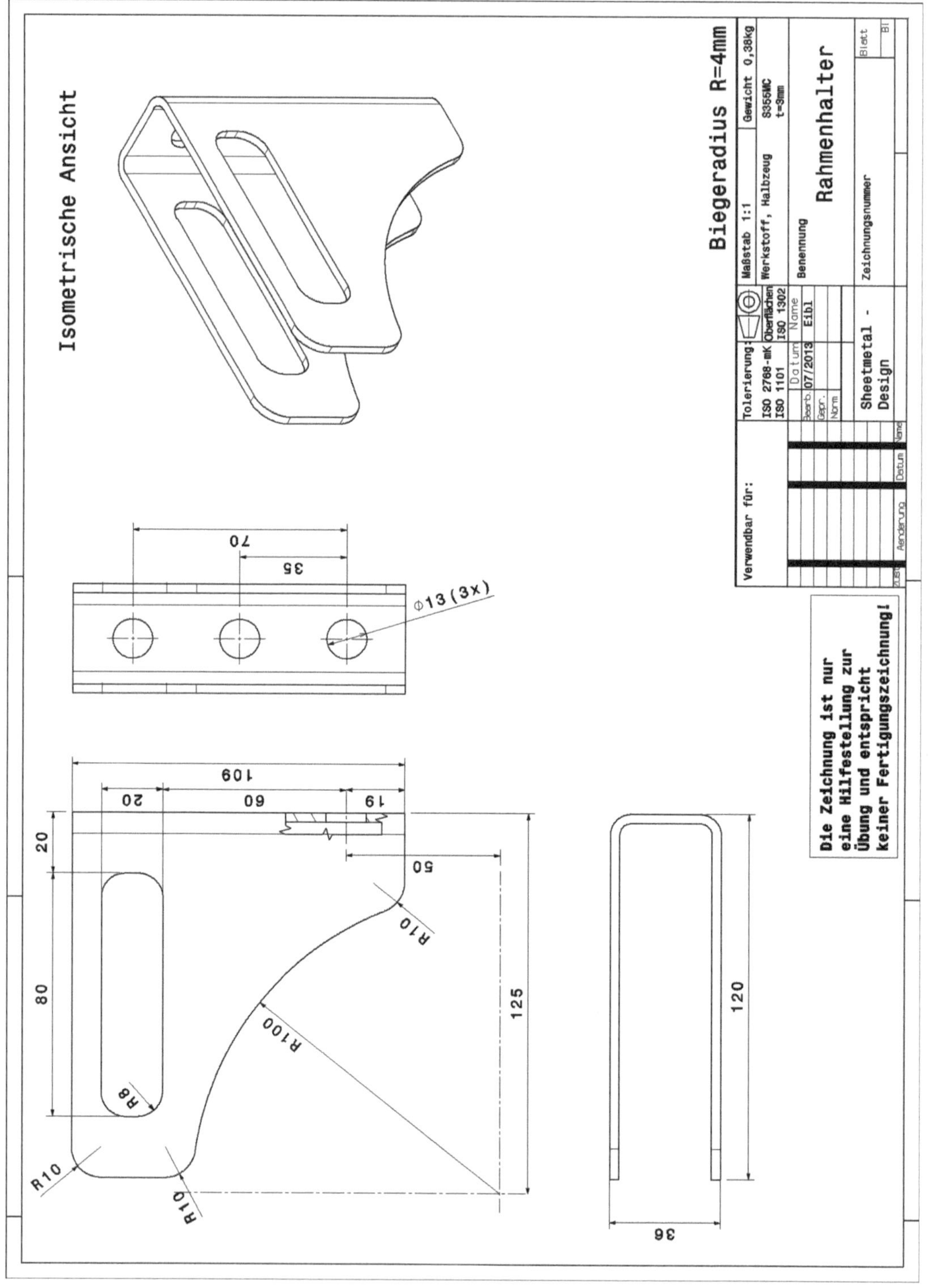
Isometrische Ansicht
Biegeradius R=4mm
Maßstab 1:1
Gewicht 0,38kg
Werkstoff, Halbzeug
S355MC
t=3mm
Benennung
Rahmenhalter
Zeichnungsnummer
Blatt
Tolerierung:
ISO 2768-mK
ISO 1101
Oberflächen
ISO 1302
Datum
Name
Bearb.
07/2013
Eibl
Gepr.
Norm
Sheetmetal - Design
Verwendbar für:
Zust.
Aenderung
Datum
Name
Die Zeichnung ist nur eine Hilfestellung zur Übung und entspricht keiner Fertigungszeichnung!
70
35
Φ13(3x)
109
20
60
19
50
20
80
125
120
36
R10
R100
R8
R10
R10

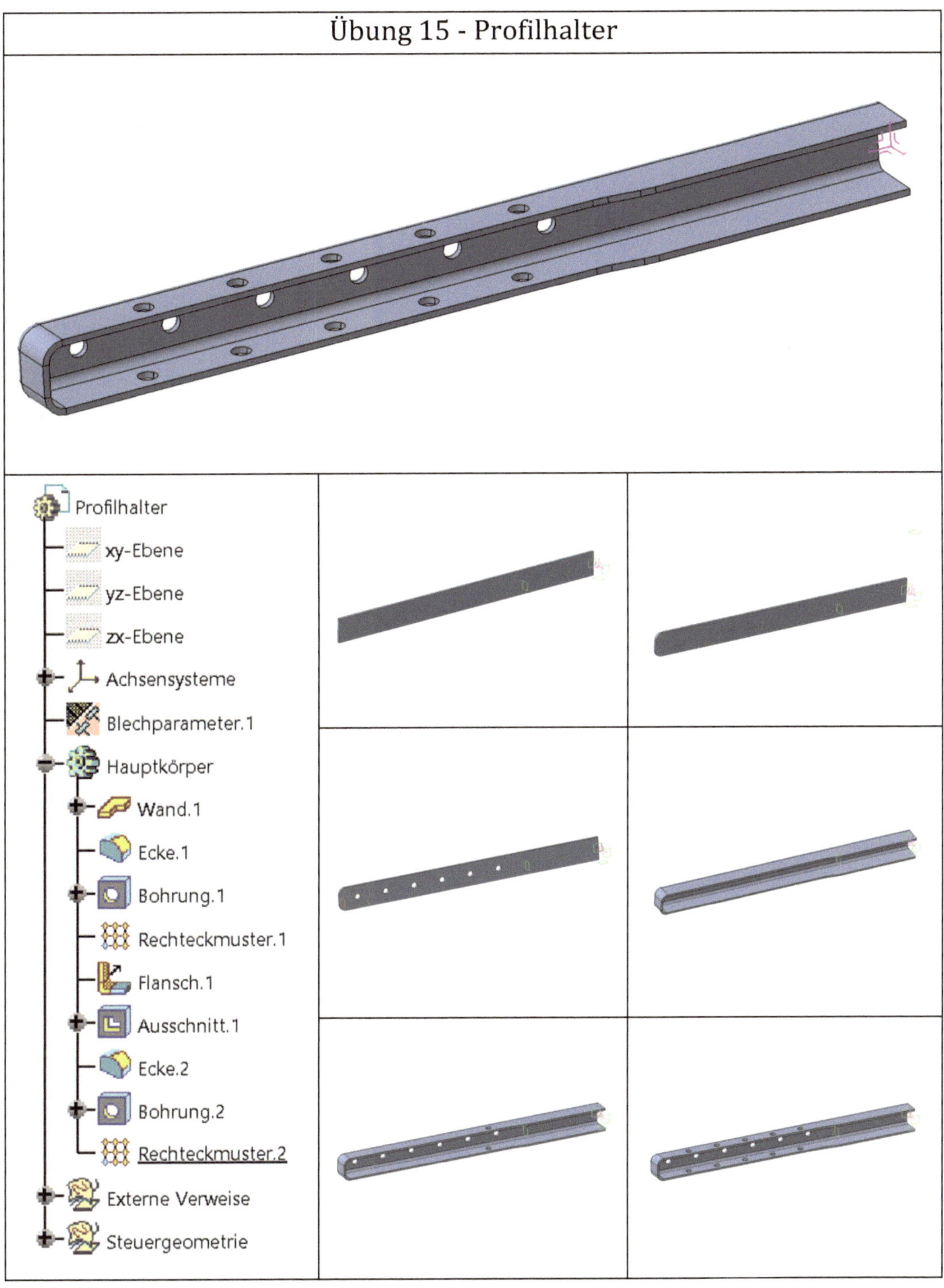
Übung 15 - Profilhalter
Profilhalter
xy-Ebene
yz-Ebene
zx-Ebene
Achsensysteme
Blechparameter.1
Hauptkörper
Wand.1
Ecke.1
Bohrung.1
Rechteckmuster.1
Flansch.1
Ausschnitt.1
Ecke.2
Bohrung.2
Rechteckmuster.2
Externe Verweise
Steuergeometrie

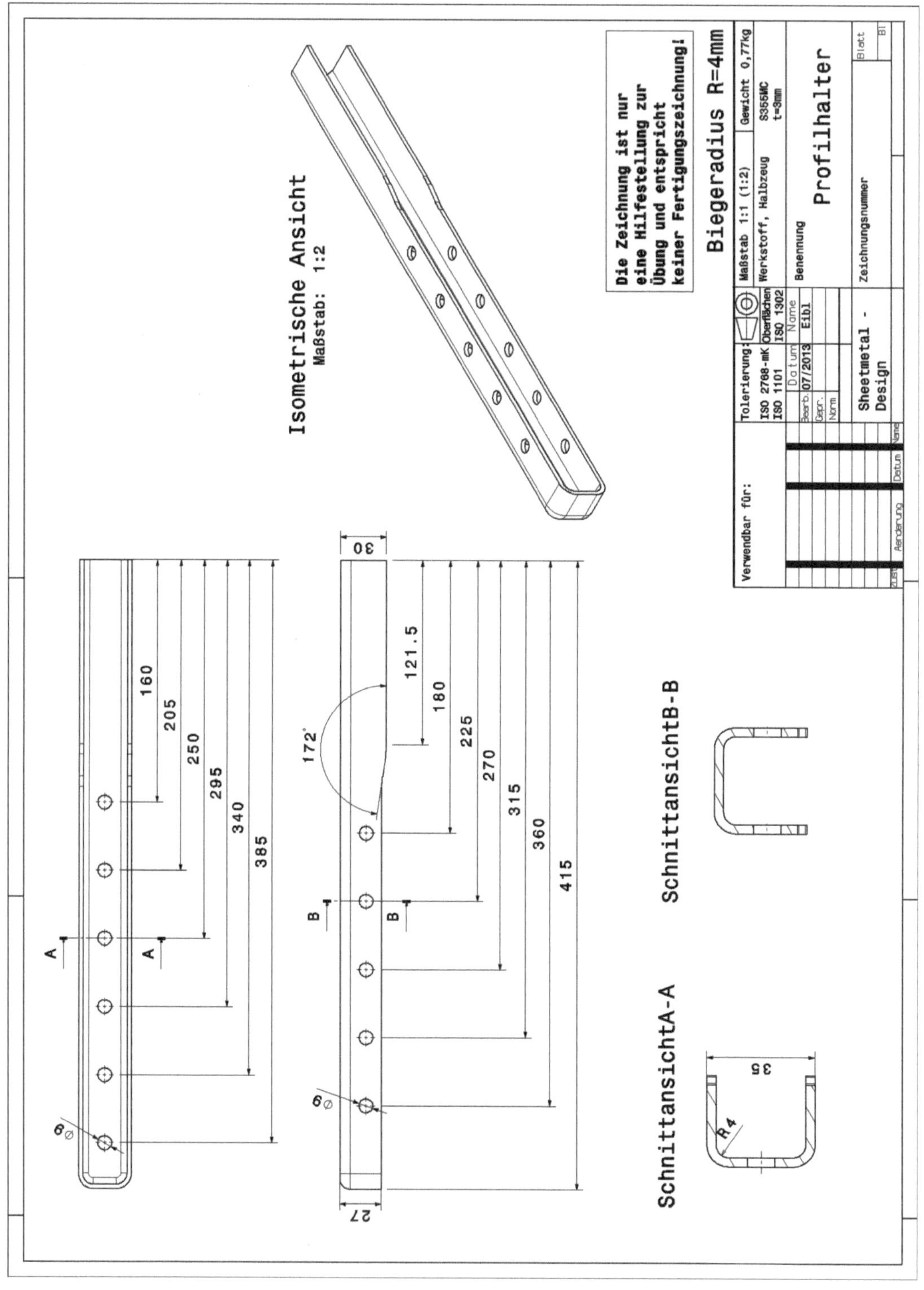
Isometrische Ansicht
Maßstab: 1:2
Die Zeichnung ist nur eine Hilfestellung zur Übung und entspricht keiner Fertigungszeichnung!
Biegeradius R=4mm
Verwendbar für:
Tolerierung: ISO 2768-mK ISO 1101
Oberflächen ISO 1302
Maßstab 1:1 (1:2)
Gewicht 0,77kg
Werkstoff, Halbzeug
S355MC t=3mm
Datum
Name
Bearb.
07/2013
Eibl
Gepr.
Norm
Benennung
Profilhalter
Sheetmetal - Design
Zeichnungsnummer
Blatt
Bl
Zust.
Aenderung
Datum
Name
160
205
250
295
340
385
A
A
Ø9
30
121.5
180
225
270
315
360
415
172°
B
B
Ø9
27
SchnittansichtA-A
35
R4
SchnittansichtB-B

Übung 15 - Kennzeichenhalter

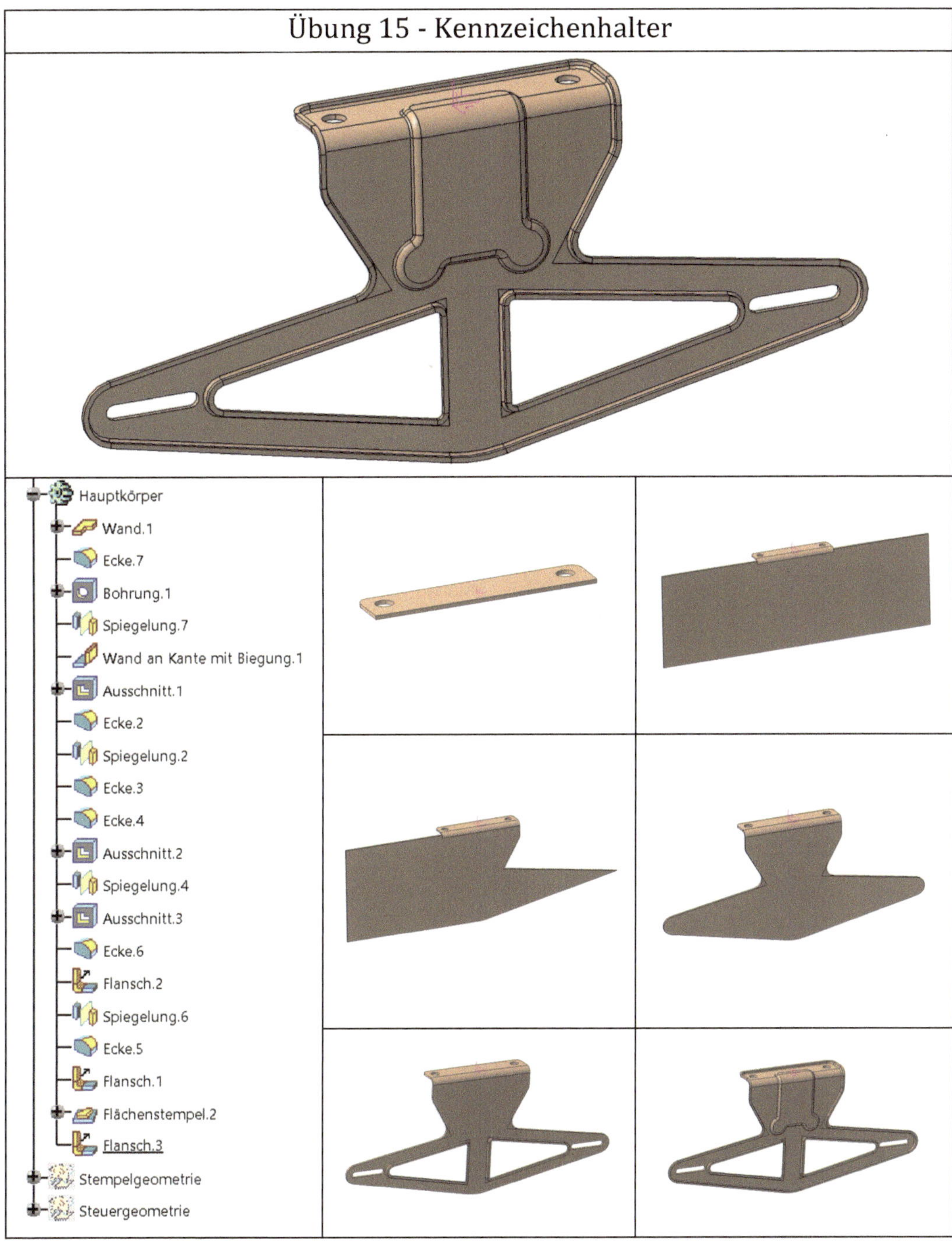

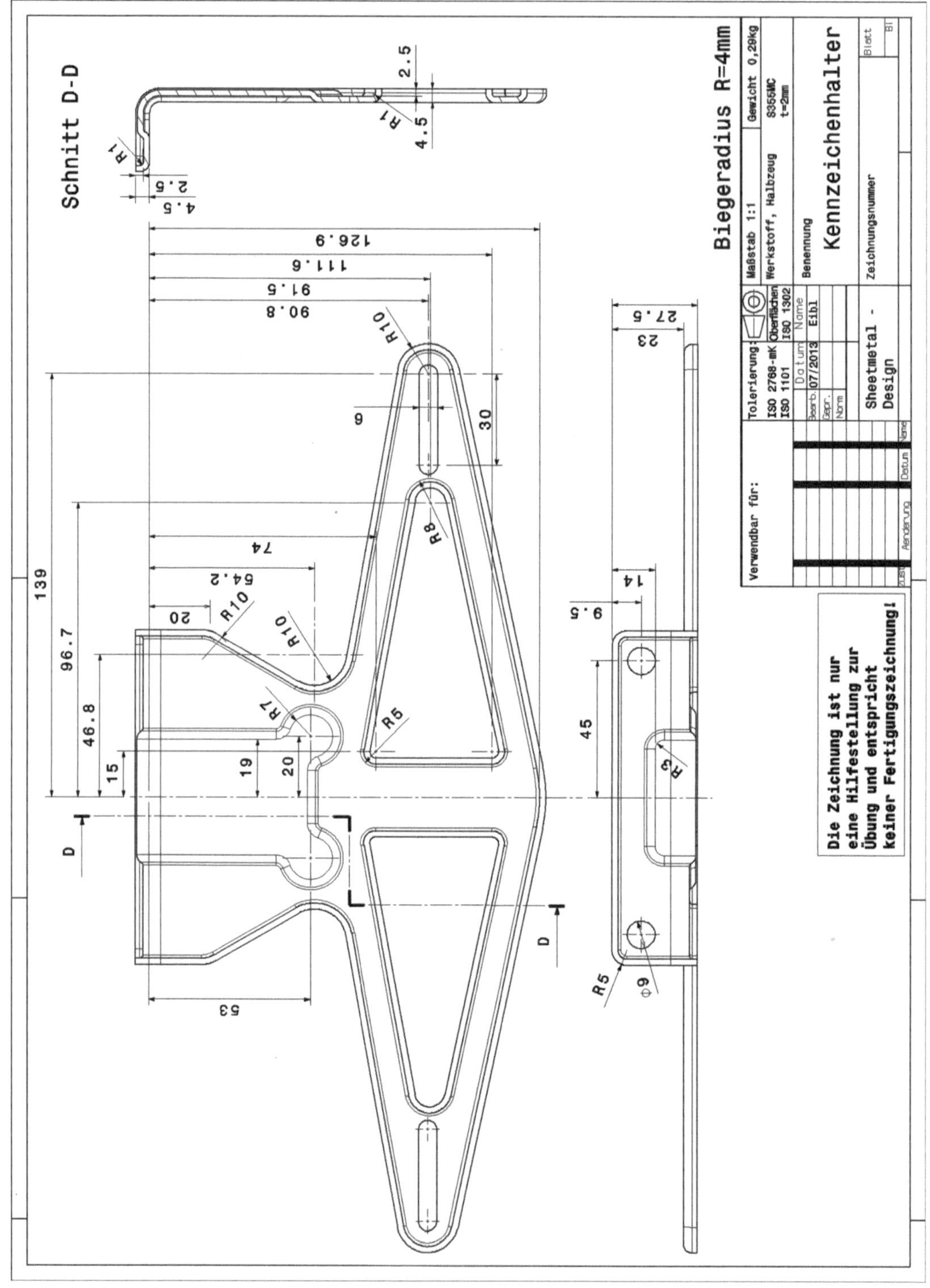
Schnitt D-D
Biegeradius R=4mm
Die Zeichnung ist nur eine Hilfestellung zur Übung und entspricht keiner Fertigungszeichnung!
Verwendbar für:
Tolerierung: ISO 2768-mK ISO 1101
Oberflächen ISO 1302
Maßstab 1:1
Gewicht 0,29kg
Werkstoff, Halbzeug S355MC t=2mm
Datum Name
Bearb. 07/2013 Eibl
Gepr.
Norm
Benennung
Kennzeichenhalter
Zeichnungsnummer
Sheetmetal - Design
Blatt
Zust. Änderung Datum Name
R1
2.5
4.5
126.9
111.9
91.5
90.8
R10
30
74
64.2
20
139
96.7
46.8
15
19
R7
R8
R5
53
27.5
23
14
9.5
45
R3
Φ9
D

Übung 16 - Schreibetui

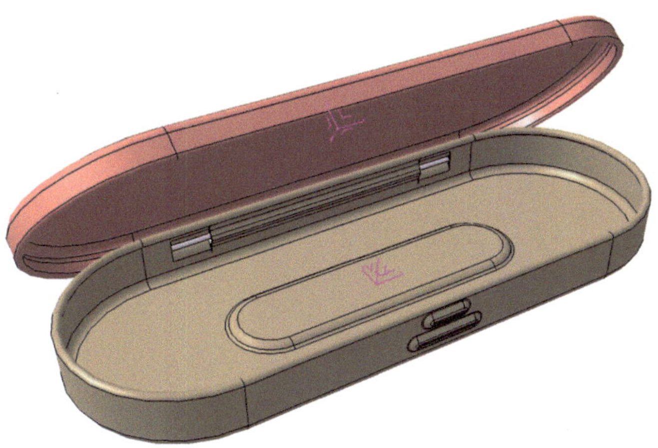

Die Baugruppe besteht aus folgenden Bauteilen:

1. Boden
2. Deckel

Die Übung wird mit dem Boden begonnen. Eine Steuergeometrie wird definiert und veröffentlicht. Die Außengeometrie wird auf die Steuergeometrie referenziert. Für den Deckel wird die Steuergeometrie mit *Einfügen Spezial > Als Ergebnis mit Verknüpfung* eingefügt und die Konstruktion darauf referenziert. Der Deckel ist somit immer assoziativ zum Boden.

Hinweis: *Es ist hilfreich vor der Konstruktion, an den downgeloadeten Bauteilen den Strukturaufbau und den assoziativen Aufbau zu studieren.*

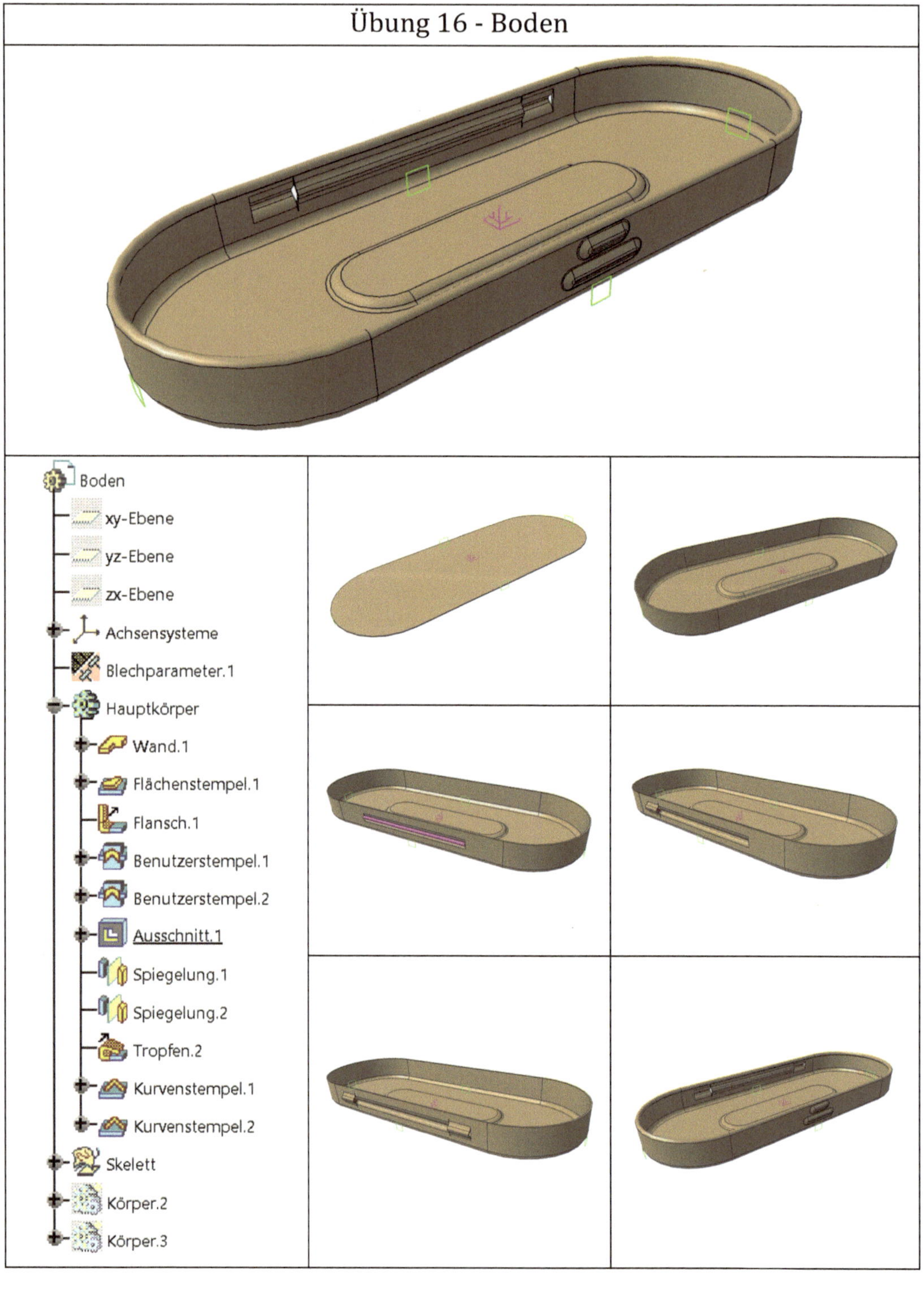
Übung 16 - Boden
Boden
xy-Ebene
yz-Ebene
zx-Ebene
Achsensysteme
Blechparameter.1
Hauptkörper
Wand.1
Flächenstempel.1
Flansch.1
Benutzerstempel.1
Benutzerstempel.2
Ausschnitt.1
Spiegelung.1
Spiegelung.2
Tropfen.2
Kurvenstempel.1
Kurvenstempel.2
Skelett
Körper.2
Körper.3

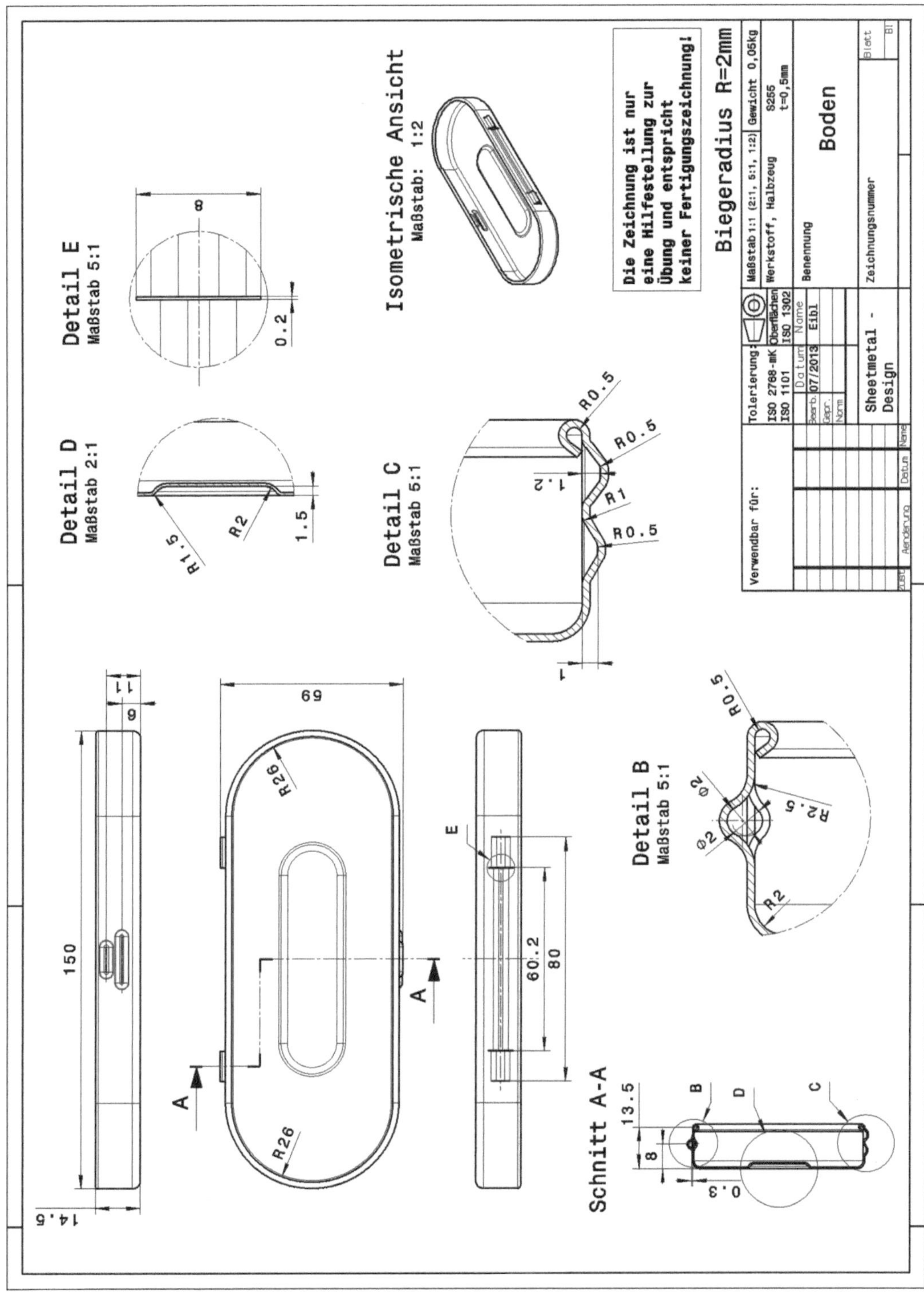
Detail E
Maßstab 5:1
Detail D
Maßstab 2:1
Isometrische Ansicht
Maßstab: 1:2
Die Zeichnung ist nur eine Hilfestellung zur Übung und entspricht keiner Fertigungszeichnung!
Biegeradius R=2mm
Detail C
Maßstab 5:1
Detail B
Maßstab 5:1
Schnitt A-A
Verwendbar für:
Tolerierung: ISO 2768-mK ISO 1101
Oberflächen ISO 1302
Maßstab 1:1 (2:1, 5:1, 1:2)
Gewicht 0,05kg
Werkstoff, Halbzeug
S255 t=0,5mm
Benennung
Boden
Datum
07/2013
Name
Eibl
Sheetmetal - Design
Zeichnungsnummer

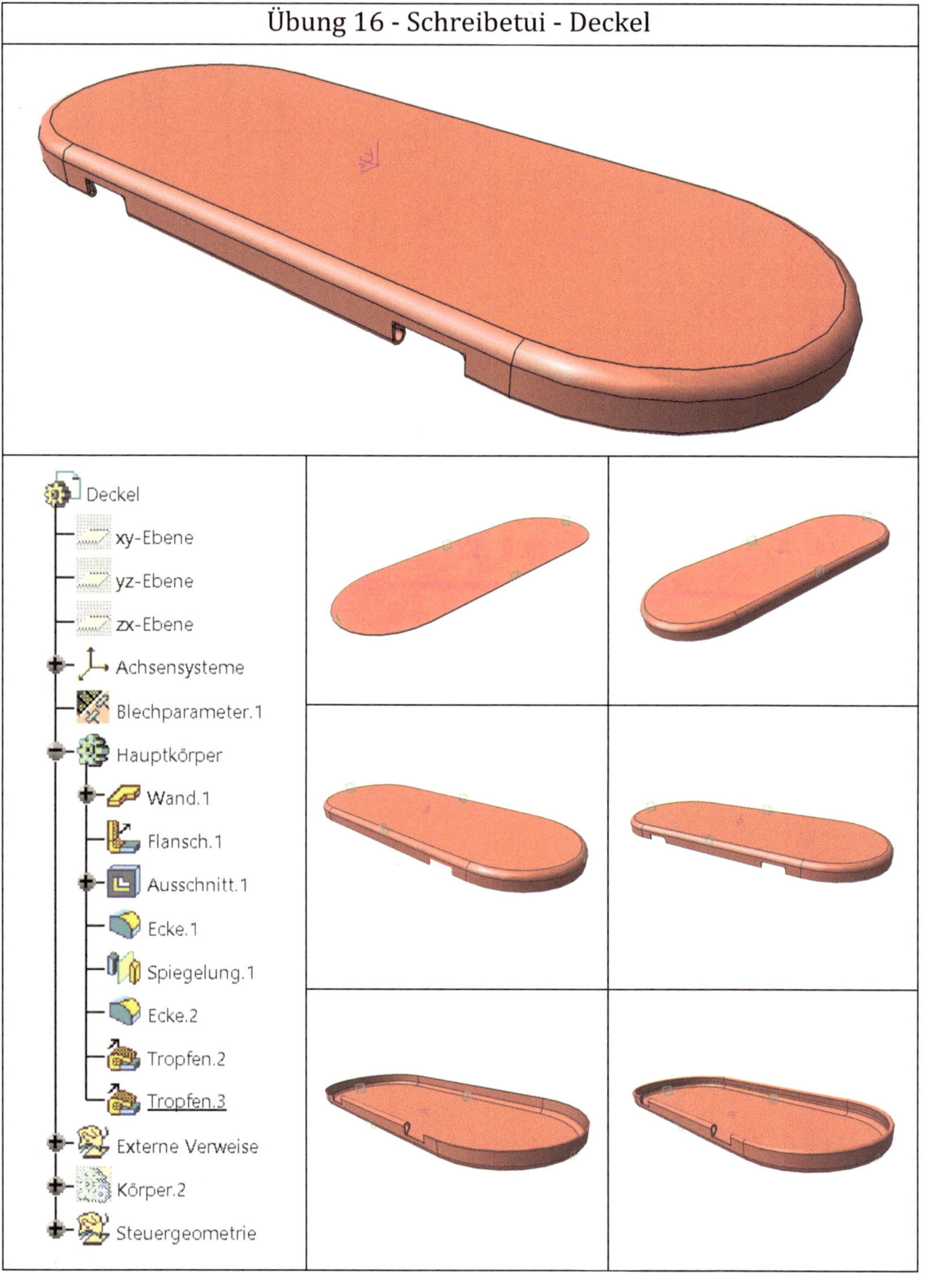
Übung 16 - Schreibetui - Deckel
Deckel
xy-Ebene
yz-Ebene
zx-Ebene
Achsensysteme
Blechparameter.1
Hauptkörper
Wand.1
Flansch.1
Ausschnitt.1
Ecke.1
Spiegelung.1
Ecke.2
Tropfen.2
Tropfen.3
Externe Verweise
Körper.2
Steuergeometrie

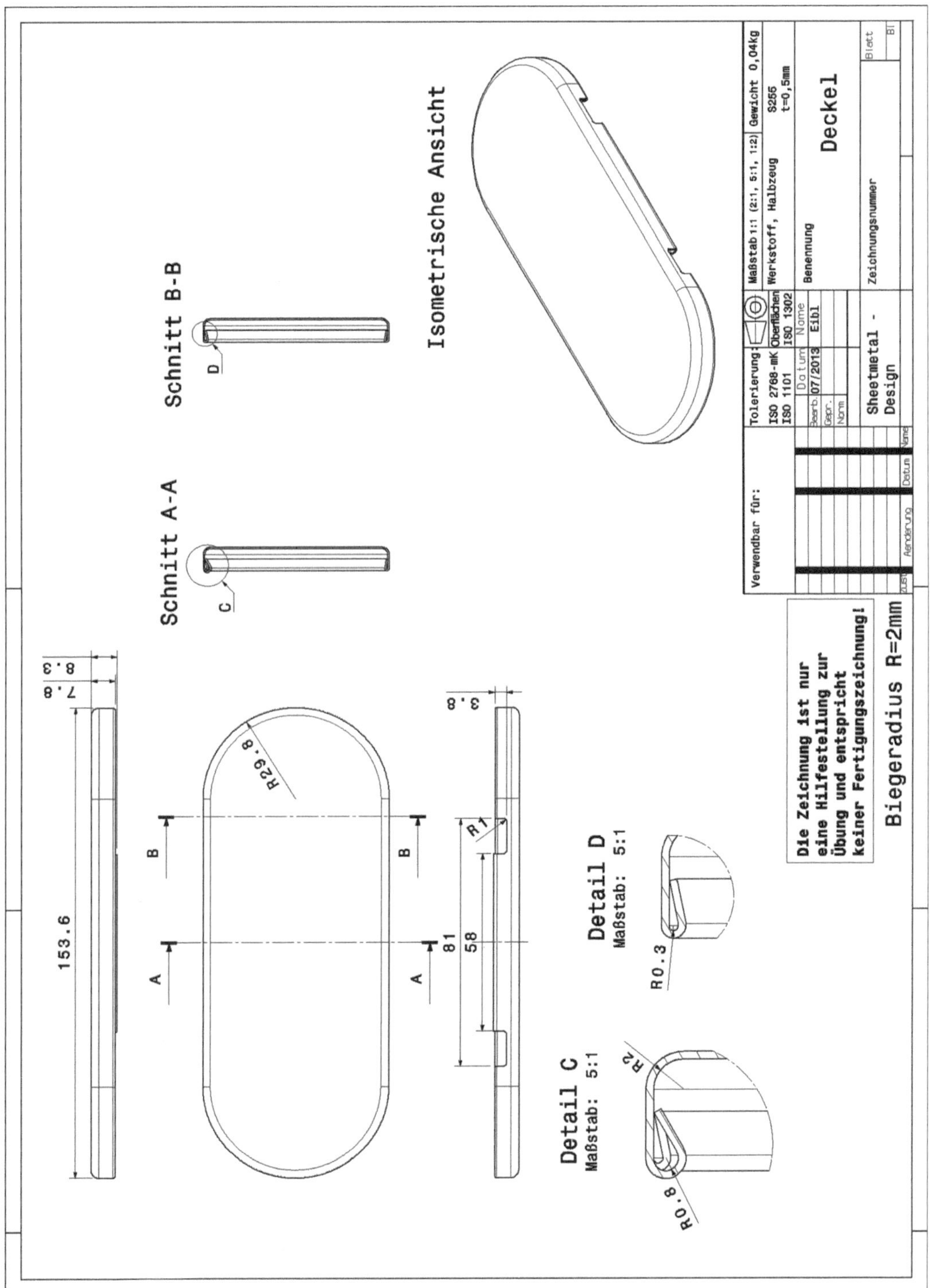
Schnitt A-A
Schnitt B-B
Isometrische Ansicht
Detail C
Maßstab: 5:1
Detail D
Maßstab: 5:1
153.6
7.8
8.3
R29.8
81
58
R1
R0.3
R0.8
R2
Die Zeichnung ist nur eine Hilfestellung zur Übung und entspricht keiner Fertigungszeichnung!
Biegeradius R=2mm
Verwendbar für:
Tolerierung: ISO 2768-mK ISO 1101
Oberflächen ISO 1302
Maßstab 1:1 (2:1, 5:1, 1:2)
Gewicht 0,04kg
Werkstoff, Halbzeug
S255 t=0,5mm
Benennung
Deckel
Datum Name
Bearb. 07/2013 Eibl
Gepr.
Norm
Sheetmetal - Design
Zeichnungsnummer
Zust. Aenderung Datum Name
Blatt

8 Tipps und Tricks

In diesem letzten Kapitel werden noch einige Tipps für das Konstruieren im *Generative Sheetmetal Design* gezeigt.

8.1 Geometrisches Set strukturieren

Ein gut strukturierter Konstruktionsaufbau bietet viele Vorteile. Daher ist es genauso wichtig die verschiedenen geometrischen Elemente oder Hilfselemente in geometrische Sets zu ordnen. Das bietet einen guten Überblick und bei einer späteren Änderung ein leichtes Nachvollziehen der Konstruktion. Nachfolgend werden einige Benennungen und Gruppierungen für geometrische Sets vorgeschlagen.

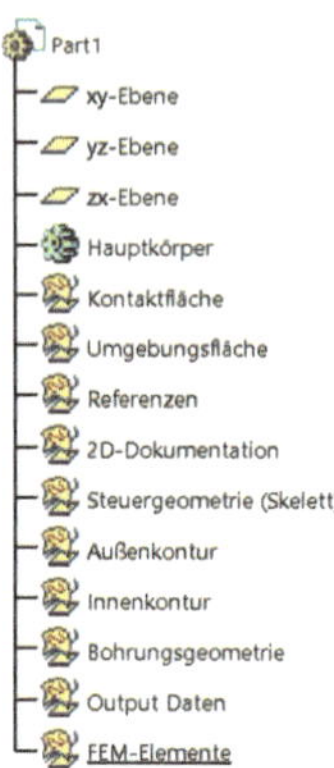

- *Umgebungsfläche:* Alle Flächenableitungen von Umgebungen könnten in diesem Set gesammelt werden.
- *Kontaktflächen:* Abgeleitete Berührungsflächen zu anderen Bauteilen
- *Referenzen:* Ebenen, Punkte, Linien oder andere Elemente welche eine Referenz für die Konstruktion darstellen
- *2D Dokumentation:* Alle relevanten geometrischen Elemente die bei der Ableitung eine Rolle spielen
- *Steuergeometrie oder Skelett:* Ebenen, Punkte, Linien welche zum Steuern der Geometrie dienen
- *Außenkontur:* Schnittkonturen (Skizzen)
- *Innenkonturen:* Schnittkonturen (Skizzen)
- *Bohrungsgeometrie:* Positionspunkte für Bohrungen
- *Output Daten:* Für andere Konstrukteure relevante Geometrie (zum Beispiel: veröffentlichte Elemente)
- *FEM-Elemente:* Für die FEM Berechnung relevante Geometrie.

8.2 Suchen von Sheetmetal-Elementen

Mit der Funktion *Suchen* im Klappmenü *Bearbeiten > Suchen* oder mit *Strg + F* kann die Funktion geöffnet werden. Im Dialogfenster *Suche* wird bei Typ die Umgebung *Generative Sheetmetal Design* ausgewählt. Anschließend kann rechts davon der zu suchende Typ ausgewählt werden. Mit der Funktion im Dialogfenster wird die Suche gestartet. Alle gefilterten Elemente werden im Dialogfenster aufgelistet.

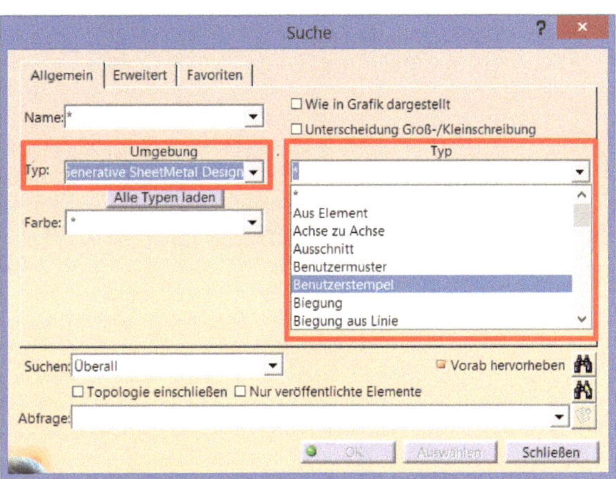

Hinweis: *Mit der Funktion Suchen und Auswählen werden die gefilterten Elemente auch gleich ausgewählt bzw. selektiert.*

8.3 Bauteile auf Fehler und Ghostlinks prüfen

Während des Entstehungsprozesses eines Bauteils im CATIA kann es vorkommen, dass sich Fehler in das Teil einschleichen oder auch sogenannte Ghostlinks entstehen. Das sind Fehler, die für den Konstrukteur an der Konstruktion oder der Geometrie nicht sichtbar sind, jedoch bei bestimmten Anwendungen zu Problemen führen können. Aus diesem Grund ist es empfehlenswert seine Konstruktion gelegentlich auf Fehler zu prüfen und diese auch zu bereinigen.

Um ein Bauteil prüfen zu können, muss in den *Schreibtisch* über das Klappmenü *Start > Schreibtisch...* gewechselt werden. In diesem Baum werden jetzt alle aktuell geöffneten Bauteile baumförmig dargestellt. Das zu prüfende Bauteil wird mit der *rechten Maustaste* selektiert und im Kontextmenü die Funktion *CATDUAV5...* ausgewählt.

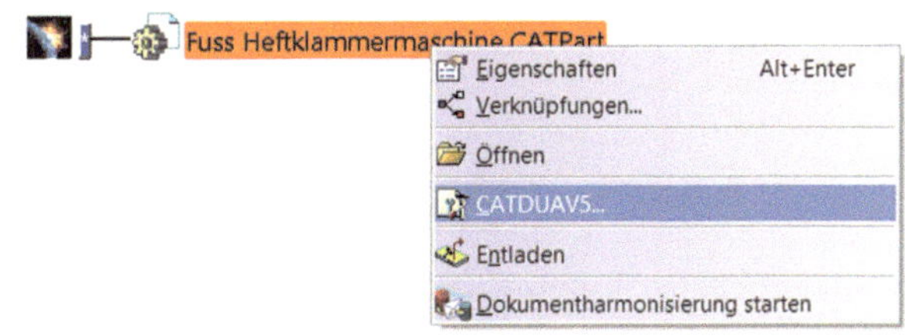

In dem Dialogfenster *CATDUA V5* muss definiert werden, ob das Bauteil bereinigt oder geprüft werden soll. Nach dem die Option *Bereinigen* definiert wurde, kann die Funktion mit *Ausführen* gestartet werden. Das Bauteil wird geprüft und anschließend wird ein kurzes Protokoll über die Bereinigung bzw. Prüfung im Dialogfenster ausgegeben. Das Dialogfenster kann geschlossen und das Bauteil gespeichert werden.

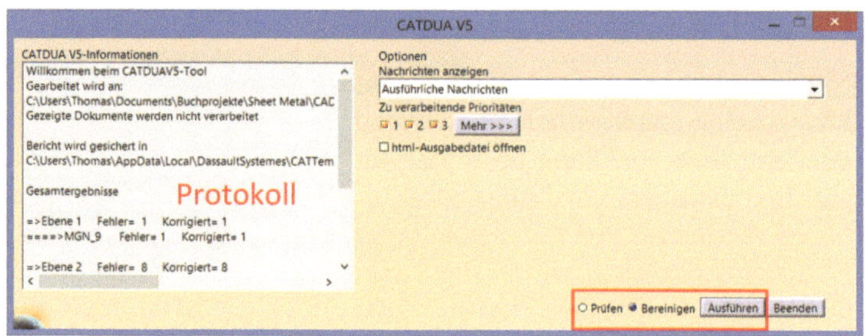

Sachwortverzeichnis

CATIA-Funktionen in Kursivschreibung